TRANSACTIONS

OF THE

AMERICAN PHILOSOPHICAL SOCIETY

HELD AT PHILADELPHIA
FOR PROMOTING USEFUL KNOWLEDGE

NEW SERIES—VOLUME 59, PART 4
1969

ASCLEPIUS OF TRALLES
COMMENTARY TO NICOMACHUS' INTRODUCTION
TO ARITHMETIC

Edited with an Introduction and Notes by

LEONARDO TARÁN

Department of Greek and Latin, Columbia University

THE AMERICAN PHILOSOPHICAL SOCIETY
INDEPENDENCE SQUARE
PHILADELPHIA

AUGUST, 1969

Library of Congress Catalog Card Number 69-18747
Printed in Germany
at J. J. Augustin, Glückstadt

ACKNOWLEDGMENTS

I wish to express my gratitude to Professor Harold Cherniss for suggesting that I undertake the edition of Asclepius' *Commentary to Nicomachus*, for putting at my disposal the materials he had himself collected, and for his generous and unfailing help.

The main part of the work was done at The Institute for Research in the Humanities of the University of Wisconsin during 1962–1963, and I wish to express my gratitude to the Institute for a fellowship which allowed me a year of uninterrupted concentration. I am grateful to Professor Germaine Brée, Acting Director of the Institute that year; to Professor Marshall Clagett for his help and his constant interest in my work; and to Professor Friedrich Solmsen for his kindness and encouragement.

I wish also to thank Professor Marcel Richard of the Institut de Recherche et d'Histoire des Textes, Paris, for his generosity in sending to me his own copy of a list of manuscripts of Nicomachus and his commentators; to Professor L. G. Westerink for sending to me a copy of his article on Asclepius and Philoponus, and other friendly communication. I am grateful to Miss Susan McWhirter and to Father Ralph Platz for their help in preparing the typescript, and to Father Platz also for proofreading it. Thanks are also given to the Research Committee of the University of California at Los Angeles for helping to defray the expenses of photostats and secretarial help, and to the Institute for Advanced Study, Princeton, for the opportunity to work there during the summers of 1964 and 1965.

Leonardo Tarán

June 1967

ABBREVIATIONS

AJP. *American Journal of Philology.*

CAG. *Commentaria in Aristotelem Graeca.*

R.E.G. *Revue des Études Grecques.*

ASCLEPIUS OF TRALLES: COMMENTARY TO NICOMACHUS' INTRODUCTION TO ARITHMETIC

Edited with an Introduction and Notes by

LEONARDO TARÁN

CONTENTS

INTRODUCTION

THE NEOPLATONIC COMMENTARIES TO NICOMACHUS' INTRODUCTION TO ARITHMETIC LATER THAN THAT OF IAMBLICHUS

Nicomachus' *Introduction to Arithmetic*,[1] despite its poorness from a mathematical point of view,[2] was the most influential work on arithmetic from the time it was written, sometime between the latter part of the first and the first part of the second centuries A.D.,[3] until the sixteenth century.

The treatise was soon translated into Latin by Apuleius[4] of Madaura and some centuries later by Boethius[5] and it is the ultimate source of the arithmetical treatises of Cassiodorus,[6] Martianus Capella,[7] and Isidorus[8] of Seville, among others. In the Greek-speaking part of the world, Iamblichus, Asclepius, and Philoponus[9] wrote commentaries which are still extant, an otherwise unknown Heronas[10] did the same, and there is an anonymous commentary still unpublished which probably belongs to the Byzantine period,[11] from which time date also the numerous scholia in our manuscripts. The in-

---

[1] *Cf. Nicomachi Geraseni Pythagorei Introductionis Arithmeticae Libri* II. Recensuit Ricardus Hoche (Lipsiae, 1866).

[2] *Cf.* Heath, *A History of Greek Mathematics*, 1 (Oxford, 1921): pp. 97–99; *Nicomachus of Gerasa. Introduction to Arithmetic.* Translated into English by M. L. D'Ooge, with studies in Greek Arithmetic by F. E. Robbins and L. Ch. Karpinski (New York, 1926), pp. 46ff., pp. 111ff. See also p. 15 below.

[3] We do not know the date of Nicomachus' birth or that of his death, but we may assume that he lived around A.D. 100. In his *Enchiridion Harmonicum* Nicomachus mentions Thrasyllus who arranged Plato's dialogues in tetralogies and lived under Tiberius; *cf. Ench. Harmon.*, p. 260, 12–16 (Jahn): καὶ προσεκθησόμεθα τὸν τοῦ Πυθαγορικοῦ λεγομένου κανόνος κατατομὴν ἀκριβῶς καὶ κατὰ τὸ βούλημα τοῦδε τοῦ διδασκάλου συντετελεσμένην, οὐχ ὡς 'Ερατοσθένης παρήκουσεν ἢ Θράσυλλος, ἀλλ' ὡς κτλ.

Apuleius, born about A.D. 125, translated Nicomachus' *Introduction* into Latin (*cf.* n. 4). On Nicomachus' life see p. iv, note, in Hoche's edition; Heath, *A History of Greek Mathematics* 1: p. 97; and D'Ooge, Robbins and Karpinski, *Nicomachus of Gerasa. Introduction to Arithmetic*, pp. 71ff.

[4] *Cf.* Cassiodorus, *Institutiones*, p. 140, 15–20 (Mynors): *reliquae vero quae sequuntur, sicut eius iam qualitas virtutis ostendit, ut sint atque subsistent, indigent arithmetica disciplina. quam apud Graecos Nicomachus diligenter exposuit. hunc prius Madaurensis Apuleius, deinde magnificus vir Boethius Latino sermone translatum Romanis contulit lectitandum.* Isidorus, *Etymologiae* III.2.1 (Lindsay): *Numeri disciplinam apud Pythagoram autumant conscripsisse, ac deinde a Nicomacho diffusius esse dispositam; quam apud Latinos primus Apuleius, deinde Boetius transtulerunt.* Nothing remains from this translation of Apuleius.

[5] *Anicii Manlii Torquati Severini Boetii De Institutione Arithmetica libri duo*, e libris manu scriptis edidit Godofredi Friedlein (Lipsiae, 1867). Boethius' treatise is not a mere translation of Nicomachus but an adaptation of it with expansions and suppressions, *cf.* D'Ooge, Robbins, and Karpinski, *Nicomachus of Gerasa. Introduction to Arithmetic*, pp. 132–137.

[6] *Cassiodori Senatoris Institutiones.* Edited from the manuscripts by R. A. B. Mynors (Oxford, 1937), Liber Secundus, IIII: *De Arithmetica.*

[7] *Martiani Minnei Felicis Capellae De Nuptiis Philologiae et Mercurii*, recensuit Franciscus Eyssenhardt (Lipsiae, 1866), Liber VII: *De Arithmetica. Cf.* also *Martianus Capella*, edidit Adolfus Dick (Lipsiae, 1925).

[8] *Isidori Hispalensis Episcopi Etymologiarum sive Originum Libri XX*, recognovit brevique adnotatione critica instruxit W. M. Lindsay (Oxonii, 1911), Liber III *De Mathematica.*

[9] *Cf.* below n. 15 and pp. 6ff.

[10] *Cf. Eutocii Commentarii in Libros De Sphaera et Cylindro* (see *Archimedis Opera Omnia cum Commentariis Eutocii* 3 (Lipsiae, 1915): p. 120, 20–23 [Heiberg]): ὡς φασιν ἄλλοι τε καὶ Νικόμαχος ἐν τῷ πρώτῳ Περὶ μουσικῆς καὶ 'Ηρώνας ἐν τῷ ὑπομνήματι τῷ εἰς τὴν 'Αριθμητικὴν εἰσαγωγήν, κτλ.

[11] *Cf.* below pp. 7 and 18–20.

fluence of Nicomachus may also be seen in an anonymous *Quadrivium* of the eleventh century[12] and also in that of George Pachymeres.[13] But the popularity of Nichomachus' treatise should be judged not only by the number of its commentators and of authors who were influenced by it, but also by the number of writers who quote it. In the Arab world Nicomachus was known through the translation of Thâbit ibn Qorah.[14]

The basis for any further study of the ancient Greek commentaries to Nicomachus' *Introduction* to *Arithmetic* later than the commentary of Iamblichus[15] is constituted by P. Tannery's article "Rapport sur une mission en Italie."[16] It will be convenient to summarize the conclusions at which Tannery arrived after his study of some manuscripts of Nicomachus and his Neoplatonic commentators. Tannery distinguished four different recensions of these commentaries; of these four recensions I give, following Tannery, the beginning and the end of each of the two books.[17]

Recension	I	II	III	IV
Book I Beginning	Πλατωνικὸς ὢν ὁ πατὴρ τοῦ βιβλίου κτλ.	Εἰσαγωγὴ ἐπιγέγραπται ... Πλατωνικὸς ὢν ὁ πατὴρ τοῦ βιβλίου κτλ.	Πλατωνικὸς ὢν ὁ πατὴρ τοῦ βιβλίου κτλ.	Ἐπεὶ ἡ Ψυχὴ διττὰς ἔχει τὰς ἐνεργείας κτλ.
End	... ἐφ' ὅσον ἄν τις ἐπαρκοίη τοῦτο ποιεῖν.	... καὶ οὗτος ὑπὸ τῶν πλευρῶν τῶν τετραγώνων πολλαπλασιαζόμενος ἐπ' ἀλλήλας γίνεται.	... καὶ ἐπὶ τῶν ἄλλων ὁμοίως· ὥστε εἰκότως τοὺς ἄκρους τετραγώνους ἔχουσιν.	... τὸ ἐπιδιμερὲς τοῦ ἐπιτριμεροῦς καὶ τοῦτο τοῦ τετραμεροῦς.
Book II Beginning	Εἴρηται ἡμῖν ἤδη ὅτι τοῦ πρός τι ποσοῦ κτλ.	Εἴρηται ἡμῖν ἤδη ὅτι τοῦ πρός τι ποσοῦ κτλ.	Εἴρηται ἡμῖν ἤδη ὅτι τοῦ ποσοῦ τὸ πρός τι κτλ.	Ἐνταῦθα μέλλει δεῖξαι ὅτι ἡ ἰσότης κτλ.
End	... καὶ πάντες οἱ ἁρμονικοὶ ἐνθεωροῦνται λόγοι.	... καὶ πάντες οἱ ἐν τῷ τῆς μουσικῆς ὀργάνῳ τῶν συμφωνιῶν λόγοι ἀνελλιπεῖς.	... τοσαῦτα τοίνυν ἀρκείτω πρὸς εἰσαγωγικὴν διδασκαλίαν.	... καὶ πάλιν οὗτος λαβὼν τοῦτο ποιεῖ τὴν διαπασῶν καὶ διάπεντε.

What Tannery calls recension I is constituted by a commentary to Nicomachus that our manuscripts ascribe to Philoponus. This commentary was published by R. Hoche.[18] What Tannery calls recension II is constituted by a particular version of recension I which contains variations and additions to some paragraphs of the latter. This recension is attributed by our manuscripts to Philoponus, Hoche attributed it to one of Philoponus' students,[19] and Tannery thought that recension II should be attributed to Isaac Argyros since his name occurs in the *Vaticanus 1411*

[12] Last edition: J. L. Heiberg, *Anonymi logica et quadrivium cum scholiis antiquis. Historisk-filologiske Meddelelser*, udgivne af det Kgl. Danske Videnskabernes Selskab. 15 (1929), no. 1. Cf. N. Zeegers-Vander Vorst, "L'Arithmétique d'un quadrivium anonyme du XIe siècle," *L'Antiquité Classique* 32 (1963): pp. 129–161. Its first editors attributed this treatise to Psellus.

[13] P. Tannery, *Quadrivium de Georges Pachymère* ou ΣΥΝΤΑΓΜΑ ΤῶΝ ΤΕΣΣΑΡῶΝ ΜΑΘΗΜΑΤῶΝ ἀριθμητικῆς, μουσικῆς, γεωμετρίας καὶ ἀστρονομίας. Texte revisé et établi par le R. P. E. Stéphanou A. A. (Città del Vaticano, 1940). *Studi e Testi* 94: pp. 5ff.

[14] *Ṯābit B. Qurra's arabische Übersetzung der* Ἀριθμητικὴ Εἰσαγωγή *des Nikomachos* von Wilhelm Kutsch S. J. (Beyrouth, 1959), *Recherches publiées sous la direction de l'Institut de lettres Orientales de Beyrouth*. Tome IX.

[18] Cf. ΙΩΑΝΝΟΥ γραμματικοῦ Ἀλεξανδρέως (τοῦ Φιλοπόνου) ἐξήγησις εἰς τὸ πρῶτον τῆς Νικομάχου ἀριθμητικῆς εἰσαγωγῆς. Primum edidit Ricardus Hoche, Part. I (Wesel, 1864). *Ibid.*, Praef. et Part. II (Wesel, 1865). *Ibid.*, εἰς τὸ δεύτερον τῆς Νικομάχου ἀριθμητικῆς εἰσαγωγῆς (Berolini, 1867).

[15] Cf. *Iamblichi In Nicomachi Arithmeticam Introductionem Liber*. Ad Fidem Codicis Florentini Edidit H. Pistelli (Lipsiae, 1894). The anonymous *Prolegomena* to Nicomachus published by Tannery, *Diophanti Opera Omnia 2* (Lipsiae, 1895): pp. 73–76, and cf. also p. xiii, is not of concern to us here, for it contains nothing important either mathematically or philosophically. There is, moreover, no obvious connection between it and the Neoplatonic commentaries studied here.

[16] Originally published in *Archives et Missions scientifiques et littéraires*, 3e. série, 13 (1888): pp. 409ff., now included in *Mémoires scientifiques 2* (Toulouse-Paris, 1912): pp. 269ff. The relevant part for us is II: "Les Commentaires sur Nicomaque," *Mémoires scientifiques 2*: pp. 302–310. Also relevant are, in this same volume, pp. 311ff., 110; and in *Mémoires scientifiques 3* (Toulouse-Paris, 1915): pp. 259–260.

[17] Cf. *Mémoires scientifiques*, 2: p. 303.

[19] Cf. Hoche, *op. cit.*, Praef., et Part. II, p. ii and n. 1. Hoche thought that this recension was probably due to a certain Proclus Procleius mentioned by Suidas as the author of a commentary to Nicomachus (cf. p. 7 below).

and in its copy, the *Parisinus* 2377, in connection with the more important additions to recension I.[20] Consequently, according to Tannery's suggestion, this recension would date from the fourteenth century. Of this recension II Hoche published only the variations that correspond to the first book of Philoponus' commentary;[21] the variations which correspond to the second book were more recently published by A. Delatte,[22] who seems to follow Tannery in attributing recension II to Isaac Argyros.[23]

Recension III Tannery attributed to Asclepius of Tralles, following the authority of the *Parisinus* 2376, the *Monacensis* 431, and the *Ambrosianus* B 77, which were the only manuscripts known to Tannery to contain recension III. Tannery thought that this recension exists in complete form only in the *Parisinus* 2376, while he considered the *Monacensis* 431 and the *Ambrosianus* B 77 to contain incomplete copies of this same recension.

Finally, recension IV, which is really anonymous, Tannery attributed to Arsenius Olbiodorus on the basis of an epigram which is found at the end of some manuscripts of recension IV. The epigram reads as follows:

Νικομάχοιο Γερασηνοῦ ὃς ἔην Πυθαγορείων
ἠδ' ἀριθμητικῆς ἑρμηνείη μέγ' ἀρίστη·
γράψε δέ μιν πυξίδι μακάρτατος ἀρχιθύτης
'Αρσένιος θεοειδὴς 'Ολβιόδωρος Περγάμου
ἔρωτ' ἠδὲ πόθῳ σοφίης ὃς καὶ δὴ κάμεν
εὐσεβίης οὕνεκα παθὼν ἄλγεα πολλά.

This epigram led Tannery to state, "l'épigramme nous révèle le nom d'Arsenios dans des conditions telles qu'il est difficile d'y voir seulement un copiste, et non le rédacteur du commentaire anonyme."[24] So this recension, like recension II, would date only from the fourteenth century.

Tannery also asserted that there are some manuscripts which contain a conflation of recensions I and II and some others that contain a conflation of recensions III and IV. As a matter of fact the name of Asclepius is given as that of the author of recension IV in some manuscripts which contain this version of the commentary or a conflation of it and recension III. This caused Hardt to think that the work of Asclepius is represented by recension IV, while Philoponus would be the author of recension III.[25] But Tannery was right in rejecting this thesis of Hardt, although not entirely for the right reasons. It should be noticed that of the three manuscripts which contain recension III none attributes the work to Philoponus, while the three manuscripts specifically ascribe the work to Asclepius. It is recension I and recension II that are ascribed to Philoponus by our manuscripts. There are, however, many manuscripts which really contain recension IV and which attribute it to Asclepius; consequently Tannery, perhaps because his knowledge of the manuscripts that contain recension IV was limited, was mistaken in asserting that recension IV is never attributed to Asclepius[26] as we shall see (*cf.* below p. 18ff.). But this ascription can, nevertheless, be shown to be mistaken.[27]

Recension I and recension III are so similar that Tannery postulated a common source for both; this source, he thought, must have been a commentary to Nicomachus by Proclus now lost. That Proclus wrote a commentary to Nicomachus' *Introduction to Arithmetic* Tannery deduced from a notice by Marinus, who in his life of Proclus says that in a dream it was revealed to the latter that the soul of Nicomachus was in him,[28] and from what Suidas says, *s.n.* Πρόκλος (3), Πρόκλος, ὁ Προκλήϊος χρηματίσας, Θεμεσίωνος, Λαοδικείας τῆς Συρίας, ἱεροφάντης. ἔγραψε Θεολογίαν, Εἰς τὸν παρ' 'Ησιόδῳ τῆς Πανδώρας μῦθον, Εἰς τὰ χρυσᾶ ἔπη, Εἰς τὴν Νικομάχου Εἰσαγωγὴν τὴν ἀριθμητικήν· καὶ ἄλλα τινὰ γεωμετρικά. This is then followed by the notice on Proclus the Neoplatonic philosopher. Tannery thought that the attribution of these works to Proclus Procleius, a Hierophant of Laodicea, is due to one of the usual and typical confusions to be

---

[20] *Cf.* Tannery, *Mémoires scientifiques* 2: pp. 302, 306, and 310ff.

[21] *Cf.* Hoche, *op. cit.*, Praef. et Part. II (Wesel, 1865), pp. ii–xiv.

[22] *Anecdota Atheniensia et Alia.* Tome II: *Textes Grecs relatifs à l'histoire des sciences.* Édités par A. Delatte. Bibliothèque de la Faculté de Philosophie et Lettres de l'Université de Liége. Fasc. LXXXVIII (Paris, 1939), pp. 129–187.

[23] *Cf. Anecdota Atheniensia* 2: pp. 129–130.

[24] *Cf.* Tannery, *Mémoires scientifiques* 2: p. 310.

[25] Consequently Hardt thought that the *Monacensis* 431 which contains recension III and ascribes it to Asclepius is really due to Philoponus. In this he was followed, in part, by Hoche, *op. cit.*, Praef. et Part. II, p. ii, n. 1. *Cf.* p. 19.

[26] *Cf.* Tannery, *Mémoires scientifiques* 2: p. 304: "Rien ne prouve donc que l'attribution à Asclépius (*sc.* of recension III) soit fautive, tant que ce nom ne se retrouve pas d'une façon expresse en tête de la recension IV."

[27] *Cf.* below, pp. 18ff.

[28] *Cf.* Marinus, *Vita Procli* 28 (Boissonade): ὅτι τῆς 'Ερμαϊκῆς εἴη σειρᾶς σαφῶς ἐθεάσατο (*sc.* ὁ Πρόκλος) καὶ ὅτι τὴν Νικομάχου τοῦ Πυθαγορείου ψυχὴν ἔχοι ὄναρ ποτὲ ἐπίστευσεν. This probably implies that Nicomachus also was considered as belonging to the succession of true philosophers or "golden chain" which in Homeric fashion connected men with the divine; *cf.* D'Ooge, Robbins, and Karpinski, *Nicomachus of Gerasa. Introduction to Arithmetic*, pp. 77–78.

found in Suidas and that the works attributed to this Proclus Procleius really belong to the Neoplatonic philosopher. As a matter of fact one manuscript which contains recension II ascribes the commentary to Proclus the Neoplatonic philosopher, not to Proclus Procleius, but this ascription is in any case a mistaken one, as Tannery himself recognized.[29]

Finally, Tannery indicated the need to publish the commentary of Asclepius and through a comparison of it with the commentary of Philoponus (represented by recension I) to reconstruct the lost commentary to Nicomachus by Proclus. It is, then, Asclepius' commentary to Nicomachus that I am publishing here for the first time. My study of this commentary and of the three other recensions has led me to the following conclusions which in part modify those of Tannery.

In the first place, one cannot be sure that Proclus did in fact write a commentary to Nicomachus which is now lost. No great trustworthiness can be attached to the notice of Marinus and, in any case, even if what Marinus says should be true, it is to go too far to deduce that Proclus wrote a commentary to Nicomachus merely because he thought that the soul of the latter was in him. As to the notice of Suidas, Tannery may be right in thinking that the notice on Proclus Procleius is confused, but if this is so one cannot be sure that the notice of a commentary to Nicomachus is not due to a confusion too. But even if Proclus had written a commentary to Nicomachus we have no evidence that either Asclepius or Philoponus had access to it. For one thing neither of them was a student of Proclus and on the other hand, and even more significant, Proclus is never mentioned in the commentary of Philoponus. He is mentioned once by Asclepius, but in a matter which is really irrelevant to the study of Nicomachus.[30]

Of Asclepius we know very little. His only other extant work is his commentary to Aristotle's *Metaphysics*, which is specifically given as being ἀπὸ φωνῆς Ἀμμωνίου.[31] This by itself shows that he was a student of Ammonius the son of Hermeias and in the commentary to the *Metaphysics* he specifically states it: ὁ δὲ ἥρως Ἀμμώνιος ὁ Πρόκλου μὲν γεγονὼς ἀκροατὴς ἐμοῦ δὲ Ἀσκληπιοῦ διδάσκαλος ἔλεγεν κτλ.,[32] and repeatedly calls him ὁ φιλόσοφος or ὁ ἡμέτερος φιλόσοφος.[33] From this commentary to the *Metaphysics* we gather that Asclepius was a philosopher with little of his own to say. He reports what Ammonius must have said and his only contribution was to contaminate the first four books (namely the commentary to A, α, B, and Γ) with extracts from Alexander's commentary.[34] We may infer that the part of the commentary that is not contaminated by extracts from Alexander represents the work of Ammonius.[35]

We also know that Philoponus had some kind of connection with the school of Alexandria, although we do not know exactly what this connection was, and it is even possible that he never belonged formally to the school at all.[36] Be that as it may, he certainly published many of Ammonius' courses[37]

---

[29] That Proclus cannot be the author either of recension I or of recension II is proved by the fact that Ammonius is mentioned in them as "our teacher" (see below pp. 9ff.). The majority of our manuscripts ascribe recensions I and II to Philoponus. The only manuscripts known to me that ascribe the commentary to Proclus are the *Atheniensis* 1238, which dates only from the eighteenth century (cf. Delatte, *Anecdota Atheniensia* 2 p. 130 and n. 1), and the *Parisinus* 2375, in which the ascription to Proclus is recent, the manuscript being really anonymous (cf. Tannery, *Mémoires scientifiques* 2: pp. 260, note 1 and 305).

[30] Cf. Asclepius, I. 1α 76–80: ὁ γὰρ ἔφη Πρόκλος· εἰ οὖν δυνατὸν τοὺς Λυγκέως ὀφθαλμοὺς ἔχοντά τινα βλέψαι διὰ βάθους τοῦ σώματος καὶ ἰδεῖν κόπρον καὶ πᾶσαν ἀκαθαρσίαν, ἐπείσθη ἂν πόσον ἐν ἡμῖν τὸ ἀκαλλὲς καὶ αἰσχρόν. Proclus is mentioned again in a scholion found at the bottom of one page in the manuscripts that contain the commentary of Asclepius. This scholion was written in connection with Asclepius, II.

ι´, and reads as follows: ὁ Πλάτων τὴν περὶ τὴν γεωμετρίαν λεγομένην ἀπαγωγὴν ἐποίησεν. ἀπαγωγὴ δέ ἐστιν, ὡς φησιν Πρόκλος ἐν τῷ τρίτῳ λόγῳ τῶν εἰς τὸν πρῶτον Εὐκλείδους στοιχεῖον, μετάβασις ἀπ' ἄλλου προβλήματος ἢ θεωρήματος ἐπ' ἄλλο, οὗ γνωσθέντος ἢ πορισθέντος καὶ τὸ προκείμενον ἔσται καταφανές. This is a verbatim quotation of Proclus, *In Eucl.*, p. 212.24–p. 213.2 (Friedlein); one cannot be sure, however, that Asclepius himself wrote the scholion. At any rate it appears to be absent from Philoponus, and even if Asclepius himself wrote the scholion this would show only that he knew Proclus' commentary to Euclid not his supposed commentary to Nicomachus.

[31] Cf. *Asclepii in Aristotelis Metaphysicorum Libros A—Z Commentaria*, edidit M. Hayduck (Berolini, 1888) = *CAG* VI.2.

[32] Asclepius, *In Metaph.*, p. 92.29–30 (Hayduck).

[33] Cf., e.g., Asclepius, *In Metaph.*, p. 5.6, p. 40.16, p. 43.36–37, p. 121.5.

[34] Cf. Hayduck's preface, *CAG* VI.2, pp. v–vi and Westerink, *Anonymous Prolegomena to Platonic Philosophy. Introduction, text, translation and indices* (Amsterdam, 1962), p. xi. I am indebted to the learned pages that Professor Westerink devotes to the Alexandrian school in this book.

[35] For what we know about Ammonius' life and work cf. Westerink, *Anonymous Prolegomena*, pp. x–xiii.

[36] Cf. Simplicius' attack on Philoponus (*De Caelo*, p. 42.17 [Heiberg]): ὁ δὲ νεαρὸς ἡμῖν οὗτος κόραξ, μᾶλλον δὲ κολοιός κτλ., although here it refers to Philoponus' borrowing from Xenarchus. See also Westerink, *R.E.G.* 77 (1964), p. 534.

[37] Namely, the commentaries to the *Categories*, *Prior* and *Posterior Analytics*, *De Anima*, *De Generatione Animalium*, *Physics*, *De Generatione et Corruptione*, and *Meteorologica*.

and must have considered himself as one of the official editors of the work of the latter. This much can be gathered from what the ascriptions of our manuscripts tell us.

Now Ammonius is mentioned by both Asclepius and Philoponus, and they mention him specifically in connection with his interpretations of Nicomachus. I transcribe the texts.[38]

Asclepius I. ς: μιμούμενα τὴν τῆς ἐξ ἀρχῆς ἀιδίου ὕλης φύσιν. ⟨ἀντὶ τοῦ⟩ τῆς ἀρχούσης ὕλης. λέγει οὖν διὰ τὰ σώματα ταῦτα ὅτι μιμοῦνται τὴν ὕλην. ὁ μέντοι φιλόσοφος Ἀμμώνιος, ὁ ἡμέτερος διδάσκαλος, ἔφη ὅτι οὐ καλῶς εἶπε τὸ μιμεῖσθαι· οὐδενὸς γὰρ παράδειγμά ἐστιν ἡ ὕλη· τίς γὰρ θέλει ὕλη γενέσθαι;

Philoponus I. ζ: τὴν ἐξ ἀρχῆς. ἀντὶ τοῦ τῆς ἀρχούσης αὐτῶν ὕλης· ἅμα γὰρ τῇ ἀρχῇ καὶ ἡ ὕλη. λέγει οὖν ὅτι τὰ σωματικὰ ταῦτα εἴδη, ἐν διηνεκεῖ ὄντα ῥύσει, μιμοῦνται τῆς ὑλικῆς αὐτῶν ἀρχῆς τὸ ἄστατον· κἀκείνη γάρ, δυνάμει πάντα οὖσα τὰ εἴδη, οὐκ ἀνέχεται τὸ αὐτὸ στέγειν εἶδος ἀεί. ὁ μέντοι φιλόσοφος Ἀμμώνιος, ὁ ἡμέτερος διδάσκαλος, ἔφη ὅτι οὐ καλῶς εἶπε τὸ μιμεῖσθαι τὴν ὕλην· οὐδενὸς γὰρ παράδειγμά ἐστιν ἡ ὕλη· τίς γὰρ θέλει ὕλη γενέσθαι; ἀλλ’ οὐχὶ τοῦτο οἶμαι τὸν Νικόμαχον δηλοῦν διὰ τοῦ μιμεῖσθαι, ὅτι ὡς πρὸς παράδειγμα ταύτην ἀποβλέποντα μιμεῖται αὐτὴν τὰ εἴδη, ἀλλ’ ὡς εἰ ἔλεγεν ὅτι τὰ αἰσθητὰ διὰ τοῦτο ἐν συνεχεῖ ἐστι μεταβολῇ, τῇ οἰκείᾳ ἀρχῇ, τῇ ὕλῃ φησί, συνεξομοιούμενα τῷ μὴ δύνασθαι διὰ τὸ ἄστατον αὐτῆς ἐν αὐτῇ εἶναι ἀεί· ὥσπερ ἂν εἰ καὶ τὸν ἐν πλοίῳ, δινεῖσθαι καὶ αὐτὸν ἰδίᾳ καὶ πάντα νομίζοντα, λέγοι τις τὸ ἄστατον τοῦ πλοίου μιμεῖσθαι.

Asclepius I. ζ: ὅλη γὰρ δι’ ὅλης ἦν τρεπτὴ καὶ ἀλλοιωτή. κακῶς εἶπε καὶ τοῦτο, ὥς φησιν ὁ θεῖος διδάσκαλος. ἔδει γὰρ εἰπεῖν "τρεπτικὴ καὶ ἀλλοιωτική" περὶ αὐτὴν γὰρ αἱ τροπαὶ καὶ ἀλλοιώσεις γίνονται, οὐ δήπου γὰρ αὐτὴ τρέπεται ἢ ἀλλοιοῦται. εἰ γὰρ αὐτὴ ἐτρέπετο, ἐδέετο ἑτέρας ὕλης ἐν ᾗ ἔμελλεν ἀλλοιοῦσθαι καὶ τρέπεσθαι. ὥστε αὐτὴ μὲν ἄτρεπτος καὶ ἀναλλοίωτος, τὰ δὲ περὶ αὐτὴν εἴδη ἀλλοιοῦνται, λέγω δὴ ποιότητες καὶ ποσότητες καὶ διαθέσεις καὶ ἐνέργειαι καὶ ἰσότητες καὶ πάντα τὰ τοιαῦτα.

Philoponus I. η: τρεπτὴ καί. κακῶς εἶπε καὶ τοῦτο, ὡς ἔφη ὁ αὐτὸς ἡμῶν διδάσκαλος· ἔδει γὰρ εἰπεῖν "τρεπτικὴ καὶ ἀλλοιωτική" περὶ αὐτὴν γὰρ αἱ τροπαὶ καὶ αἱ ἀλλοιώσεις γίνονται· οὐ δήπου γὰρ αὐτὴ τρέπεται ἢ ἀλλοιοῦται. εἰ γὰρ αὐτὴ ἐτρέπετο, ἐδέετ’ ἂν ἑτέρας ὕλης ἐν ᾗ ἔμελλεν ἀλλοιοῦσθαι ἢ τρέπεσθαι· ὥστε αὐτὴ μὲν ἄτρεπτος καὶ ἀναλλοίωτος, τὰ δὲ περὶ αὐτὴν εἴδη ἀλλοιοῦνται, λέγω δὴ ποσότητες καὶ ποιότητες καὶ διαθέσεις καὶ ἐνέργειαι καὶ πηλικότητες. μᾶλλον δὲ τὸ σύνθετον κατὰ ταῦτα τὴν ἀλλοίωσιν ὑπομένει· τὸ μὲν γὰρ ἀλλοιούμενον ὑπομένειν δεῖ καὶ ὅλως τὸ κινούμενον· ταῦτα δὲ οὐχ ὑπομένει ὅταν κατ’ αὐτὰ ἡ ἀλλοίωσις γένηται· τὸ γὰρ ἐκ λευκοῦ γινόμενον μέλαν, οἷον ἄνθρωπος, αὐτὸς μὲν ὑπομένει, ἐξιστάμενον δὲ τοῦ λευκοῦ ἀντιλαμβάνει τὸ μέλαν. ἔστι δὲ πάλιν ἀπολογούμενον ὑπὲρ τοῦ Νικομάχου λέγειν ὅτι τὸ ὅλη δι’ ὅλης τρέπεται οὐχ ὡς καὶ αὐτῆς καθὸ ὕλη ἐστὶ μεταβαλλούσης καὶ ἐξισταμένης τοῦ εἶναι ὕλη, ἀλλ’ ὥσπερ ἂν εἴποιμεν ὅλον δι’ ὅλου τὸν χαλκὸν εἰς τὰ ἐν αὐτῷ γινόμενα χαλκευτικὰ εἴδη τρέπεσθαι, οὐ τῆς οὐσίας τοῦ χαλκοῦ ἐκ τοῦ εἴδους τοῦ ἑαυτῆς ἐξισταμένης, ἀλλ’ ὡς πεφυκότος αὐτοῦ καθ’ ὅλον αὐτόν, τὰ μὲν ἀποπτύειν τῶν εἰδῶν, τὰ δὲ δέχεσθαι, οὕτως καὶ τὴν ὕλην μεταβάλλειν εἴρηκε.

Both the commentary of Philoponus and the one by Asclepius have all the characteristics of being notes of a course, as is the case with most of the Neoplatonic commentaries after Proclus. The characteristic parts of θεωρία and λέξις are clearly

---

[38] Cf. also Westerink, R.E.G. 77 (1964): pp. 528–530. I follow Westerink in preferring the reading of the manuscripts to Hoche's emendations of the text of Philoponus in I ζ and I. η. Westerink's emendations in Asclepius, I. ζ are the readings of the *Monacensis* 431 and the *Ambrosianus* B 77.

present in both texts.[39] Consequently the passages quoted above and whatever else we know of Asclepius and Philoponus point to the fact that both commentaries go back to a course on Nicomachus' *Introduction to Arithmetic* given by Ammonius. To be sure, the expression ἀπὸ φωνῆς[40] 'Αμμωνίου is lacking from the manuscripts which contain both commentaries; nevertheless, since, as we just said, both commentaries go back to a course on Nicomachus, and given the evidence of the passages quoted above, our conclusion seems to be a safe one.

A comparison of the commentary of Asclepius with that of Philoponus shows that both texts are very close in content and in language. Philoponus' commentary is longer and seems to be a revised and corrected edition of Asclepius' commentary. It is difficult to decide whether Philoponus based his commentary directly on the text of Asclepius or not.[41] The other possibility would be that he either had his own set of notes of Ammonius' course on Nicomachus or had access to a version different from that of Asclepius.[42] Be that as it may, there can be no doubt that Asclepius' commentary is closer to the lectures of Ammonius than that of Philoponus is; and the inference to be drawn from a close study of both texts is that Philoponus reworked, corrected, and expanded a set of notes into his own commentary.

In the two passages quoted above we see that Asclepius limits himself to a mere report of the criticism that Ammonius directed against Nicomachus, whereas Philoponus not only reproduces the criticism of Ammonius against Nicomachus, but in both passages has a retort to offer to Ammonius on behalf of Nicomachus. This is exactly what we should expect from Asclepius (since, as we said above, he does not appear to have been very original) and from Philoponus who was a philosopher of some originality. Two of the courses of Ammonius that he published, the one on the *Cate-*

gories and the other on the *First Analytics*[43] are also extant in two other versions,[44] and his version is in each case quite different from the others. This may be due in part, as Westerink points out,[45] to the fact that they may be based on courses of lectures given at different times; but this difference must also be due, in part, to Philoponus' originality in reworking the notes which either he took himself or which were otherwise available to him.[46] At any rate his *De Aeternitate Mundi Contra Proclum* shows that he had some talent of his own. Moreover, his attack on Ammonius and his justification of Nicomachus are not unique; we have another such instance in his commentary to Aristotle's *Physics*, where he attacks Ammonius' defense of Aristotle.[47] Moreover, Philoponus as a Christian must have opposed the pagan Ammonius;[48] a reflection of this opposition we have in the very commentary on Nicomachus where Philoponus has simply suppressed a text which contains an interpretation of Plato's *Timaeus* in which Ammonius argues for the eternity of the world according to Plato. I transcribe the texts.

---

[43] *Cf. CAG* XIII.1 and *CAG* XIII.2.

[44] *Cf. CAG* IV.4 and *CAG* IV.6.

[45] *Cf.* Westerink, *R.E.G.* **77** (1964): p. 535.

[46] For Philoponus' independence and originality as an editor of Ammonius' courses, *cf.* also Évrard, *R.E.G.* **78** (1965): pp. 596–597.

[47] *Cf.* Philoponus, *in Phys.*, pp. 583.13–585.4 (Vitelli). Ammonius is not mentioned but in p. 583.14 ὁ φιλόσοφος most probably refers to him (*cf.* also p. 584.4: ἡ τοῦ φιλοσόφου ὑπὲρ 'Αριστοτέλους ἀπολογία).

[48] I am not convinced by Westerink's suggestion (*Anonymous Prolegomena*, pp. xii–xiii) that the concession made by Ammonius in his pact with Athanasius II was a *pro forma* conversion to Christianity. *Cf.* Évrard, *R.E.G.* **78** (1965): pp. 597–598.

---

[39] *Cf.* below, pp. 16–17.

[40] For the meaning of ἀπὸ φωνῆς (= "from the teaching of"), *cf.* M. Richard, *Byzantion* **20** (1950): pp. 191ff.

[41] That the commentary of Asclepius was really the source of the commentary of Philoponus was suggested by Tannery, *Mémoires scientifiques* **2**: p. 110, n. 2.

[42] These two other possibilities seem to be preferred by Westerink in his article "Deux commentaires sur Nicomaque: Asclépius et Jean Philopon," *R.E.G.* **77** (1964): pp. 526–535, esp. p. 535. This article reached me while I was writing this introduction to my edition of Asclepius' commentary. I am glad to see that Professor Westerink has reached the same conclusion as I did in regard to the ultimate source of these commentaries, namely, that it was a course on Nicomachus given by Ammonius.

Asclepius I. γ 68–79: ἐκ τοίνυν τούτων ἔστιν ἐπιλύσασθαι καὶ τὸ παρὰ Πλάτωνος ἐν Τιμαίῳ εἰρημένον· τί τὸ ὂν μὲν ἀεί, γένεσιν δὲ οὐκ ἔχον; καὶ τί τὸ γινόμενον μέν, ὂν δὲ οὐδέποτε; δῆλον γὰρ ὅτι ὂν μὲν ἀεί, γένεσιν δὲ οὐκ ἔχον τὸ νοητὸν πᾶν καὶ ἀίδιον καλεῖ· τί δὲ τὸ γινόμενον μέν, ὂν οὐδέποτε τὰ τῇδε. καὶ προῦπτόν ἐστιν ὅτι οὐχ, ὡς τινες νομίζουσι, τὸ γενητὸν ἐνταῦθα αὐτὸν βούλεται, τοῦτο δέ ἐστι γενητὸς ὁ κόσμος· ἀεὶ γὰρ γίνεσθαι αὐτὸν λέγει, ἀλλὰ γενητὸν καλεῖ τὸ μεταβλητὸν καὶ τρεπτὸν ὡς εἰρήκαμεν· ὅθεν καὶ ὂν (ἀντὶ τοῦ κυρίως ὄντος) οὐδέποτέ ἐστι· πῶς γὰρ δύναται;

Philoponus I. γ 54–58: ἐκ τούτων ἔστιν ἐπιλύσασθαι καὶ τὸ παρὰ Πλάτωνος ἐν Τιμαίῳ εἰσηγμένον· τί τὸ ὂν ἀεί, γένεσιν δὲ οὐκ ἔχον; τί δὲ τὸ γινόμενον μέν, ὂν δὲ οὐδέποτε; δῆλον γὰρ ὅτι ὂν μὲν ἀεί, γένεσιν δὲ οὐκ ἔχον τὸ νοητὸν πᾶν καὶ ἀίδιον καλεῖ διὰ τὸ πάντη ἀμετάβλητον εἶναι, γινόμενον δὲ καὶ οὐδέποτε ὂν τὸ τῇδε πᾶν διὰ τὸ συνεχὲς τῆς μεταβολῆς.

We can see that Philoponus has suppressed Ammonius' specific interpretation of the *Timaeus* as asserting the eternity of the world and his polemic against those who thought that Plato in calling the universe γενητός was postulating an origin for it; Philoponus has replaced this passage with a non-committal γινόμενον δὲ καὶ οὐδέποτε ὂν τὸ τῇδε πᾶν διὰ τὸ συνεχὲς τῆς μεταβολῆς. One must grant to Philoponus the desire to correct Asclepius' Greek, but this still does not justify the suppression of this text. We know that Ammonius believed in the eternity of the cosmos,[49] a dogma that Philoponus as a Christian did not accept and against which he wrote at length in his *De Aeternitate Mundi*. It should also be noticed that in another place of his commentary to Nicomachus, Philoponus, in connection with this same passage of the *Timaeus* (27 D–28 A), says: ὅτι δὲ καὶ τὰ οὐράνια ἀλλοιοῦται κατὰ ποιότητα, ἐν ταῖς εἰς τὰ Μετέωρα σχολαῖς ἐδείξαμεν (Philoponus, I. ιδ, 4–5), whereas there is no such reference and no such notion about τὰ οὐράνια in the commentary of Asclepius. Professor Westerink rightly maintains that Philoponus is referring to his own commentary on Aristotle's *Meteorologics*; and he asserts that this part of the commentary to which Philoponus is referring has been lost. According to Évrard, however, the reference is to an extant part of Philoponus' commentary to the *Meteorologics*.[50] In this passage Philoponus argues against Aristotle's notion that the sun is the source of heat because of its motion and concludes that it is the source of heat because it is itself hot, a conclusion which for Philoponus entails that the sun

must experience also qualitative change, whereas for Aristotle the sun is ἀναλλοίωτον. This is clear from Philoponus' own words (Philoponus, *In Meteor.*, p. 50, 20–28): εἰ μὴ παντελῶς ἀπαθές ἐστιν ἐκεῖνο τὸ σῶμα μηδ' ἀναλλοίωτον, ἀλλοίωσις δὲ σώματος οὐδὲν ἕτερόν ἐστιν ἢ μεταβολὴ κατὰ ποιότητα, πάσης δὲ σωματικῆς ποιότητος αἱ πρῶται δύο τῶν ἀντιθέσεων ἐξάρχουσιν ἡ τοῦ θερμοῦ καὶ τοῦ ψυχροῦ τοῦ ξεροῦ τε καὶ ὑγροῦ, καὶ ἔστιν ἀδύνατον τῶν ἄλλων μετέχειν τινὸς τὸν μὴ τούτων μετέχοντα πρότερον (πάσας γὰρ Ἀριστοτέλης ἔδειξε τὰς ἄλλας ὑπ' ἐκείνας ἀναγνομένας), εἰ οὖν ἀλλοιοῦται καὶ πάσχει τὸ θεῖον σῶμα, πάντως ἀνάγκη κατά τινα τῶν εἰρημένων τεσσάρων ποιοτήτων προηγουμένως ἀλλοιοῦσθαι, καθὰ δοκεῖ καὶ Πλάτωνι. Perhaps this is not the passage to which Philoponus refers in his commentary to Nicomachus, since it only refers to the sun; but however this may be, there is no question that Évrard is right in considering that the whole passage is connected with Philoponus' polemical attitude towards the dogma of the eternity of the cosmos,[51] and it is important that Philoponus refers to this doctrine of his about τὰ οὐράνια in the commentary to Nicomachus. Asclepius for his part considers that τὰ οὐράνια are intermediate between the intelligible world and the realm of γένεσις and expressly says that they are subject only to change of place, and implicitly denies that they can experience any change of οὐσία. Just before the passage where he argues against those who interpret the *Timaeus* literally he says (Asclepius, I. γ, 55–68): τὰ μέντοι οὐράνια, ὡς μεταξὺ ὄντα, ἐκείνοις μὲν κατὰ τὴν οὐσίαν κοινωνεῖ (καὶ γὰρ αὐτὰ ἀίδια καὶ θεῖα), ἡμῖν δὲ κατ' ἐνέργειαν (μεταβλητὰ γάρ, ἀλλ' οὐχ οὕτως ἡμεῖς)· ἀλλὰ τὴν τοπικὴν μόνην μεταβολὴν ὑπομένουσι· καθὸ ἀπὸ ἀνατολῶν ἐπὶ δυσμὰς κινοῦνται καὶ ἀπὸ δυσμῶν ἐπὶ ἀνατολάς. τὸ πλέον οὖν ἐκεί-

---

[49] In the commentary to the *Metaphysics* Asclepius specifically attributes to Ammonius the belief in the eternity of the cosmos; *cf.*, e.g., p. 89.4–5; p. 90.27–28; p. 171.9–11; p. 186.1–2; p. 194.23–26; p. 226.12–15; quoted by Westerink, *Anonymous Prolegomena*, p. xii, n. 28. On Asclepius I. γ 68–79 *cf.* n. *ad loc.*

[50] *Cf. CAG* XIV, 1, pp. 49.25–52.5. See Évrard, *R.E.G.* **78** (1965): pp. 593–594.

[51] *Cf.* Évrard, *op. cit.*, and also in *Bulletin de l'Académie Royale de Belgique*, Classe des Lettres **39** (1953): pp. 333–334.

νοις κοινωνεῖ, ὡς πλησιάζοντα τοῖς ἀεὶ καὶ ὡσαύτως οὖσιν· ὅτι γὰρ ἐκείνοις κοινωνεῖ ὁ οὐρανὸς καὶ πρὸς τῷ θείῳ ἐστὶ καὶ καθαρὸς τυγχάνει, δῆλον ἐκ τοῦ νομίζειν ἡμᾶς καὶ τὸν θεὸν ἐκεῖ εἶναι, ὥσπερ γὰρ τὸν ἐγκέφαλον μᾶλλον ἀπολαύειν λέγομεν τῶν τῆς ψυχῆς ἐνεργειῶν, οὕτω καὶ αὐτόν· ὅθεν καὶ τὰς χεῖρας πάντες οἱ ἄνθρωποι εὐχόμενοι εἰς οὐρανὸν ἐντείνομεν ὡς ἂν ἐκεῖ τοῦ θείου κατοικοῦντος. The fact that Philoponus in the parallel passage to the lines of Asclepius just quoted[52] has preserved this same notion that τὰ οὐράνια are intermediate and that they only experience change of place, can only be explained as an oversight on his part. At any rate he suppressed the interpretation of the *Timaeus* as upholding the eternity of the world, and he later inserted a reference to his own doctrine that τὰ οὐράνια ἀλλοιοῦται κατὰ ποιότητα.

It is also noteworthy that Asclepius in I. 5 and Philoponus in I. ζ have ὁ μέντοι φιλόσοφος Ἀμμώνιος, ὁ ἡμέτερος διδάσκαλος, whereas when in I. ζ Asclepius writes ὥς φησιν ὁ θεῖος διδάσκαλος, Philoponus in I. η has ὡς ἔφη ὁ αὐτὸς ἡμῶν διδάσκαλος; it is not surprising that the Christian Philoponus avoids the word θεῖος here.

Of the two commentaries the one by Asclepius is shorter and bears the marks of being much closer to the course given by Ammonius than the commentary of Philoponus (see also below pp. 12 f.). The lemmata in Asclepius are longer than those given by Philoponus (if Hoche's edition of Philoponus can be trusted);[53] the latter's lemmata are limited to one or two essential words, whereas those given by Asclepius are usually sufficient for the understanding of the commentary. There are many places, however, where Philoponus has given a different word or different words of Nicomachus as the lemmata of certain paragraphs. I have given at the bottom of each page the numbers of the paragraphs of the commentary of Philoponus that correspond to those of the Asclepius commentary. In the commentary itself there are similarities and differences; but where there are similarities the reader will see that the two texts are so close that the corrections, expansions and suppressions of Philoponus cannot conceal the fact that he used the commentary of Asclepius or another version very close to our Asclepius as the basis of his text. If I am right in thinking that the commentary of Asclepius was left unrevised (see below p. 12 f.), then the possibility is that this is what led Philoponus to revise the commentary and publish it under his name.

Philoponus, while correcting the text, has perfected and expanded some of the references to ancient authors quoted or paraphrased by Ammonius, has suppressed some, and has added some new ones. But we should not always assume that the quotation or paraphrase given by Philoponus is better than the one given by Asclepius. For certain texts Philoponus probably did not have anything else to consult but the text of the notes of Ammonius' lectures. That this would not prevent him from expanding can be seen from the report that he gives of the opinion of Ammonius quoted above (*cf.* Asclepius, I. ζ = Philoponus, I. η); for the opinions of Ammonius Asclepius must remain our main source. Where Philoponus agrees with him we have a confirmation; where he deviates we must assume that this is not Ammonius. Many times what Asclepius and Philoponus quote or paraphrase from ancient authors is probably based only on the text of Nicomachus that Ammonius must have had in front of him while he lectured.

Granted that the text of Asclepius as preserved in the manuscripts is often corrupt, still there are some mistakes and inaccuracies that go back to the author. Such phenomena point to the conclusion that the text of Asclepius was left unrevised by its author and was probably never meant for publication. If we remember that Asclepius' commentary goes back to a course given by Ammonius most of these inaccuracies can be explained. There are of course some indications that Asclepius revised his original material, as is shown by his calling Ammonius ὁ ἡμέτερος διδάσκαλος, etc. But such revision was not at any rate complete, for the latter part of the commentary, especially in the second book, shows more signs of being an unrevised draft than the first pages would lead us to suppose. The bulk of Asclepius' commentary consists, then, of notes taken from Ammonius' lectures on Nicoma-

---

[52] *Cf.* Philoponus, *In Nicomachi Isagogen* I, γ, 46-54: τὰ μέντοι οὐράνια, ὡς μεταξὺ ἀμφοτέρων ὄντα, ἐκείνοις μὲν κατὰ τὴν οὐσίαν κοινωνεῖ, ὡς ἀμετάβλητα κατ' οὐσίαν, ἡμῖν δὲ κατ' ἐνέργειαν· μεταβλητὰ γὰρ ταῦτα, τὴν τοπικὴν μεταβολὴν ὑπομένοντα· καθὸ ἀπὸ ἀνατολῶν ἐπὶ δυσμὰς κινεῖται καὶ ἀπὸ δυσμῶν ἐπὶ ἀνατολάς· τὸ πλεῖον οὖν ἐκείνοις κοινωνεῖ, ὡς πλησιάζοντα τοῖς ἀεὶ καὶ ὡσαύτως ἔχουσιν· ὅθεν καὶ πάντες ἐκεῖ τὸν θεὸν ἱδρῦσθαι νομίζουσιν, ὡς μᾶλλον τῶν οὐρανίων τῆς ἐκείνου ἐλλάμψεως μετεχόντων· ὥσπερ γὰρ τὸν ἐγκέφαλον μᾶλλον ἀπολαύειν λέγομεν τῶν τῆς ψυχῆς ἐνεργειῶν, οὕτω καὶ τὸν οὐρανὸν τῆς τοῦ θεοῦ μᾶλλον εἰκὸς μετέχειν ἐλλάμψεως· ὅθεν καὶ τὰς χεῖρας πάντες οἱ ἄνθρωποι εὐχόμενοι ἄνω αἴρουσιν ὡς ἂν ἐκεῖ τοῦ θείου κατοικοῦντος.

[53] I mention this in view of the fact that Hoche used only a few of the extant manuscripts of recensions I and II. Thanks to the courtesy of Professor David Pingree of the University of Chicago, who lent me a microfilm of cod. Gayri islâmi Eserler, Poz Topkapi Saraiş in Istanbul which contains recension II, I have been able to see that the lemmata in recension II are longer and sometimes different from those of the commentary by Philoponus as published by Hoche.

chus. Similar characteristics in the *Anonymous Prolegomena to Platonic Philosophy* led Professor Westerink to the same conclusion.[54] Philoponus has corrected this kind of inaccuracy, which shows that he reworked his set of notes of the course given by Ammonius. The following additional evidence seems to support our conclusion: Asclepius has a wrong reference to Aristotle's *De Anima*[55] which Philoponus has omitted. A wrong reference can easily happen in a lecture where the lecturer may probably be quoting or paraphrasing from memory; but a wrong reference would be more difficult to explain if a person revised a text with a view to publication. In the commentary of Asclepius we find mistakes, inaccuracies, and unnecessary repetitions of examples which cannot in all instances be ascribed to scribes' mistakes.[56] In the corresponding passages of the commentary of Philoponus we find the necessary corrections. Philoponus also offers us more accurate and grammatical Greek, although we cannot always assume that he intended to correct Asclepius or his immediate source, since in other places he uses the same constructions[57] that we find in Asclepius.

Now the fact that Philoponus revised either the commentary of Asclepius or another version close

to it does not entitle us to the conclusion that in all instances the commentary of Philoponus is the more correct one. Some examples will suffice to make this clear. If Hoche's edition of Philoponus' commentary can be trusted, in the first book, paragraphs I. ιζ and I. ιη, which are comments to Nicomachus I.2.4, are really in the reverse order, whereas the corresponding passages in the version of Asclepius, I. ιγ (= Philoponus, I. ιη) and I. ιδ (= Philoponus, I. ιζ) are in the correct order.[58] Sometimes the paragraphing of Asclepius is better than that of Philoponus; for example, Asclepius, I. ιθ = Philoponus I. κα; but whereas Philoponus has this paragraph as part of his commentary to Nicomachus I.2.5, Asclepius includes his comments in the paragraph devoted to Nicomachus I.3.3, which is more correct.[59] There are in Asclepius some references to ancient authors which have been suppressed by Philoponus. He has done so with the quotation or paraphrase from Proclus[60] and with the story about Plato and the duplication of the cube.[61] The story that Asclepius narrates mentioning the name of Ammonius, Philoponus modifies to show his special relationship with the latter.

Asclepius I. κθ 8–15: ὅτι δὲ χαίρουσιν αἱ ψυχαὶ ἐπὶ τῇ εὑρέσει τῶν δογμάτων, δῆλον ἐκ τοῦ ἥδεσθαι ἡμᾶς εὑρίσκοντάς τι, καὶ οὕτως ἥδεσθαι ὡς καὶ δάκρυον προχεῖσθαι. ἀμέλει καὶ ὁ φιλόσοφος Ἀμμώνιος ἔλεγεν ὅτι "ἔπραττόν τινι ἀνδρὶ γραμμάς, καὶ ἥδετο πάνυ λέγοντός μου τὸ θεώρημα. ὅθεν παυσαμένου μου ἔφη 'λυποῦμαι ὅτι νῦν ἐπλήρωσας, ἤθελον γὰρ ἀκούειν τῆς ἀποδείξεως'."

Philoponus I. κθ 6–11: ὅτι δὲ χαίρουσιν αἱ ψυχαὶ ἐπὶ τῇ εὑρέσει τῶν δογμάτων, δῆλον ἐκ τοῦ ἥδεσθαι ἡμᾶς εὑρίσκοντάς τι, καὶ οὕτως ἥδεσθαι ὡς ὑφ' ἡδονῆς καὶ δάκρυον πολλάκις προχεῖσθαι. ποτὲ γοῦν τις ἐμοὶ συνήθης ἀπόδειξιν γεωμετρικοῦ τινος θεωρήματος ὑπὸ τοῦ διδασκάλου παραλαβὼν καὶ τῇ κατασκευῇ λίαν ἐφηδόμενος, ἐπειδὴ πρὸς τῷ συμπεράσματι γέγονεν, ἀνιᾶσθαι ἔφη τοῦ λόγου πέρας εἰληφότος, ὥσπερ εἴ τις ὄψῳ λίαν ἥδοντι ἢ ποτῷ τινί, ἐπειδὰν δαπανηθείη, λυπούμενος.

Just immediately before this passage there is a quotation of Hesiod, *Opera et Dies*, from which Philoponus has suppressed half a line.[62]

Nevertheless, the language, the unnecessary repetitions, and the mistakes which are present in the text of Asclepius make it plausible that his version is very close to the lectures given by Ammonius and that Philoponus reworked this text of Asclepius or another set of notes close to our Asclepius

into his own commentary. Philoponus has also expanded the original commentary adding examples and quotations,[63] tightening some explanations[64] and including some philosophical digressions.[65]

We have said that both the commentary of Asclepius and that of Philoponus go back to a course on Nicomachus given by Ammonius; this is based

---

[54] Cf. Westerink, *Anonymous Prolegomena*, pp. ix–x and n. 4.

[55] Cf. Asclepius, II. λη 5–6 and n. *ad loc.*

[56] Cf., e.g., notes to I. νς, νθ, ξς, ρια, ρκε, etc.

[57] Cf. below p. 22f.

[62] Cf. n. to I. κθ.

[58] Cf. also note to I. ιγ–ιδ

[59] On the problem of paragraphing, cf. p. 22.

[60] Cf. Asclepius I. ια 76–80 and n. *ad loc.*

[61] Cf. Asclepius II. ιζ 8–17 and n. *ad loc.*

[63] Cf. e.g. Philoponus I. κζ 2–3 and note to I. α, Philoponus I. λα 5 and n. to I. λα

[64] Cf. Asclepius I. νς = Philoponus I. ξα and n. to I. νς Asclepius I. νθ = Philoponus I. ξς and n. to I. νθ etc.

[65] Cf., e.g., Philoponus I. ροη and n. to I. ρνβ.

on the following facts: (*a*) that both commentaries still preserve the divisions into θεωρία and λέξις,[66] (*b*) that both commentaries quote Ammonius in connection with his interpretations of Nicomachus, (*c*) other evidence concerning Ammonius' activities in the school of Alexandria. We may now add the following considerations. We know that Ammonius was not inclined to publish the lectures he gave and that he left the publication of them to his students. All the works that we possess by him, except his commentary to the *De Interpretatione*, are said in one form or another to be ἀπὸ φωνῆς Ἀμμωνίου.[67] We also know that his fame rested not only in his ability as an Aristotelian commentator, but also in his competence as a mathematician and astronomer. This is shown by two extracts from Damascius' *Life of Isidorus* preserved by Photius, cod. 181, 127 A 5–10 (Bekker = p. 192, Henry): καὶ Ἀμμώνιος ἐν Ἀλεξανδρείᾳ ὁ Ἑρμείου, ὃν οὐ μικρῷ μέτρῳ τῶν καθ' ἑαυτὸν ἐπὶ φιλοσοφίᾳ φησὶ (sc. ὁ Δαμάσκιος) διαφέρειν, καὶ μάλιστα τοῖς μαθήμασι. τοῦτον καὶ τῶν Πλατωνικῶν ἐξηγητὴν αὐτῷ γεγενῆσθαι Δαμάσκιος ἀναγράφει, καὶ τῆς συντάξεως τῶν ἀστρονομικῶν Πτολεμαίου βιβλίων. cod. 242, 341 B 22–28 (Bekker): ὅτι ὁ Ἀμμώνιος φιλοπονώτατος γέγονε, καὶ πλείστους ὠφέλησε τῶν πώποτε γεγενημένων ἐξηγητῶν· μᾶλλον δὲ τὰ Ἀριστοτέλους ἐξήσκητο. ἔτι δὲ διήνεγκεν οὐ τῶν καθ' ἑαυτὸν μόνον ἀλλὰ καὶ τῶν πρεσβυτέρων τοῦ Πρόκλου ἑταίρων, ὀλίγου δὲ ἀποδέω καὶ τῶν πώποτε γεγενημένων εἰπεῖν, τὰ ἀμφὶ γεωμετρίαν τε καὶ ἀστρονομίαν. See also what Photius says in his own name, whether he derived it from Damascius or not, speaking *à propos* of the obscurity of Nicomachus' *Theologumena*, cod. 187, 145 A 35–40 (Bekker = p. 48, Henry): ἐπεὶ νῦν τά τε γεωμετρικὰ καὶ ἀριθμητικὰ καὶ τἆλλα τῶν μαθημάτων, ὡς καὶ σὺ συνεπίστασαι, πολλοὶ τῶν ἡμᾶς ἐγνωκότων οὐκ ἔλαττον, οἶμαι, τοῦ παιδὸς Ἑρμείου (οἶδας πάντως τὴν περὶ ταῦτα δεξιότητα τοῦ Ἀμμωνίου) διακριβοῦσι, καὶ οὐδὲν αὐτοὺς λάθοι ἂν τῶν θεωρημάτων, ἃ συνεπεισκυκλεῖ Νικόμαχος τῷ περὶ ἀριθμῶν πόνῳ.[68] So, although we are not expressly told that Asclepius' and Philoponus' commentaries to Nicomachus are ἀπὸ φωνῆς Ἀμμωνίου in all probability they are.[69]

This conclusion is strengthened by the occurrence in both commentaries of doctrines that are typical of Ammonius. We have already referred to his interpretation of the *Timaeus* as upholding the eternity of the world and to the fact that the eter-

nity of the world was a belief of Ammonius. Other examples of doctrines that either originated with Ammonius or were held by him are his derivation of σοφία from σαφία (Asclepius I. α 6 ff. = Philoponus, I. α 7 ff.) which he somehow read into Aristotle, *Metaphysics* 993 B 7–11 (see Asclepius, I. α 8–10 = Philoponus, I. α 10–13 and Asclepius, I. γ 36 ff. = Philoponus, I. γ 33 ff.). These texts should be compared with Asclepius, *in Metaph.*, p. 3.30–34 (Hayduck), *ibid.*, p. 4.30–35, *ibid.*, p. 14.32–p. 15.2, *ibid.*, p. 19.33–34, *ibid.*, p. 114.1–10 and 29 ff., *ibid.*, p. 117.24–32; Philoponus, *Anal. Post.*, p. 332.5–24 (Wallies), Philoponus, *De Anima*, p. 23.26–p. 24.3 (Hayduck).[70] It was a characteristic in the school that references and quotations from ancient authors became stereotyped. See, for example, the connection of Pythagoras and of the definition φιλοσοφία ἐστὶ φιλία σοφίας with the quotation of Homer, *Iliad* XV.412 and the particular quotation of *Iliad* XXIII.712 as ἐπεὶ σοφὸς ἤραρε τέκτων (Asclepius, I. α 34 ff. = Philoponus, I. α 32 ff.) and compare with Ammonius, *In Porphyrii Isagogen*, p. 9.7–15 (Busse). Also remarkable is the quotation of *Iliad* XX.216–217 (which is expanded by Philoponus: he quotes lines 215–218) in connection with humanity's loss and recovery of knowledge and which is reproduced in the same connection in Asclepius, *In Metaph.*, p. 10.30–p. 11.5 (Hayduck).[71]

In the second book of Asclepius' commentary a passage occurs which reads as follows (Asclepius II. ια 37–38): ἔστι δὲ καὶ ἄλλη μέθοδος τετραγώνων, ἥτις ὀνομάζεται δίαυλος, εἴρηται δὲ καὶ ἐν ταῖς Φυσικαῖς (sic). Since there is a similar passage in the commentary of Philoponus (II. λα 19–20): ἔστι δὲ καὶ ἄλλη μέθοδος τετραγώνων, ἥτις ὀνομάζεται δίαυλος, εἴρηται δὲ ἡμῖν ἐν τοῖς Φυσικοῖς περὶ αὐτοῦ, and in the latter it refers to Philoponus' commentary to Aristotle's *Physics*,[72] it may be thought at first that the commentary of Asclepius cannot go back to Ammonius. But this supposed difficulty disappears

---

[66] Cf. below pp. 16 f.

[67] Cf. Richard, *Byzantion* 20 (1950): pp. 192 ff., and Westerink, *Anonymous Prolegomena*, p. xi.

[68] Cf. also Simplicius, *In Phys.*, p. 59, 23–30.

[69] Cf. also Westerink, *R.E.G.* 77 (1964): pp. 533–534.

[70] Philoponus I. α 8–42 (= Περὶ Φιλοσοφίας, fr. 8 [Ross]) was taken by Bywater, *Journal of Philology* 7 (1877): pp. 64–75, who was followed by many critics, as a fragment from Aristotle's *De Philosophia*. But the quotation or paraphrase from Aristotle comes from *Metaphysics* α minor (993 B 7–11), as is said both by Asclepius (I. γ, 36 ff.) and Philoponus (I. γ, 33 ff.); *cf.* also the passage from Philoponus' *De Anima* mentioned above in the text. This was first seen by Cherniss, *Gnomon* 31 (1959): p. 38 and n. 4 and 5. See also my review of Untersteiner, *Aristotele. Della Filosofia* (Roma, 1963), in *AJP* 87 (1966): esp. pp. 467–468, and notes to I. α and I. γ. *Cf.* also W. Haase, "Ein vermeintliches Aristoteles-Fragment bei Johannes Philoponos," *Synusia. Festgabe für Wolfgang Schadewaldt* (1965), pp. 323–354.

[71] Cf. n. to I. α.

[72] Cf. Philoponus, *In Phys.*, p. 393, 15–27 (Vitelli).

once we recall that Philoponus' commentary to Aristotle's *Physics* is said to be based on a course given by Ammonius, so that in the commentary of Asclepius Ammonius himself is referring to his own lectures on Aristotle's *Physics*. Moreover, in his commentary to the *Metaphysics*, Asclepius also refers to the commentary on the *Physics*.[73]

The method to find square numbers called δίαυλος is not original with Ammonius, since it was known to Iamblichus,[74] and from the way in which the latter refers to it[75] we may infer that he was not its inventor either. The δίαυλος is based on the principle that the sum of two consecutive triangular numbers is a square, a principle which is stated by Nicomachus himself.[76]

It will be well now to compare briefly the commentary of Iamblichus with those of Asclepius and Philoponus. It is necessary to give first a short characterization of Nicomachus' treatise.[77] Whereas Euclid represents numbers by straight lines to which letters are attached, a system which allows him to work with numbers in general without having to attach specific values to them, Nicomachus represents numbers with letters having specific values, a system which forces him to give examples with concrete numbers after a general principle has been stated. This way of representing numbers is, however, not the cause, but rather the consequence of the fact that in Nicomachus we do not find real

mathematical proofs. At times Nicomachus simply enunciates a general proposition and proceeds to give concrete examples of it, while on other occasions he leaves the general proposition to be inferred from the particular examples given. This method leads him on one occasion to a serious mistake when he infers a characteristic of the subcontrary proportion from what is true only of the particular example of subcontrary, namely, 3, 5, 6, which he has chosen to illustrate this proportion.[78] These characteristics of Nicomachus' treatise are probably due, as Heath maintains,[79] to the fact that Nicomachus was not really a mathematician and intended his treatise to be a popular treatment of arithmetic designed to acquaint the beginner with the most important discoveries in the field up to the time of its composition.

Iamblichus' *Commentary* to the *Introductio Arithmetica* of Nicomachus is, strictly speaking, a different treatise on the same subject. Iamblichus does not comment on the text of Nicomachus, but proceeds to develop his subject, basing his treatment of arithmetic on Nicomachus' *Introductio Arithmetica*.[80] By and large he follows the order and the contents as given by Nicomachus.[81] At times he omits something,[82] but for the most part he has added new material. The most important additions of Iamblichus to the Nicomachean original are: (*a*) new examples and observations based on the material already given by Nicomachus;[83] (*b*) historical notes on some propositions and theorems;[84] (*c*) discussions on the virtues of numbers according

---

[73] *Cf.* Asclepius, *Metaph.*, p. 236, 11–12: διὰ τοῦτο ἐλέγομεν ἐν τῇ Φυσικῇ ἀκροάσει ὅτι ταὐτὰ λέγει εἶναι στοιχεῖον καὶ ἀρχήν.

Philoponus I. 18 4–5 has also a reference to his own commentary to Aristotle's *Meteorology*: ὅτι δὲ καὶ τὰ οὐράνια ἀλλοιοῦται κατὰ ποιότητα, ἐν ταῖς εἰς τὰ Μετέωρα σχολαῖς ἐδείξαμεν. *Cf.* above pp. 11–12. Philoponus I. ρκς 7ff., εἴρηται δὲ ἐν ταῖς κατηγορίαις ὅτι τῶν πρός τι τὰ μὲν πρὸς ὁμωνυμίαν λέγεται, ὡς ὁ φίλος φίλου φίλος ... τὰ δὲ πρὸς ἑτερώνυμα, ὡς δεσπότης πρὸς δοῦλον κτλ., contains a reference not to Aristotle's *Categories* but to Philoponus' *Commentary* (*cf.* CAG XIII, 1: p. 105, 1ff.). Neither of these two references is to be found in Asclepius' *Commentary*.

[74] *Cf.* Iamblichus, *In Nicom. Arith. Introd. Liber*, p. 75, 25ff. (Pistelli).

[75] *Cf.* Iamblichus, *In Nicom. Arith. Introd. Liber*, p. 75, 25–26 (Pistelli): ἔν τε τῇ κατὰ τὸν λεγόμενον δίαυλον; *ibid.*, p. 80, 11: καὶ κατὰ τὸν εἰρημένον δίαυλον; *ibid.*, p. 80, 20–22: περὶ δὲ τῆς κατὰ τὸν λεγόμενον δίαυλον αὐτῶν γενέσεως μικρῷ πρόσθεν εἴρηται; *ibid.*, p. 88, 16–17: ἡ κατὰ τὸν εἰρημένον δίαυλον τῶν τετραγώνων γένεσις. For the δίαυλος in Iamblichus, *cf.* Heath, *A History of Greek Mathematics* 1: pp. 113–114.

[76] Nicomachus, *Introduction to Arithmetic* II. 12.1–2. *Cf.* D'Ooge, Robbins, and Karpinski, *Nicomachus of Gerasa. Introduction to Arithmetic*, p. 128, n. 2 and the references there given.

[77] *Cf.* Heath, *A History of Greek Mathematics* 1: pp. 97–99.

[78] *Cf.* Nicomachus, *Introduction to Arithmetic* II. 28.3; see note to II. μ and the references there given.

[79] *Cf.* Heath, *A History of Greek Mathematics* 1: p. 98.

[80] *Cf.* Iamblichus, *In Nicom. Arith. Introd. Liber*, p. 4, 12–p. 5,25 (Pistelli), especially p. 4, 12–14: εὑρίσκομεν δὴ πάντα κατὰ γνώμην τῷ Πυθαγόρᾳ τὸν Νικόμαχον περὶ αὐτῆς ἀποδεδωκότα ἐν τῇ 'Αριθμητικῇ τέχνῃ.

[81] For a comparison of the contents of Iamblichus' *Commentary* with those of Nicomachus' *Introduction*, *cf.* D'Ooge, Robbins, and Karpinski, *Nicomachus of Gerasa. Introduction to Arithmetic*, pp. 127–131.

[82] For example Iamblichus omits I.6 and II.5 of Nicomachus' *Introductio Arithmetica*.

[83] *Cf.*, e.g., Iamblichus, *In Nicom. Arith. Introd. Liber*, p. 88, 15–p. 91, 3 (Pistelli), where he expands what Nicomachus says about square and heteromecic numbers, basing his observations on the same table given by Nicomachus.

[84] *Cf.*, e.g., Iamblichus, *In Nicom. Arith. Introd. Liber*, p. 10, 8–24 (Pistelli): definitions of number according to Thales, Pythagoras, Eudoxus, Hippasus, and Philolaus; *ibid.*, p. 11, 1–26: discussion of the monad (see especially lines 7–9: συγκεχυμένως δὲ οἱ Χρυσίππειοι λέγοντες "μονάς ἐστι πλῆθος ἕν'').

to the Pythagoreans;[85] (*d*) criticisms of Euclid;[86] (*e*) the "epanthema" of Thymaridas;[87] (*f*) the δίαυλος theorem.[88]

The essential difference between the *In Nicomachi Arithmeticam Introductionem Liber* of Iamblichus and the commentaries by Asclepius and Philoponus is that the latter are in the form of *scholia* to the text of Nicomachus, whereas the work of Iamblichus is really a treatise on arithmetic based on Nicomachus' *Introductio Arithmetica*. Moreover, the commentaries of Asclepius and Philoponus were not meant to explain the text of Nicomachus as, say, Alexander's *Commentary* to Aristotle's *Metaphysics* was meant to explain the content of the Aristotelian

treatise; they are based, as we said,[89] on a course on Nicomachus given by Ammonius and they preserve the divisions into θεωρία and λέξις which are characteristic of the commentaries ἀπὸ φωνῆς of the school of Alexandria from Ammonius' time on. The θεωρία is a more or less mechanical division of the text in which the commentator explains the general purpose and gives an interpretation of a part of the text which is being studied; then in the λέξις he discusses details of the text whenever this is considered necessary.[90] I give below a selection of passages from the first book of Asclepius and Philoponus which refer to these divisions.

Asclepius I. α 62–64: οὗτος τοίνυν ὁ σκοπὸς τοῦ συγγράμματος. φέρε δὲ λοιπὸν τὴν λέξιν ἐξηγησώμεθα.

Philoponus I. α 75 ... φέρε δὴ τὴν λέξιν αὐτὴν ἐξετάσωμεν.

Asclepius I. ια 80–81: ταῦτά ἐστιν ἃ βούλεται διὰ τούτων διδάξαι.

Asclepius I. κδ 9–10: ταῦτα οὖν ἐστιν ἃ προήρηται διὰ τούτων εἰπεῖν.

Asclepius I. λγ 83–84: ταῦτα οὖν βούλεται ἡμῖν ἡ παροῦσα θεωρία διηγήσασθαι.

Philoponus I. λδ 51–52: τὰ μὲν οὖν λεγόμενα παρὰ τοῦ Νικομάχου τοιαῦτα· ἴδωμεν δὲ καὶ κατὰ λέξιν.

Asclepius I. μα 40–41: ταῦτα διὰ τῆς παρούσης θεωρίας μαθησόμεθα.

Philoponus I. μβ 24–25: ταῦτα διὰ τῆς παρούσης θεωρίας μαθησόμεθα.

Asclepius I. νη 49–50: ταῦτά ἐστιν ἃ βούλεται διὰ τούτων διδάξαι.

Philoponus I. ξδ 15: τέως δὲ νῦν λοιπὸν τὴν λέξιν ἐπέλθωμεν.

Asclepius I. ξϛ 33–34: ταῦτά ἐστιν ἃ βούλεται διὰ τούτων εἰπεῖν.

Asclepius I. οβ 99–101: θᾶττον οὖν ἀναγνῶμεν τὴν λέξιν, πάντα γὰρ τὰ μέλλοντα λέγεσθαι σαφῶς τεθεώρηται.

Philoponus I. οθ 65: θᾶττον οὖν ἀναγνῶμεν τὴν λέξιν, πάντα γὰρ τὰ μέλλοντα λέγεσθαι σαφῶς τεθεώρηται.

Philoponus I. πι 3 ὡς ἐν τῇ θεωρίᾳ προείρηται.

Asclepius I. οη 35–37: εἰ δὲ καὶ ἄλλο παρακολουθεῖ αὐτῷ, ἀναγνῶμεν τὴν λέξιν καὶ εὑρήσομεν.

Philoponus I. πθ 45–46: ἔτι δὲ παρακολουθεῖ αὐτῷ καὶ ἄλλα τινά, ἅπερ τὴν λέξιν ἀναγινώσκοντες εὑρήσομεν.

---

[85] *Cf.* Iamblichus, *In Nicom. Arith. Introd. Liber*, p. 16, 11–p. 20, 6 (Pistelli): discussion of the number 5 as justice; *ibid.*, p. 34,20–p. 35,10: virtues of the number 6 according to the Pythagoreans.

[86] *Cf.*, e.g., Iamblichus, *In Nicom. Arith. Introd. Liber*, p. 20, 7– p. 21, 4 (Pistelli): criticism of Euclid's definition of the "even-times even," a criticism which we find also in Asclepius (I. ξα) and in Philoponus (I. ξη); see note to I. ξα; *ibid.*, p. 30, 27–p. 31, 21: criticism of Euclid because Euclid considers 2 a prime number; Iamblichus follows Nicomachus in considering that prime number is a subdivision of odd number, not of number in general (*cf.* note to I. πγ).

[87] *Cf.* Iamblichus, *In Nicom. Arith. Introd. Liber*, pp. 62, 18–68, 26; see Heath, *A History of Greek Mathematics* 1: pp. 94–96.

[88] *Cf.* above, n. 74.

[89] *Cf.* above pp. 9ff.

[90] *Cf.* Richard's article quoted above in n. 40; A.-J. Festugière, "Modes de composition des Commentaires de Proclus" *Museum Helveticum* **20** (1963): pp. 77–100; Westerink, *Damascius, Lectures on the Philebus Wrongly Attributed to Olympiodorus* (Amsterdam, 1959), p. ix; Westerink, *R.E.G.* **77** (1964): p. 528 and n. 8.

In the commentary of Asclepius these divisions are more numerous than in the commentary of Philoponus. That the expression ταῦτά ἐστιν ἃ βούλεται διὰ τούτων διδάξαι (or εἰπεῖν) refers to the

end of a θεωρία is shown by the parallelism of Asclepius I. νη 49–50 and Philoponus I. ξδ 15 transcribed above and also by the following texts, among others.

Asclepius I. ρϛ 103–105: ταῦτά ἐστιν ἃ βούλεται διὰ τούτων εἰπεῖν· παρέλθωμεν οὖν θᾶττον τὴν λέξιν, σαφὴς γὰρ πᾶσα τυγχάνει.

Philoponus I. ριε 35–36 ταῦτά ἐστιν ἃ βούλεται διὰ τούτων διδάξαι· παρέλθωμεν οὖν θᾶττον τὴν λέξιν, σαφὴς γὰρ πᾶσι τυγχάνει.

The subject of βούλεται is sometimes ἡ παροῦσα θεωρία (see Asclepius I. λγ 83–84), sometimes Nicomachus, as Asclepius I. ρκζ 1–4 shows: πρὸς δὲ τὸν ⟨ἐφ'⟩ ἑκάτερα δεύτερον στίχον. περὶ τῶν αὐτῶν βούλεται διαλεχθῆναι περὶ ὧν ἤδη ἡμεῖς προφθάσαντες ἐθεωρήσαμεν. ἀναγινωσκέσθω οὖν ἡ λέξις, καὶ εἴ τι ἀσαφὲς ἔχει, ἀξιούσθω ἐξηγήσεως; sometimes perhaps Ammonius is the subject, although I have found no convincing evidence of this.

In general the commentaries of Asclepius and Philoponus differ more widely in the second book than they do in the first; this would explain why in the second book of Philoponus' *Commentary* there are very few explicit references to the divisions between θεωρία and λέξις;[91] though there are few references, they have their parallel passages in the text of Asclepius.

Asclepius II. ιβ 61–63: σαφὴς οὖν αὕτη πᾶσα ἡ θεωρία ἐστὶν ἐκ τῶν εἰρημένων· πάντα γὰρ παραδίδωσιν ἀκριβῶς ὁ Νικόμαχος.

Philoponus II. μβ 25–26 ἐκ τούτων οὖν σαφῆ γέγονε πάντα τὰ λεχθησόμενα· εἰ δέ τί που δυσχερὲς εἴη, τοῦτο ζητήσομεν.

Asclepius II. κα 98–99: πάντα τοίνυν σαφῆ ἐστι, μηδεμιᾶς ἐξηγήσεως δεόμενα.

Philoponus II. ο 23–24: τούτων δὲ προειρημένων τὴν λέξιν ἐπέλθωμεν.

Asclepius II. λα 51–52: τούτων οὕτω τεθεωρημένων πᾶσα ἡ λέξις σαφὴς τυγχάνει, μηδεμιᾶς δεομένη ἐξηγήσεως.

Philoponus II. πθ 20: τούτων οὕτως τεθεωρημένων πᾶσα ἡ λέξις σαφὴς τυγχάνει, μηδεμιᾶς ἐξηγήσεως δεομένη.

As it was true in the first book, so also in the second book the explicit references to the divisions between θεωρία and λέξις are more numerous in the text of Asclepius than in the text of Philoponus.[92] These parallel passages and others show that, despite the differences in the second book, both commentaries ultimately go back to the same source.

The text of Philoponus is a better commentary on the mathematical parts of Nicomachus than that of Asclepius. Both commentaries follow closely the text of Nicomachus and do not add much mathematical material. There are a few exceptions as, for example, their criticism of Euclid,[93] the δίαυλος,[94] and the interpretation of δύναμις.[95] On the philosophical side they add a few important

things: (a) the first paragraph of both commentaries with the quotations or paraphrases from Aristotle and Aristocles;[96] (b) Ammonius' criticism of Nicomachus;[97] (c) Asclepius' statement on the interpretation of γενητός in Plato's *Timaeus*;[98] (d) Neoplatonic developments of Nicomachus;[99] (e) quotations from ancient authors as, for example, the important passage on Amelius.[100] Asclepius and Philoponus do not add much to what Nicomachus says on the history of definitions and theorems, as Iamblichus did. In fact there is no evidence that either Ammonius, Asclepius, or Philoponus used Iamblichus' treatise at all.

---

[92] Cf., in addition to the passages quoted above, Asclepius II. ε 93–95; ια 68–70; ιγ 43–45; ιη 58–60; ιθ 56–57; κ 71–73; λθ 24–26.
[93] Cf. note to I. ξα
[94] Cf. note to II. ια and above p. 15.
[95] Cf. notes to I. νθ and I. ξβ.

[91] Haase, *op. cit.* (see n. 70), p. 347, n. 21, is mistaken when he says that these divisions are not to be found in book II. Philoponus *refers* to them; that he considers it unnecessary to explain the details is another matter.
[96] Cf. especially notes to I. α and I. γ.
[97] Cf. above pp. 9–10.
[98] Cf. above p. 11 and note to I. γ.
[99] Cf., e.g., notes to I. ιγ and I. λγ
[100] Cf. Asclepius I. μδ and note *ad loc.*

RECENSIONS II AND IV

So far we have dealt with recensions I and III. As for recension II, I am inclined to doubt that Tannery was right in ascribing this recension to Isaac Argyros. For one thing this recension is attributed in our manuscripts to Philoponus. It is true that in some additions to the text of recension I the name of Isaac Argyros occurs; but the conclusion to be drawn from this is that, at best, only these additions represent the work of Isaac Argyros. At any rate, a truly critical edition of recensions I and II would be needed before one could reach more definite conclusions. The occurrence in recension II of the reference to Philoponus' commentary to Aristotle's *Physics* mentioned above,[101] which is included in one of the passages that present variations from the text of recension I, proves that the whole of recension II cannot be the work of Isaac Argyros. The likely explanation is that we have here one more example of variations within an ancient text. The variations may represent the work of Philoponus himself or of another member of the school of Alexandria.

I give the first few lines of both passages to show that the variations between recension I and recension II are of a similar kind to those between the texts of Asclepius and Philoponus.[102]

Philoponus II. λα 19–24: ἔστι δὲ καὶ ἄλλη μέθοδος τετραγώνων, ἥτις ὀνομάζεται δίαυλος, εἴρηται δὲ ἡμῖν ἐν τοῖς φυσικοῖς περὶ αὐτοῦ· ἄρξαι ἀπὸ μονάδος καὶ λῆξον, ὅπου θέλεις, καὶ εἰς ὃ ἂν λήξῃς ἐκεῖνο γενήσεται πάντως τοῦ μέλλοντος γίνεσθαι τετραγώνου πλευρά. μετὰ δὲ τὸ λῆξαι πάλιν ὑπόστρεφον ἄχρι μονάδος καὶ γενήσεται τετράγωνος. οἷον ἄρχομαι ἀπὸ μονάδος, λήγω εἰς δυάδα· ποιῶ οὖν α β, γίνονται γ· πάλιν ὑποστρέφω εἰς μονάδα, γίνονται δ· ἰδοὺ ὁ δ τετράγωνος. ἢν δὲ λήξας εἰς δυάδα, αὐτὴ ἄρα πλευρὰ τοῦ δ· δὶς γὰρ β δ. ὡσαύτως προκόπτω ἄχρι τριάδος· κτλ.

Delatte, *Anec. Athen.* p. 145, 19–146,5: ἔστι δὲ καὶ ἄλλη μέθοδος γενέσεως τετραγώνων ἥτις ὀνομάζεται δίαυλος, περὶ ἧς ἡμῖν εἴρηται καὶ ἐν τοῖς Φυσικοῖς. ἔστι δὲ αὕτη. ἄρξαι ἀπὸ μονάδος καὶ συντίθει τοὺς ἐφεξῆς ἀριθμοὺς ἕως οὗ βούλει καὶ εἰς ὃν ἂν λήξῃς ἀριθμόν, ἐκεῖνος ἔσται τοῦ μέλλοντος γίνεσθαι τετραγώνου πλευρά. μετὰ δὲ τὸ λῆξαι πάλιν ὑπόστρεφον ἄχρι τῆς μονάδος συντιθεὶς πάντως τοῖς προτέροις πλὴν τοῦ τελευταίου· καὶ ὁ ἐκ τῆς συνθέσεως πάντων ἔσται σοι τετράγωνος. οἷον ἄρχομαι ἀπὸ μονάδος καὶ λήγω εἰς δυάδα· α γοῦν καὶ β γίνονται γ. πάλιν ὑποστρέφων συντίθημι καὶ αὖθις τὴν μονάδα τοῖς γ καὶ γίνεται ὁ δ τετράγωνος. ἔστι δὲ καὶ ὁ β εἰς ὃν κατέληξα συντιθεὶς πλευρὰ τοῦ γεγονότος τετραγώνου τοῦ δ. ὡσαύτως ποιῶ καὶ εἰ βούλομαι προελθεῖν ἄχρι τριάδος. κτλ.

Neither do I find convincing Tannery's argument, based on the epigram transcribed above (p. 7), that Arsenius should be considered the author of recension IV. To reach such a conclusion we would need to have first a critical edition of this commentary. But even in itself the epigram is not reason enough to consider that Arsenius is the author of the commentary and, moreover, Arsenius' epigram does not even appear in all the manuscripts that contain recension IV. The manuscripts which contain recension IV do not ascribe it to any author, so that this commentary is really anonymous. This may appear to contradict what I stated above against Tannery, namely, that some manuscripts of recension IV attribute this version of the commentary to Asclepius. But what has really happened is the following. Recension IV truly starts in the following way: ἀρχὴ τῆς ἐξηγήσεως τοῦ τῶν εἰς δύο πρώτου βιβλίου Νικομάχου ἀριθμητικῆς εἰσαγωγῆς. ἐπεὶ ἡ ψυχὴ διττὰς ἔχει τὰς ἐνεργείας, τὰς μὲν ζωτικὰς καὶ ὀρεκτικὰς τὰς δὲ νοεράς, τέλος δέ ἐστι τῆς νοερᾶς δυνάμεως τῆς ψυχῆς ἡ ἐπιστήμη καὶ γνῶσις τῶν

ὄντων καὶ θείων καὶ ἁπλῶς τῶν ὄντων τῶν ἀεὶ καὶ ὡσαύτως ἐχόντων, οὐ δύναται [δυνατὸν codd.] δὲ ἡ ψυχὴ ἀμέσως ταῦτα γνῶναι διὰ τὸ παρεμποδίζεσθαι τῷ σώματι, σκοπὸν ἔχει ὁ Νικόμαχος παραδοῦναι ἡμῖν μέθοδον δι' ἧς δυνηθῶμεν ταῦτα τὰ νοητὰ νοῆσαι· τὰ γὰρ μαθηματικά εἰσιν, οἷον ἀστρονομία, γεωμετρία, μουσική, ἀριθμητική, δι' ὧν ποδηγούμεθα πρὸς τὸ νοῆσαι τὰ νοητὰ κτλ. We see that the content roughly corresponds to Ascelpius, I. α, that is, it expresses the belief that mathematics is intermediate and is a necessary step for the knowledge of true being. Somebody, at some time, thought that this beginning of recension IV was not the most appropriate one and prefaced it with Asclepius, I. α, which at the end says: εἴρηται ἄρα τίς τε ἡ ὁδὸς καὶ τί τὸ τέλος. οὗτος τοίνυν ὁ σκοπὸς τοῦ συγγράμματος. φέρε δὲ λοιπὸν τὴν λέξιν ἐξηγησώμεθα. Whoever he was who prefaced recension IV with Ascle-

---

[101] Cf. Philoponus II. λα 19ff. (see above p. 14) and Delatte, *Anecdota Atheniensia* 2: p. 145, 19–20.
[102] For the whole passage in recension II, cf. Delatte, *Anecdota Atheniensia* 2: p. 145, 19– p. 146, 20.

pius, I. α, did so without removing the name of Asclepius and left the beginning of recension IV anonymous. Of manuscripts that contain recension IV and attribute it to Asclepius I have examined in the *Bibliotheca Laurentiana* in Florence, *Cod. Plut.* LVIII, 29, ff. 94v.–196, and from the Escorial, through photostats, I have studied *Cod. Scor.* Y–I–12, ff. 81–170. They both begin like Asclepius, I. α; at the end of this addition we find: εἴρηται ἄρα τῆς τε ὁδὸς καὶ τί τὸ τέλος. ὁ σκοπὸς τοίνυν τοῦ συγγράμματος ἐξηγήσεως τῆς προσηκούσης ἀξιωθήσεται (compare with the end of Asclepius, I. α), and then go on as at the beginning of recension IV: ἀρχὴ τῆς ἐξηγήσεως τοῦ τῶν εἰς δύο πρώτου βιβλίου Νικομάχου ἀριθμητικῆς εἰσαγωγῆς. ἐπεὶ ἡ ψυχὴ κτλ. This is doubtless the reason why some catalogs list recension IV as the work of Asclepius even though he is not even mentioned as the author in the manuscripts of recension IV which are prefaced by Asclepius, I. α, since, as we saw, they also preserve the anonymous beginning of recension IV.

In fact it is possible, I think, to determine how it came about that so many catalogs list manuscripts as containing Asclepius' *Commentary to Nicomachus* when they really contain recension IV, either by itself or preceded by Asclepius, I. α. When Bandini cataloged the Greek manuscripts of the Laurentiana in Florence he found a manuscript that contained recension IV preceded by Asclepius, I. α (*cf.* above p. 18f.) and it was only natural that he should have considered that this was indeed Asclepius' *Commentary to Nicomachus*. Bandini also transcribed the anonymous beginning of recension IV. When Hardt cataloged the Greek manuscripts of the Bayerische Staatsbibliothek in Munich he found himself confronted with Cod. 76, which contains recension IV preceded by Asclepius, I. α, and in the same codex with another commentary attributed to Philoponus and which seems to be recension II; with Cod. 431, which contains recension III; and with Cod. 482, which contains recension I. Because of Bandini's catalog and also because of the similarities of recensions I and III, Hardt concluded that recension IV contains the work of Asclepius (Hardt also knew of other manuscripts which contain only recension IV, like the Vindobonensis, Phil. gr. 35, and considered that this recension contains the work of Asclepius); and he attributed recensions I and III to Philoponus.[103] It is clear, however, after what we have said that recension IV

is anonymous;[104] that in our manuscripts recension III is attributed to Asclepius, and that recension I is attributed to Philoponus; and finally that recensions I and III are two different commentaries that go back to a course on Nicomachus given by Ammonius. But later catalogers, starting from Bandini's or Hardt's or Morelli's catalogs of the Laurentiana, Bayerische Staatsbibliothek, or Marciana, respectively, or from later catalogs which took their information from one of these three, went on attributing recension IV to Asclepius even in the cases where recension IV did not even begin with Asclepius I. α.

I give below a list of manuscripts known to me to contain recension IV:

Bologna, Univ., No. 2734 (Olim 182): contains recension IV (*cf.* V. Puntoni, *Indicis Codicum Graecorum Bononiensium ab Al. Oliverio compositi. Supplementum* [*Studi Italiani di Filol. Class.* 4: 1896, p. 376]).

Escorial, Bibl. Monast., No. 145 (T II 6): contains recension IV (*cf.* P. A. Revilla, *Catálogo de los Códigos Griegos de la biblioteca de El Escorial* [Madrid, 1936], p. 470).

Escorial, Y I 12: contains recension IV preceded by Asclepius I. α (*cf.* above p. 18f.).

Firenze, Bibl. Laurentiana, Plut. LVIII, 29: contains recension IV preceded by Asclepius, I. α (*cf.* above p. 18f.).

Madrid, Bibl. Nacional, No. 4707 (Olim O 28): contains recension IV preceded by Asclepius, I. α (I have examined this manuscript in microfilm).

Madrid, Bibl. Nacional, No. 4746 (Olim O 15): contains recension IV preceded by Asclepius, I. α (I have examined this manuscript in microfilm).

Milano, Bibl. Ambrosiana, B 77 sup., first part (Gr. 105): contains recension IV (*cf.* Tannery, *Mémoires scientifiques*, 2: p. 307).

Milano, Bibl. Ambrosiana, H 58 sup. (Gr. 438): contains recension IV (*cf.* Tannery, *op. cit.*, p. 308).

Milano, Bibl. Ambrosiana, J 83 inf. (Gr. 1050): contains recension IV (*cf.* Tannery, *op. cit.*, pp. 308 and 309).

Modena, Bibl. Estense, No. 245 (III G 12): contains recension IV (*cf.* V. Puntoni, *Indice dei codici greci della biblioteca Estense di Modena* [*Studi Italiani di Filol. Class.* 4, (1896): p. 522]).

---

[103] *Cf.* I. Hardt, *Electoralis Bibliothecae Monacensis Codices Graeci Msc.*, in I. Ch. F. von Aretin, *Beyträge zur Geschichte und Literatur* 2 (München, 1804), dritte Stückes, pp. 41–2, and *ibid.* 8 (München, 1807): pp. 360–361 and 525–529.

[104] This is of course decisive against Hardt's attribution of recension IV to Asclepius; moreover, the name of Ammonius is omitted from two places in recension IV where one would expect it to occur (*cf.* below p. 20).

München, Bayer. Staatsbibl., No. 76: contains recension IV preceded by Asclepius, I. α (cf. above p. 19 and note 103).

Napoli, Bibl. Naz., III C 7: contains recensio IV (cf. Tannery, op. cit., p. 308).

Napoli, Bibl. Naz., III C 9: contains recension IV (cf. Tannery, op. cit., p. 308).

Oxford, Bodleian Library, Barocci 113: contains recension IV (I have examined this manuscript in Oxford).

Torino, B VI 29: contains recension IV (cf. C. O. Zuretti, Indice dei MSS Greci Torinesi non contenuti nel catalogo del Pasini [Studi Italiani di Filol. Class. 4 (1896): pp. 205–206]). This manuscript was destroyed by fire in 1904.

Torino C VI 16 (Pasini No. 160): contains recension IV (cf. Tannery, op. cit., p. 308).

Vaticano, Reg. graec. 119: contains recension IV (cf. H. Stevenson, Codices Manuscripti Graeci Reginae Suecorum et Pii PP. II Bibliothecae Vaticanae [Romae, 1888], p. 86).

Vaticanus Graecus 256: seems to contain scholia from recension IV and recension I (cf. Mercati et De' Cavalieri, Codices Vaticani Graeci, Tomus I [Romae, 1923], pp. 335–336).

Venezia, Bibl. Marciana, cod. Graec. 397: contains recension IV preceded by Asclepius, I. α (cf. Jacopo Morelli, Bibliothecae Regiae Divi Marci Venetiarum [Bassani, 1802], p. 263).

Wien, Österreich. Nationalbibliothek, Cod. Phil. gr. 35: contains recension IV (cf. H. Hunger, Katalog der griechischen Handschriften der Österreichischen Nationalbibliothek, Teil 1 [Wien, 1961], p. 161).

For our present purpose the addition of this part (I. α) of the Asclepius commentary to recension IV is important, for it contains a more correct version of it in that some mistakes present in the manuscripts which contain recension III are absent from the same passage in recension IV (see below p. 21).

Some of the manuscripts which contain recension IV have the commentary written around the text of Nicomachus; this would help us explain why in other manuscripts which contain only the commentary there are properly no lemmata. It is desirable that this commentary be edited and published.

It is not possible for us to determine who is the author of recension IV or whether it belongs to the school of Alexandria. We do know that in the school courses on certain authors were repeatedly given and re-elaborated. Stephanus of Alexandria in his commentary to the third book of Aristotle's De Anima cites a work of his on arithmetic;[105] since at that time it is unlikely that anybody would write a new work on arithmetic, and in view of the popularity of Nicomachus' Introductio Arithmetica both in the school of Alexandria and in late Antiquity in general, it is likely that the treatise referred to by Stephanus was a commentary on Nicomachus. But we cannot infer that Stephanus was the author of recension IV. For one thing recension IV does not appear to have any traces of the division into θεωρία and λέξις. Moreover, in the passages which would correspond to those where Asclepius and Philoponus quote the opinions of Ammonius this name is omitted, although, to judge from some verbal similarities it seems that the author of recension IV must have been acquainted with one or the other commentary. See, e.g., Cod. Scor. Y–I–12, f. 83: ... καὶ ὁ τέκτων σοφός, ὡς καὶ Ὅμηρός φησί "σοφὸς ἥραρε τέκτων" ... f. 84 v: ἡ γὰρ ὕλη ὅλη ἐστὶ τρεπτὴ καὶ ἀλλοιωτή, οὐχ ὅτι αὐτὴ τρέπεται· εἰ γὰρ ἐτρέπετο αὐτή, ἐδέετο ἑτέρας ὕλης ὑφ᾽ ἧς ἔμελλε τραπῆναι, κἀκείνη ἑτέρας καὶ τοῦτο ἐπ᾽ ἄπειρον. οὐχ ὅτι περὶ αὐτὴν γίνονται αἱ τροπαὶ καὶ αἱ ἀλλοιώσεις κτλ. (Compare the second passage with Asclepius I. ζ and Philoponus I. η). It is likely, then, that Tannery was after all right when he considered that recension IV dates from the Byzantine period, although the ascription to Arsenius Olbiodorus must be rejected on the ground of insufficient evidence.

THIS EDITION

The only manuscripts known to me to contain recension III are the same ones that were known to Tannery,[105a] namely, the Monacensis 431, the Am-

---

[105] Cf. [Philoponus], In De Anima, p. 457, 24–25 (Hayduck). The third book of Philoponus' commentary to the De Anima, where this passage occurs, is really by Stephanus; cf. Hayduck, CAG XV: p. v and R. Vancourt, Les derniers commentateurs alexandrins d'Aristote (Lille, 1941), pp. 43ff.

[105a] Cod. Parisinus Suppl. Graec. 292, which according to Omont (Inventaire sommaire des Manuscrits Grecs de la Bibliothèque Nationale. Troisième Partie ... Inventaire sommaire des Manuscrits du supplement grec de la Bibliothèque Nationale [Paris, 1888]) contains in ff. 346–357 the first book of Asclepius' commentary, really contains Asclepius I. α followed by a brief selection of texts taken from both book I and book II. These notes occupy only ff. 346–349. This manuscript was written in the seventeenth century and is described as Ismaëlis Bullialdi collectanea. In I. α, 21 it has the same mistaken reading as A, M, and P, πάντων δὲ καὶ τὰ κρανία; this shows that the manuscript from which these excerpts were copied belonged to the same family as the three manuscripts of Asclepius used to establish this edition.

brosianus B 77 and the *Parisinus* 2376. Tannery thought that of these three manuscripts the only one that contains recension III complete is the *Parisinus* 2376 and he asserted that the archetype of the *Parisinus* is still to be discovered. But here Tannery, perhaps misled by a catalog, since he does not appear to have examined the *Monacensis* 431, was mistaken; the *Monacensis* does indeed contain the whole of Asclepius' commentary to Nicomachus. This manuscript was written by a careful scribe who appears to be the one who supplied the few omissions which we find in the *Monacensis* and who corrected a few mistakes. I have designated these corrections as M². It should be noticed that there is one page of this manuscript which was wrongly numbered and bound: what is now 110 should really be p. 102.

This manuscript is the best of the three and is directly or indirectly the archetype of the *Parisinus* 2376. That both the *Monacensis* and the *Parisinus* belong to the same family is proved by mistakes common to both manuscripts which are absent from the *Ambrosianus*. For example I. α 5: φιλία σοφίας instead of φιλοσοφία ἐστὶ φιλία σοφίας (the *Ambrosianus* has a different mistake here, *cf.* below, p. 21); I. α 39: ἔννοια instead of ἐπίνοια; II. λβ 60 where both the *Monacensis* and the *Parisinus* have the unnecessary ζητεῖ διὰ τί δύο μέσα ὅ τε ἀὴρ καὶ τὸ ὕδωρ; II. λζ 2: δι instead of διά. On the other hand, there are cases where the *Ambrosianus* and the *Monacensis* are right against the *Parisinus* (e.g., I. ια 3: φιλία σοφίας AM: φιλοσοφίας P); this is probably due to mistakes by the scribe of the *Parisinus* or of his immediate source. There are many examples of negligence on the part of the scribe who wrote the *Parisinus* as is shown by the numerous omissions, the confusion of ε and η, ο and ω, etc. The *Parisinus* with two unimportant exceptions reproduces all the mistakes that are present in the *Monacensis* and, since it contains no good readings of its own, it is most probably a direct or indirect copy of the *Monacensis* and as such is worthless for the establishment of the text. The two instances in which mistakes in the *Monacensis* are absent from the *Parisinus* are: I. πς 2 λοιπὸν AP: λοιπονῶν M, and II. μ 76 τρεῖς P: τρὶς M; these are probably corrections by the scribe of the *Parisinus* or its immediate source. The other instance of agreement of P with A is a mistaken reading: I. πβ 11 τῆς A² et M: τοῖς AP. A second hand in the *Parisinus*, which I designate P², has corrected some orthographical mistakes. By the same hand we have some corrections in the margin which appear to be only conjectures (*cf.*, e.g., I. ζ 1: κακῶς AM: καλῶς P: οὐ καλῶς P²) and do not seem to be based on read-

ings taken from a different manuscript. These corrections of P² I have reported in my apparatus. The *Parisinus* as such is worthless for the establishment of the text; I have included in the critical apparatus a few of its readings when it was necessary to make intelligible the conjecture by P², and also in II. μ 76 (see above).

The *Ambrosianus* B 77, although incomplete (it ends at II. μ 50: τοσαῦτα μὲν περὶ τούτων μεσο–[106]) is a good manuscript which has been useful for the establishment of the text. It is independent of the *Monacensis* and sometimes contains better readings than the latter; but it has a certain number of omissions, a thing that happens rarely in the *Monacensis*. Some mistakes which are common to both the *Ambrosianus* and the *Monacensis* show that ultimately they go back to the same source (e.g. I.ια 69: ἀνάγεσθαι (Philop.)] γίνεσθαι AMP; I. λγ 9: μετρητικός (Philop. and *cf.* crit. app. *ad loc.*)] μετρικός AMP). The same may be inferred from a notorious confusion in the text (*cf.* the critical apparatus to I. γ 47–51; see also below on I. α 5). This manuscript has been damaged apparently by water and as a consequence of this I have been unable to read, in a few instances, the three or four first lines of some pages. Perhaps it is still possible to read these few passages if one consults the manuscript itself, but I have had access to it only through a microfilm and photostats. At any rate no important readings are involved and, moreover, the *Monacensis* is by far our best source for the text of Asclepius.

Some mistakes of the *Ambrosianus* and the *Monacensis* in I. α, the paragraph for which we also have the evidence of some manuscripts which contain recension IV (see above pp. 18–20), show that these manuscripts (*sc. Ambrosianus* and *Monacensis*) ultimately derive from a manuscript that had abbreviations, which abbreviations were misinterpreted either by the scribes who wrote both manuscripts, or by a scribe who wrote an intermediate manuscript (*cf.*, e.g., I. α 5: φιλοσοφία ἐστὶ φιλία σοφίας *Cod. Scor.* Y–I–12: φιλία σοφίας MP: φιλοσοφίας A). At any rate the archetype of the manuscripts that contain recension IV for Ascelpius I. α seems to have been a better manuscript than the immediate archetype of the *Ambrosianus* and the *Monacensis* (see especially the readings in I. α 21 and 51: γάρ).

It ends at the bottom of f. 149 v. *Cf.* also Tannery, *Mémoires scientifiques* 2: p. 307: "le manuscrit contient encore deux cahiers blancs; deux ou trois feuillets auraient suffi pour achever la copie."

To simplify I offer the following diagram.

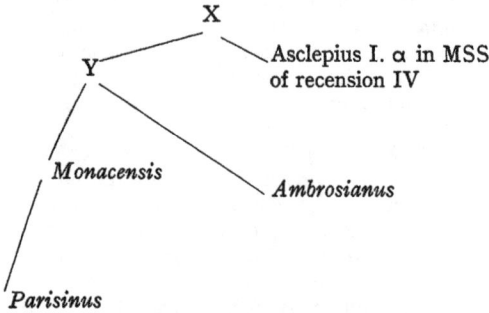

In general I have followed the paragraphs indicated by the manuscripts; in a few cases paragraphs are indicated by one manuscript only, either the *Monacensis* or the *Ambrosianus*, but even then I have generally indicated a new paragraph. In some instances I have preferred to disregard the indications of the manuscripts, as for example in I. κα, where the quotations from Archytas are indicated in the manuscripts as new lemmata. When paragraphing is important for the understanding of the text I have provided in the notes to the text the necessary information concerning the readings of the manuscripts. It must also be noticed that in some cases the manuscripts are mistaken in indicating new paragraphs. I have also indicated most of the cases where in the middle of a paragraph there is a shift to another part of the text of Nicomachus. Such shifts occur also in the commentary of Philoponus and are quite natural if one takes into consideration the nature of these Neoplatonic commentaries. As for the text of the lemmata, I have followed the manuscripts of Asclepius, except in cases where it appeared to me that there is a scribal mistake. At any rate, since we do not have as yet a truly critical edition of Nicomachus' *Introductio Arithmetica*, it is difficult to reach an objective decision in some cases. It remains for a future editor of Nicomachus to decide what value must be attached to the text of Nicomachus used by Ammonius, Asclepius, and Philoponus. For this purpose he will have to study not only the lemmata given by Asclepius and Philoponus, but their commentaries as well.

There are certain characteristics in the language of Asclepius that should be noticed, for passages which have such characteristics should not be emended. Among others the following should be taken into consideration here. εἰ with subjunctive; *cf.*, e.g., Asclepius I. λγ 68–69: εἰ μὲν γὰρ λάβῃς τὴν ἀκίνητον σφαῖραν; I. πα 16–17: εἰ ἀναμνησθῶμεν τῆς γενέσεως τοῦ περισσαρτίου; 57–58: εἰ δὲ ἀρτίας ἐκθέσεις λάβῃς, etc. In some instances in the corresponding passages of the commentary by Philoponus we find εἰ with the optative or ἐάν with the subjunctive; but one should not infer, as Professor Westerink apparently does,[107] that this was part of Philoponus' corrections of his original set of notes (whether this set was our Asclepius, Philoponus' own notes, or a third set of notes close to our Asclepius), for there are instances when Philoponus himself uses εἰ with the subjunctive when Asclepius has the more normal εἰ with the optative; *cf.*, e.g., Philoponus II. κ 13: εἰ τύχῃ = Asclepius II. ϛ 40: εἰ τύχοι; Philoponus II. κϛ 6: εἰ λάβῃ = Asclepius II. η 2: εἰ ... λάβοις; etc. Other grammatical characteristics are: aorist subjunctive passive used as future (Asclepius I. πϛ 26), neuter subject with plural verb (Asclepius I. ριγ 5; II. ιγ 14–15), δύο used undeclinably (Asclepius I. νη 28; πϛ 18 and 19). I have not corrected the manuscripts in Asclepius I. ρκθ 7 ff.: δευτερωδουμένη, τριωδουμένη, etc. (*cf.* Iamblichus, *In Nicom. Arith. Introd. Liber*, p. 88, 24 ff., who has the same spelling). In these and in many other instances Asclepius' Greek is not normal if judged by the standards of fifth- or fourth-century B.C. Attic Greek; but such characteristics as those mentioned above and many others were common in writers who lived during the fifth and sixth centuries A.D. and who belonged to the Alexandrian school. For further information on this subject, *cf. Ioannes Philoponus De Aeternitate Mundi Contra Proclum*, edidit Hugo Rabe (Lipsiae, 1899), pp. 697–699; Westerink, *Olympiodorus, Commentary on the First Alcibiades of Plato* (Amsterdam, 1956), pp. xiii–xiv; Westerink, *Anonymous Prolegomena to Platonic Philosophy*, p. 69; Westerink, *R.E.G.* 77 (1964): pp. 530–531.

πρῶτος = πρότερος occurs often and should not be emended; *cf.* Alexander, *In Metaph.*, p. 105, 8 (Hayduck), *De Mixtione*, p. 226, 9–10 (Bruns), Philoponus, *In Nicom. Isagogen*, I. ροη 3, etc. I have made uniform the spelling of ἐστίν and οὕτως, writing always ἐστί and οὕτω before a consonant. I have written λαβέ and ἐκθοῦ where the manuscripts invariably have λάβε and ἔκθου. Similarly, I have written ἐκθῇ instead of ἔκθῃ, ἀποθῇ instead of ἀπόθῃ, etc. (In general the manuscripts do not write iota subscript.) I have followed either A or M in writing γίνεται or γίνονται when the other manuscript has an abbreviation which could stand for either of the two forms; in general I have followed the manuscript that gives a letter instead of writing the whole number. And I have not emended in cases

---

[107] *Cf.* Westerink, *R.E.G.* 77 (1964): pp. 530–531.

when a letter stands for the adverb or for the ordinal adjective. But for the most part I do not report in the critical apparatus these and other unimportant matters, as for example faulty accents, wrong separation of words, etc. Neither have I reported all instances of minor variations in the word order between the manuscripts. In Asclepius I. 1α 23 I have retained the manuscripts' ὑγεία which is apparently also the reading in Philoponus.

SIGLA

M = *Cod. Monacensis* 431 (fol. 98–114), fourteenth–fifteenth centuries

M² = Indicates corrections and supplements in the margin or in the text by the same (or a contemporary) hand

A = *Cod. Ambrosianus* B 77 sup., 2nd. part (fol. 102–149), fifteenth century

A² = Indicates corrections and supplements in the margin or in the text by the same (or a contemporary) hand

P = *Cod. Parisinus Graecus* 2376 (fol. 1–57), sixteenth century. Of this manuscript I report only a few of its readings (*cf.* p. 21)

P² = Indicates corrections and supplements in the margin by a different hand

Cod. Scor. Y–I–12 = *Cod. Scorialensis* Y–I–12 (fol. 81 ff.), sixteenth century

Nicom. = *Nicomachi Geraseni Pythagorei Introductionis Arithmeticae Libri II*. Recensuit Ricardus Hoche (Lipsiae, 1866). The manuscripts of Nicomachus are cited from this edition.

Philop. = I. Philoponus, *In Nic. Isagogen* (the text of Philoponus is cited from Hoche's edition; *cf.* Introduction, note 18)

[ ] = Indicates a word or words written in the manuscripts which I do not consider to have been written by Asclepius

⟨ ⟩ = Indicates a word or words missing in the manuscripts which I consider to have been written by Asclepius

(Philop.)] = In the critical apparatus, this indicates my emendation or supplement based on Philoponus, *In Nic. Isagogen*.

ΑΣΚΛΗΠΙΟΥ ΦΙΛΟΣΟΦΟΥ ΤΡΑΛΛΙΑΝΟΥ ΕΙΣ ΤΟ ΠΡΩΤΟΝ ΒΙΒΛΙΟΝ ΤΗΣ ΝΙΚΟΜΑΧΟΥ ΑΡΙΘΜΗΤΙΚΗΣ ΕΙΣΑΓΩΓΗΣ ΣΧΟΛΙΑ

α. **Οἱ παλαιοὶ καὶ πρῶτοι.** Πλατωνικὸς ὢν ὁ πατὴρ
τοῦ βιβλίου τούτου κατὰ τὸν Πλατωνικὸν σκοπὸν
ζητεῖ τό τε τέλος τῆς ὄντως φιλοσοφίας καὶ τὴν ὁδὸν
τὴν ἄγουσαν ἐπὶ ταύτην. ὅτι μὲν οὖν, ὡς καὶ Νικό-
5 μαχος ὁρίζεται, φιλοσοφία ἐστὶ φιλία σοφίας παντὶ
πρόῦπτόν ἐστιν. ἆρα δὲ τί ἐστι σοφία; φαμὲν ὅτι
σαφία τις οὖσα ὡς σαφηνίζουσα τὰ πάντα. ἆρα δὲ
πόθεν αὐτὸ τοῦτο σαφία ἐλέχθη; λέγομεν ὅτι παρὰ
τὸ φῶς ὅθεν καὶ Ἀριστοτέλης τὰ θ' ὅσα φανότατα
10 ταῦτα πεφωτισμένα καὶ καθαρὰ καλεῖ. ἐπεὶ οὖν τὸ
σαφὲς εἴωθε τὰ κεκρυμμένα ὡς ἐν σκότῳ τῇ ἀγνοίᾳ
εἰς φῶς καὶ γνῶσιν ἐπιφέρειν, διὰ τοῦτο ἐκλήθη οὕτως.
ἐπεὶ δὲ ὅλως καὶ σοφίαν καὶ σοφὸν ὀνομάζομεν, ἆρα
τί ἐστι τὸ σοφὸν τοῦτο; ἰστέον τοίνυν ὅτι ὁμώνυμον
15 ἐστι τὸ σοφόν· εἴληπται γὰρ κατὰ πέντε τρόπους
οὓς μέλλω λέγειν ὥς φησιν Ἀριστοκλῆς ἐν τοῖς Περὶ
Φιλοσοφίας δέκα βιβλίοις. χρὴ εἰδέναι ὅτι φθείρονται
οἱ ἄνθρωποι διαφόρως· καὶ γὰρ ὑπὸ λοιμοῦ καὶ νό-
σων ποικίλων καὶ ὑφ' ἑτέρων θνήσκουσι, μάλιστα δὲ
20 ὑπὸ κατακλυσμῶν ὥσπερ καὶ ἐπὶ τῶν Δευκαλίωνος
χρόνων· πάντων δὲ οὐ κατεκράτησε, ἀλλ' οἱ μὲν ἐν
τοῖς ὄρεσι διασώζονται, τὰ δὲ πεδία κατακλύζονται
καὶ ἀφανίζονται. ἐπεὶ δὲ περὶ τὰ ὄρη διαμένουσί τινες
ἀκατάκλυστοι διὰ τοῦτο εἰσιν ἐκεῖ χωρία καὶ οἰκή-
σεις. καὶ οἱ περιλειφθέντες λοιπὸν ἐργάζονται, ὡς 25
δηλοῖ καὶ ὁ ποιητής·

"κτίσε δὲ Δαρδανίην· ἐπεὶ οὔπω Ἴλιος ἱρή
ἐν πεδίῳ πεπόλιστο, πόλις μερόπων ἀνθρώπων".

οὗτοι οὖν οἱ περιλειπόμενοι μὴ ἔχοντες ὅθεν τραφῶσιν
ἐπινοοῦσι τὰ πρὸς τὴν χρείαν ἐπὶ τῷ ἀλήθειν μύλοις 30
σῖτον ἢ ἐπὶ τῷ σπείρειν ἢ τι τοιοῦτον· καὶ λέγεται ἡ
τοιαύτη ἐπίνοια σοφία κατὰ τὸ ἀναγκαῖον λαμβανο-
μένη. πάλιν δὲ ἐπινοοῦσι τέχνας, ὥς φησιν ὁ ποιητής
"ὑποθημοσύνησιν Ἀθήνης" καὶ πάλιν "ἐπεὶ σοφὸς
ἤραρε τέκτων"· ἢ οὖν τεκτονικὴν ἢ οἰκοδομικὴν ἤ 35
τινα τέχνην ἑτέραν ἐπινοοῦσι καὶ λέγεται σοφία περὶ
τέχνας. πάλιν ἀπέβλεψαν περὶ τὰ πολιτικὰ πράγματα
καὶ ἐποίησαν νόμους καὶ πάντα τὰ σῴζοντα τὰς πό-
λεις καὶ λέγεται αὕτη ἡ ἐπίνοια σοφία περὶ τὰ πολι-
τικὰ εὑρημένη. μετὰ ταῦτα καὶ ἐπὶ αὐτὰ τὰ σώματα 40
ἐχώρησαν καὶ φύσιν εὗρον τούτων μελετήσαντες τὴν
φυσικὴν θεωρίαν. πέμπτον ἐπ' αὐτὰ τὰ θεῖα καὶ ἀίδια
ἀνέδραμον, ἐπ' αὐτὰ τὰ ἀεὶ καὶ ὡσαύτως ἔχοντα.
γινώσκειν οὖν χρὴ ὅτι οἱ πρὸ Πυθαγόρου πάντες
συγκεχυμένως κατὰ τῶν πέντε τούτων τὸ τῆς σοφίας 45
ὄνομα ἔφερον, οἱ δὲ μετὰ Πυθαγόραν συνέστειλαν τὸ
ὄνομα καὶ ἐπὶ τοῦ πέμπτου τρόπου τῆς σοφίας μόνου
ἤγαγον αὐτό, φιλοσοφίαν καλοῦντες τὴν τῶν ἀεὶ καὶ
ὡσαύτως ἐχόντων γνῶσιν. τοῦτο οὖν τὸ τέλος. τίνα
δὲ ἆρα τὰ ἄγοντα ἐπὶ ταύτην; ἰστέον ὅτι, ὥς φησι 50
καὶ Πλωτῖνος καὶ Πλάτων, τὰ μαθήματα· ἐπεὶ γὰρ ἐν
φθορᾷ καὶ ὕλῃ ἐσμὲν ἥτις νόθῳ λογισμῷ ληπτή ἐστιν,
ὥς φησι Πλάτων, οὐ δυνάμεθα ἀμέσως ἐπὶ τὰ ἄυλα

α = Philop. α.

α, 1 = Nicom. I, I, 1

Tit. τραλλιανοῦ Cod. Scor. Υ-Ι-12: τραιανοῦ ΑΜ || τῆς Cod.
Scor. Υ-Ι-12: τοῦ ΑΜ
1 οἱ παλαιοὶ καὶ πρῶτοι ΑΜ: om. Cod. Scor. Υ-Ι-12
4 ὡς καὶ ΑΜ: ὡς Cod. Scor. Υ-Ι-12
5 φιλοσοφία ἐστὶ φιλία σοφίας Cod. Scor. Υ-Ι-12: φιλία σοφίας
Μ: φιλοσοφίας Α
7 ὡς Μ et Cod. Scor. Υ-Ι-12: om. Α || τὰ Μ et Cod. Scor.
Υ-Ι-12: om. Α
8 ἐλέχθη Μ et Cod. Scor. Υ-Ι-12: ἐκλήθη Α: ἐλλέχθη (λλέχ
supra κλη) Α²
8-9 ὅτι παρὰ τὸ φῶς ΑΜ: ἀπὸ τοῦ φωτὸς Cod. Scor. Υ-Ι-12
9 τὰ θ' ΑΜ: πάνθ' Cod. Scor. Υ-Ι-12
11 ὡς ΑΜ: om. Cod. Scor. Υ-Ι-12 || τῇ Cod. Scor. Υ-Ι-12:
om. ΑΜ
12 εἰς Cod. Scor. Υ-Ι-12: καὶ ΑΜ
13 ὅλως Μ et Cod. Scor. Υ-Ι-12: ὄντως Α || pr. καὶ ΑΜ: om.
Cod. Scor. Υ-Ι-12
16 οὓς μέλλειν Μ et Cod. Scor. Υ-Ι-12: om. Α
17 βιβλίοις ΑΜ: βίβλοις Cod. Scor. Υ-Ι-12
18 καὶ γὰρ ΑΜ: γὰρ καὶ Cod. Scor. Υ-Ι-12
21 χρόνων ΑΜ: om. Cod. Scor. Υ-Ι-12 || πάντων δὲ οὐ κατε-
κράτησε (ut vid.) ΑΜ, ἀλλ' οἱ μὲν Cod. Scor. Υ-Ι-12: πάντων
δὲ καὶ τὰ κρανία ΑΜ
23 ἐπεὶ δὲ ΑΜ: καὶ ἐπεὶ Cod. Scor. Υ-Ι-12

25 καὶ οἱ περ. λοιπὸν ΑΜ: καὶ λοιπὸν οἱ περ. Cod. Scor. Υ-Ι-12
29 οὗτοι (Philop.)] ὅτε ΑΜ et Cod. Scor. Υ-Ι-12
30 χρείαν ΑΜ: ὑγίειαν Cod. Scor. Υ-Ι-12 || μύλοις Cod. Scor.
Υ-Ι-12 et (ut vid.) Μ: μύλους Α
31 pr. ἢ Cod. Scor. Υ-Ι-12: om. ΑΜ || τῷ ΑΜ: τὸ Cod. Scor.
Υ-Ι-12
33 ὁ ποιητής Cod. Scor. Υ-Ι-12: ἡ ποιητική ΑΜ
37 ἀπέβλεψαν ΑΜ: προσέβλεψαν Cod. Scor. Υ-Ι-12 || πρά-
γματα Μ et Cod. Scor. Υ-Ι-12: om. Α
39 αὕτη Μ et Cod. Scor. Υ-Ι-12: ἡ αὕτη Α || ἐπίνοια Α et
Cod. Scor. Υ-Ι-12: ἔννοια Μ
40 εὑρημένη Α et Cod. Scor. Υ-Ι-12: εἰρημένη ΑΜ
41 μελετήσαντες Α et Cod. Scor. Υ-Ι-12: μελετήσαντας Μ ||
τὴν Cod. Scor. Υ-Ι-12: om. ΑΜ
42 πέμπτον ΑΜ: πέμπτον δὲ Cod. Scor. Υ-Ι-12 || ἐπ' αὐτὰ τὰ
θεῖα Cod. Scor. Υ-Ι-12: ἐπὶ αὐτὰ θεῖα Μ: ἐπὶ τὰ θεῖα Α
43 ἐπ' αὐτὰ τὰ ἀεὶ Cod. Scor. Υ-Ι-12: ἐπὶ τὰ αὐτὰ ἀεὶ ΑΜ
44 πάντες Cod. Scor. Υ-Ι-12: om. ΑΜ
45 σοφίας Cod. Scor. Υ-Ι-12: φιλοσοφίας ΑΜ
51 καὶ Πλωτῖνος καὶ Πλάτων ΑΜ: Πλωτῖνος Cod. Scor. Υ-Ι-12 ||
γὰρ ΑΜ: τὰ ΑΜ
53 οὐ δυνάμεθα ΑΜ: ἀδύνατον ἦν Cod. Scor. Υ-Ι-12

χωρεῖν, ἐπειδὴ μέλλομεν πάσχειν ἃ πάσχουσιν οἱ ἐκ
55 σκοτεινοῦ οἴκου ἀμέσως ἐπὶ φωτεινὸν ἐρχόμενοι· ἔδει
γὰρ κατὰ βραχὺ προϊέναι πρότερον ἐπὶ σύμμετρον
καὶ οὕτως ἐπὶ τὸν φωτεινότερον οὕτω κἀνταῦθα,
ἐπειδὴ τὰ μαθήματα μέσα ἐστί· καὶ γὰρ χωριστά εἰσι
καὶ ἀχώριστα καὶ ὑποβάθρας χώραν παρέχουσι. δεῖ
60 διὰ τούτων ἀνελθεῖν ἡμᾶς ἐπὶ τὰ ἀεὶ καὶ ὡσαύτως
ἔχοντα, μάλιστα δὲ ἐρχόμεθα διὰ τῆς ἀριθμητικῆς.
εἴρηται ἄρα τίς τε ἡ ὁδὸς καὶ τί τὸ τέλος. οὗτος τοίνυν
ὁ σκοπὸς τοῦ συγγράμματος. φέρε δὲ λοιπὸν τὴν
λέξιν ἐξηγησώμεθα.

β. ἢ δημιουργίας. καλῶς ἐπήγαγε τὸ δημιουργίας,
ἐπεὶ οὐ πᾶσα τέχνη καὶ δημιουργική ἐστιν· ἰδοὺ γὰρ
ἡ τῶν ἡνιόχων μελέτη τέχνη μέν ἐστιν, οὐδὲν δὲ δη-
μιουργεῖ· ὅτι δὲ τέχνη ἐστί, σημαίνει καὶ ὁ ποιητὴς
5 λέγων·
    "μήτι τοι ἡνίοχος περιγίνεται ἡνιόχοιο."

γ. ἐπὶ τὴν τοῦ ὄντος ἐπιστήμην. ὄντα καλοῦμεν τὰ
ὄντως ὄντα, τὰ ἀεὶ καὶ ὡσαύτως ἔχοντα καὶ ἀίδια, τὰ
ἀμετάβλητα, τὰ ἄτρεπτα, ἐξ ὧν παράγονται τὰ ἐν-
ταῦθα ἅτινα κυρίως ὄντα οὔκ εἰσίν, ἐπειδὴ τοῖς ⟨μὴ⟩
5 οὖσι παράκεινται. ἰστέον οὖν ὅτι τὰ ἐνταῦθα ἀλλοιω-
τὰ καὶ μεταβλητά εἰσι, κἂν νομίζωνται ἀμετάβλητα·
οὕτω γοῦν Σωκράτης καὶ οἱ κατὰ μέρος ἄνθρωποι,
εἰ καὶ ἀμετάβλητοι δοκοῦμεν εἶναι, ὅμως ἐφ' ἑκάστης
ἡμέρας ἀλλοιούμεθα. ἀμέλει μετὰ χρόνον πολλάκις
10 τόνδε τινὰ ἑωρακότες, φαμὲν ὅτι "ἆρα οὗτός ἐστιν
ὅδε;" ὡς ἀμειφθέντος αὐτοῦ καὶ διὰ τοῦτο ἡμῶν ἐπ'
αὐτῷ ξενιζομένων. οὐκ εἰσὶ τοίνυν τὰ ἐνταῦθα κυρίως
ὄντα ἀλλά πῃ ὄντα, ἐπειδὴ τῷ μὴ ὄντι πλησιάζουσι·
τὰ δὲ πρὸς τοῖς μὴ οὖσι σχεδὸν καὶ αὐτὰ οὐκ ὄντα

εἰσί. πῶς δὲ τοῖς μὴ οὖσι γειτνιάζουσι; πρῶτον μέν, 15
ἐπειδὴ ἐνταῦθα τὸ παρελθὸν καὶ τὸ μέλλον· ταῦτα δὲ
μὴ ὄντα· τὸ μὲν γὰρ ἠφάνισται, τὸ δὲ οὔπω ἔστι.
δεύτερον δὲ ὅτι τῆς ὕλης ἐστίν, ἥτις οὐδέν ἐστιν· εἶδος
γὰρ οὐκ ἔστιν ἀλλ' ἀνείδεος· εἰ γὰρ εἶχεν ὡρισμένον
τι εἶδος, οὐδενὸς δεκτικὴ ἐγίνετο. ἐκεῖνα τοίνυν τὰ 20
νοητὰ ἀίδιά εἰσι καὶ ἀμετάβλητα εἴδη καθαρὰ καὶ ἐξ
ἐκείνων παράγονται τὰ ἐνταῦθα εἴδη· ἐκεῖνα γὰρ
καθαρὰ καὶ θεῖα τὰ εἴδη· οὔτε γὰρ ἐκ τῆς ὕλης γίνον-
ται τὰ ⟨ἐνταῦθα εἴδη, οὔτε⟩ ἐξ ἑαυτῶν· ἐκ μὲν τῆς
ὕλης οὐ γίνονται, ἐπειδὴ οὐ δυνατὸν τὰ κρείττονα 25
ἀπὸ τῶν χειρόνων παράγεσθαι· ἀλλ' οὐδ' ἑαυτὰ τὰ
εἴδη παράγουσι· τὸ γὰρ εἶδος χρῄζει τῆς ὕλης εἰς τὸ
ὑποστῆναι. οὐκοῦν καὶ ἡ οὐσία αὐτοῦ ἐν αὐτῷ ἐστιν·
ὅπου δὲ ἡ οὐσία ἐκεῖ καὶ ἡ ἐνέργεια, ὡς δέδεικται παρὰ
'Αριστοτέλους· τὸ δὲ ἐν ἄλλῳ ἔχον οὐσίαν καὶ ἐνέρ- 30
γειαν ἐν ἄλλῳ, σῶμά ἐστι καὶ παράγειν ἑαυτὸ οὐ
δύναται· ἐκεῖθεν οὖν ἐκ τῶν ἀτρέπτων τὰ ἐνταῦθα
παράγονται· ἐκεῖνα δὲ ἄτρεπτά εἰσι, τὰ ἄχρονα· ὅθεν
οὐδ' ἔστι χρόνος ἐκεῖ· οὐδὲ γὰρ μὴ ὂν ἐκεῖ, ἀλλὰ πάντα
ἀεὶ ὄντα· οὐκ ἔστιν οὖν παρεληλυθὸς καὶ μέλλον· οὐ 35
ῥᾴδιον οὖν ἐκεῖνα νοῆσαι, ὅθεν καὶ ὁ 'Αριστοτέλης
εἶπε περὶ αὐτῶν ἐν τῷ Μετὰ τὰ Φυσικὰ ἐλάττονι ἄλφα
στοιχείῳ ὅτι τῇ μὲν καθαρὰ καὶ φωτιστικά, τῇ δὲ
χαλεπά εἰσι· φωτιστικὰ μὲν καὶ καθαρὰ πρὸς τὴν
οἰκείαν φύσιν, ἐπειδὴ ἀεὶ ἐλλάμπουσι τὰ ἐνταῦθα· 40
χαλεπὰ δὲ ὅτι ἀσκαρδαμυκτὶ οὐ δυνάμεθα γνῶναι
διὰ τὴν ἡμετέραν ἀσθένειαν, ὥσπερ οὐδὲ ἀκτῖνας
ἡλίου δυνάμεθα ἰδεῖν διὰ τὸ τῶν ὀμμάτων ἀσθενές·
ὃ γὰρ πάσχει ἡ νυκτερὶς διὰ τὸ τῶν ὀμμάτων ἀσθε-
νὲς ἐν τῇ ἡμέρᾳ, τοῦτο ἡμεῖς ἐπὶ τούτων. ἄλλως τε 45
καὶ ὡς εἴρηται ἐν τῷ Φαίδωνι· δύσκολον ἡμᾶς θεωρῆ-
σαι τὰ νοητά, πρῶτον μὲν διὰ τὸ ἐμποδίζειν τὸ σῶμα
νόσοις καὶ συμφοραῖς μυρίαις ὀχλούμενον καὶ διὰ ταῦ-
τα σκοτίζον τὸν νοῦν, δεύτερον δὲ ὅτι εἰ καὶ τοῦ σώ-
ματος καταφρονήσομεν ἡ φαντασία προτρέχουσα 50
οὐκ ἐᾷ ἀκίβδηλόν τι θεωρῆσαι, ἀλλ' εὐθέως ὄγκους
παρέχει καὶ ἄλλα τοιαῦτα πρὸς ἐμποδισμὸν τῶν ἀσω-
μάτων. οὐκοῦν διὰ πάντων δέδεικται ὅτι ἐκεῖνα μὲν
ἄυλα ἄτρεπτα θεῖα ἀεὶ καὶ ὡσαύτως ὄντα, ταῦτα δὲ
τρεπτά· τὰ μέντοι οὐράνια, ὡς μεταξὺ ὄντα, ἐκείνοις 55
μὲν κατὰ τὴν οὐσίαν κοινωνεῖ (καὶ γὰρ αὐτὰ ἀίδια

---

54 ἐπειδὴ M: ἐπεὶ δὲ A: ἐπεὶ Cod. Scor. Y–I–12
55 ἔδει AM: ἔχει Cod. Scor. Y–I–12
56 πρότερον M et Cod. Scor. Y–I–12: πρότερον καὶ A
58 εἰσι M: ἐστι A et Cod. Scor. Y–I–12
59–60 δεῖ διὰ τούτων ἀνελθεῖν ἡμᾶς AM: διὰ τούτων δεῖ μὲν ἡμᾶς
    ἀνελθεῖν Cod. Scor. Y–I–12
61 ἐρχόμεθα AM: ἀνερχόμεθα Cod. Scor. Y–I–12
62 ἢ AM: om. Cod. Scor. Y–I–12
62–64 οὗτος...ἐξηγησώμεθα AM: ὁ σκοπὸς τοίνυν τοῦ συγ-
    γράμματος ἐξηγήσεως τῆς προσηκούσης ἀξιωθήσεται Cod.
    Scor. Y–I–12
β. 1 ἢ δημιουργίας M: δημιουργίας A
2 γὰρ (Philop.)] τὰ AM
3–4 δὲ δημιουργεῖ M: δὲ μιουργεῖ A
6 περιγίνεται AM: περιγίνεται Homerus
γ. 1 ἐπὶ τὴν τοῦ ὄντος ἐπιστήμην M: om. A
4 μὴ (Philop.)] om. AM
10 ἐστὶν AM: οὐκ (sc. ἐστὶν) i. m. P²

16 ἐπειδὴ M: ἐπεὶ δὲ A
22 παράγονται (Philop.)] παράγοντα AM (ut vid.)
23 οὔτε (Philop.)] οὐδὲ AM
24 ἐνταῦθα εἴδη, οὔτε (Philop.)] om. AM || ἑαυτῶν (Philop.)]
    αὑτῶν AM
25 ἐπειδὴ M: ἐπεὶ δὲ A
26 οὐδ' ἑαυτὰ (Philop.)] οὐδὲ αὐτὰ AM
28 αὐτῷ scripsi: αὑτῷ AM: αὐτῇ Philop.
36 ὁ M: om. A
47–51 corr. ex Philop.: AM hab. πρῶτον νοῦν· δεύτερον δὲ
    ὅτι εἰ καὶ τοῦ σώματος καταφρονήσομεν ἡ φαντασία οὐκ ἀπο-
    τρέχουσα· πρῶτον μὲν διὰ τὸ ἐμποδίζειν τὸ σῶμα νόσοις καὶ
    συμφοραῖς μυρίαις ἐνοχλούμενον καὶ σκοτίζον τὸν (σκοτιζόμενον
    P² in marg.) ἀκίβδηλόν τι θεωρῆσαι, ἀλλ' κτλ.

καὶ θεῖα), ἡμῖν δὲ κατ' ἐνέργειαν (μεταβλητὰ γάρ,
ἀλλ' οὐχ οὕτως ἡμεῖς)· ἀλλὰ τὴν τοπικὴν μόνην μετα-
βολὴν ὑπομένουσι· καθὸ ἀπὸ ἀνατολῶν ἐπὶ δυσμὰς
60 κινοῦνται καὶ ἀπὸ δυσμῶν ἐπὶ ἀνατολάς. τὸ πλέον
οὖν ἐκείνοις κοινωνεῖ, ὡς πλησιάζοντα τοῖς ἀεὶ καὶ
ὡσαύτως οὖσιν· ὅτι γὰρ ἐκείνοις κοινωνεῖ ὁ οὐρανὸς
καὶ πρὸς τῷ θείῳ ἐστὶ καὶ καθαρὸς τυγχάνει, δῆλον
ἐκ τοῦ νομίζειν ἡμᾶς καὶ τὸν θεὸν ἐκεῖ εἶναι, ὥσπερ
65 γὰρ τὸν ἐγκέφαλον μᾶλλον ἀπολαύειν λέγομεν τῶν
τῆς ψυχῆς ἐνεργειῶν, οὕτω καὶ αὐτόν· ὅθεν καὶ τὰς
χεῖρας πάντες οἱ ἄνθρωποι εὐχόμενοι εἰς οὐρανὸν ἐν-
τείνομεν ὡς ἂν ἐκεῖ τοῦ θείου κατοικοῦντος. ἐκ τοίνυν
τούτων ἔστιν ἐπιλύσασθαι καὶ τὸ παρὰ Πλάτωνος
70 ἐν Τιμαίῳ εἰρημένον· τί τὸ ὂν μὲν ἀεί, γένεσιν δὲ οὐκ
ἔχον; καὶ τί τὸ γινόμενον μέν, ὂν δὲ οὐδέποτε; δῆλον
γὰρ ὅτι ὂν μὲν ἀεί, γένεσιν δὲ οὐκ ἔχον τὸ νοητὸν πᾶν
καὶ ἀίδιον καλεῖ· τί δὲ τὸ γινόμενον μέν, ὂν οὐδέποτε
τὰ τῇδε. καὶ προῦπτόν ἐστιν ὅτι οὐχ, ὥς τινες νομί-
75 ζουσι, τὸ γενητὸν ἐνταῦθα αὐτὸν βούλεται, τοῦτο δέ
ἐστι γενητὸς ὁ κόσμος· ἀεὶ γὰρ γίνεσθαι αὐτὸν λέγει,
ἀλλὰ γενητὸν καλεῖ τὸ μεταβλητὸν καὶ τρεπτὸν ὡς
εἰρήκαμεν· ὅθεν καὶ ὂν (ἀντὶ τοῦ κυρίως ὄντος) οὐδέ-
ποτέ ἐστι· πῶς γὰρ δύναται;

δ. **ἄπταιστον καὶ ἀμετακίνητον.** οὕτω γὰρ καὶ Ἀριστο-
τέλης ἐν τοῖς ἀποδεικτικοῖς λέγει ἐπιστήμην εἶναι τὴν
ἀεὶ καὶ ὡσαύτως ἔχουσαν καὶ τὴν αὐτήν. | **ἀεὶ διατε-**
λοῦντα ἐν τῷ κόσμῳ. οὐχ ὅτι ἐν τῷ κόσμῳ ὑπάρχουσι
5 διὰ παντός, ἀλλ' ὅτι ἀεὶ τὰ ἐν τῷ κόσμῳ κοσμοῦσιν,
ἐπιλάμποντα ⟨τούτοις⟩ τὸ ἑαυτῶν ἀγαθόν.

ε. **τῶν ὁμωνύμως ὄντων καὶ καλουμένων.** ὥσπερ γὰρ
ὁμωνύμως τὸ ὄντως ζῷον καὶ τὸ γεγραμμένον καλοῦ-
μεν, οὕτω καὶ τὰ τῇδε· οὐ γὰρ ὡς ὁμοίως ἔχοντα
ἐκείνοις.

ς. **μιμούμενα τὴν τῆς ἐξ ἀρχῆς ἀϊδίου ὕλης φύσιν.** ⟨ἀντὶ
τοῦ⟩ τῆς ἀρχούσης ὕλης. λέγει οὖν διὰ τὰ σώματα
ταῦτα ὅτι μιμοῦνται τὴν ὕλην. ὁ μέντοι φιλόσοφος

Ἀμμώνιος, ὁ ἡμέτερος διδάσκαλος, ἔφη ὅτι οὐ καλῶς
τὸ μιμεῖσθαι· οὐδενὸς γὰρ παράδειγμά ἐστιν ἡ ὕλη· 5
τίς γὰρ θέλει ὕλη γενέσθαι;

ζ. **ὅλη γὰρ δι' ὅλης ἦν τρεπτὴ καὶ ἀλλοιωτή.** κακῶς εἶπε
καὶ τοῦτο, ὥς φησιν ὁ θεῖος διδάσκαλος. ἔδει γὰρ
εἰπεῖν "τρεπτικὴ καὶ ἀλλοιωτική." περὶ αὐτὴν γὰρ
αἱ τροπαὶ καὶ ἀλλοιώσεις γίνονται, οὐ δήπου γὰρ
αὐτὴ τρέπεται ἢ ἀλλοιοῦται. εἰ γὰρ αὐτὴ ἐτρέπετο, 5
ἐδέετο ἑτέρας ὕλης ἐν ᾗ ἔμελλεν ἀλλοιοῦσθαι καὶ τρέ-
πεσθαι. ὥστε αὐτὴ μὲν ἄτρεπτος καὶ ἀναλλοίωτος,
τὰ δὲ περὶ αὐτὴν εἴδη ἀλλοιοῦνται, λέγω δὴ ποιότη-
τες καὶ ποσότητες καὶ διαθέσεις καὶ ἐνέργειαι καὶ ἰσό-
τητες καὶ πάντα τὰ τοιαῦτα. | ταῦτα δὲ πάντα 10
ἀσώματά εἰσιν· οὐ γὰρ δήπου σώματα. εἰ γὰρ ἦσαν
σώματα, ἔμελλον σὺν τοῖς σώμασι μειουμένοις ἀπολ-
λύειν τὸν ὅρον, οἷον εἰ ἦν σῶμα ὁ κύκλος, ὁ μέγας
κύκλος γενόμενος μικρὸς καὶ ἀπολλύων τὸ εἶδος, ἄλλον
ὅρον εἶχε δέχεσθαι ὡσαύτως καὶ ὁ ἐκ μικροῦ μέγας 15
γινόμενος. νῦν δὲ ὁ αὐτὸς ὅρος φυλάττεται καὶ τοῦ
μικροῦ καὶ τοῦ μεγάλου καὶ πάντων, ἐπειδὴ ἀσώματα
ὑπάρχουσι.

η. **συμβεβηκότως δὲ μετέχει.** ἀντὶ τοῦ κατὰ δεύτερον
λόγον.

θ. **τῶν δὲ τοιούτων ἐξαιρέτως.** ἀντὶ τῶν θείων καὶ
ἀμεταβλήτων.

ι. **ἀλλ' ἐκεῖνα μὲν ἄυλα.** ἄτρεπτα γάρ εἰσι καὶ ἀπερί-
γραπτα τόπῳ· διὸ καὶ λέγεται τὸ θεῖον καὶ πανταχοῦ
εἶναι καὶ οὐδαμοῦ. πανταχοῦ μὲν τῇ δυνάμει καὶ τῇ
εἰς ἡμᾶς ἐλλάμψει, οὐδαμοῦ δὲ τῇ ὑποστάσει· οὐκ ἔχει
γὰρ τὸ ποῦ· πᾶν γὰρ τὸ ποῦ πέρας ἔχει· οὐκοῦν καὶ 5
περιέχεται. τὸ δὲ τοιοῦτον σωμάτων ἐστίν, ἀσώματος
δὲ ὁ θεός. | ἀλλ' ἀεὶ μεταρρεῖ. διὰ παντὸς γὰρ ῥεῖ καὶ
τρέπεται, ὡς καὶ Πλάτων φησὶν ἐν Τιμαίῳ, ὅτι ἐκεῖνα
μὲν γένεσιν οὐκ ἔχει, ἀλλ' ἀεὶ ὄντα εἰσί, τὰ δὲ τῇδε
γίνονται, ὅ ἐστιν ἀλλοιοῦνται, καὶ οὐκ εἰσὶν οὐδέποτε 10
κυρίως ὄντα. καὶ ἐκεῖνα μὲν νῷ λαμβάνονται ἀεὶ κατὰ

δ = Philop. δ–ε	ε = Philop. ς
ς = Philop. ζ	

δ, 1 = Nicom. I, 2.	3–4 = Nicom. I, 2
ε, 1 = Nicom. I, 2.	ς, 1 = Nicom. I, 3.

ζ = Philop. η–ι	η = Philop. ια
θ = Philop. ιβ	ι = Philop. ιγ–ιδ

ζ, 1 = Nicom. I, 3.	ζ, 11 = Nicom. I, 3.
η, 1 = Nicom. I, 3.	θ, 1 = Nicom. I, 4.
ι, 1 = Nicom. II, 1.	ι, 7 = Nicom. II, 1.

66 ὅθεν M: ὅμως A
71 μὲν M: om. A ‖ δὲ A: om. M
73 γινόμενον M: γενόμενον A
75 αὐτὸν scripsi: αὐτῷ AM: αὐτὸς P² i. m. cf. n. ad loc.
δ. 1 alt. καὶ M: om. A
6 ἐπιλάμποντα τούτοις τὸ ἑαυτῶν (Philop.)] ἐπιλάμποντες τὸ
αὐτῶν AM
ς. 1 μιμούμενα...φύσιν AM: inter ὕλης et φύσιν Nicomachus
habet καὶ ὑποστάσεως
1–2 ἀντὶ τοῦ (Philop.)] om. AM

ζ. 1 κακῶς AM: καλῶς P: οὐ καλῶς P² i. m.
3 τρεπτικὴ M: προτρεπτικὴ A
7 αὐτὴ (Philop.)] αὕτη AM
η. 1 συμβεβηκότως Nicom.: συμβεβηκότος AM
θ. 1 δὲ AM: δὴ Nicom.
ι. 1–2 ἀπερίγραπτα A: ἀπερίγραφα M
3–4 τῇ εἰς M: τῆς A
4–5 οὐκ...οὐκοῦν M: οὐκοῦν A
7 μεταρρεῖ AM et Nicom. SHΓ: μεταβαίνει Nicom.
11 λαμβάνονται scripsi: λαμβάνοντα AM

ταὐτὰ ἔχοντα, ταῦτα δὲ δόξῃ, ὅ ἐστι φαντασίᾳ, καὶ
αἰσθήσει, μηδέποτε ὄντα κυρίως, ἀλλὰ πρὸς τὰ μὴ
ὄντα μᾶλλον ῥέποντα.

ια. εὔλογον ἄρα καὶ ἀναγκαιότατον. ἤδη εἰρήκαμεν τὸν
σκοπὸν τοῦ βιβλίου τούτου. ἔφημεν δὲ καὶ ὅτι φιλο-
σοφία ἐστὶ φιλία σοφίας, ὡς δηλοῖ τοὔνομα, καὶ ὅτι
τὸ σοφόν, ὡς Ἀριστοκλῆς ἐν τοῖς Περὶ Φιλοσοφίας
5 δέκα βιβλίοις φησί, πενταχῶς λέγεται, καὶ ὅτι κυρίως
φιλοσοφία ἐστὶν ἡ φιλοσοφοῦσα τὰ ἀεὶ καὶ ὡσαύτως
ὄντα. ὁ τοίνυν Νικόμαχος ἐντέχνως πάνυ τὸ τέλος
πρότερον ζητεῖ, καὶ οὕτως ἐπὶ τὴν ὁδὸν τὴν ἄγουσαν
ἐπὶ τοῦτο φέρεται. ὥσπερ γὰρ ὁ θέλων οἶκον ποιῆσαι
10 ἐκ τοῦ τέλους θεωρεῖ καὶ οὕτως ἄρχεται· πρότερον
γὰρ ὀροφὴν ἐπινοεῖ, κώλυμα φθοροποιοῦ κρύους καὶ
θάλπους, εἶτα ἵνα αὕτη ἐπί τινος βεβήκῃ, τοίχους
μηχανᾶται, ⟨καὶ⟩ διὰ τούτους θεμέλιον, καὶ διὰ τοῦ-
τον ὀρύττει γῆν καὶ ἐντεῦθεν λοιπὸν ἄρχεται, οὕτω
15 καὶ ὁ Νικόμαχος πρότερον ζητεῖ τὸ τέλος τῆς φιλο-
σοφίας καὶ λέγει ὅτι τὸ τέλος ἐστὶν ἡ ἔφεσις τοῦ ἀγα-
θοῦ, ἀγαθοῦ δὲ οὐ τοῦ τυχόντος, ἀλλὰ τοῦ εὐζωίαν
χαριζομένου. ἰστέον γὰρ ὅτι οὐ τοῦ τυχόντος ἀγα-
θοῦ· ἔστι γὰρ ἐν παντὶ μερικὸν ἀγαθόν, καὶ ἐν λίθῳ
20 γάρ ἐστιν ἀγαθόν, οἷον τὸ φέρεσθαι αὐτὸν ἐπὶ τὴν
οἰκείαν χώραν· οὐ τοιοῦτον οὖν ἐστι τὸ ἀγαθὸν οὗ
ἐφίεται ἡ φιλοσοφία. εἰ μὲν γὰρ μόνως σώματα ἦμεν,
ἀγαθὸν ἂν ἦν ἡμῖν ἡ ὑγεία μόνη, ὡσαύτως καὶ εἰ
ζῷα μόνον, ἀγαθὸν ἂν ἦν ἡ εὐαισθησία· ἐπειδὴ δὲ
25 οὐχ ἁπλῶς ἐσμεν ζῷα, ἀλλὰ λογικὰ ζῷα, ἰσχὺν ἔχον-
τες λογικὴν (ἡ δὲ ψυχὴ ζωή τίς ἐστι ⟨λογική⟩), εὐζωί-
αν ἐπιτηδεύομεν. ἆρα δὲ αὐτὴν καθ' αὑτὴν δεῖ ἀσκεῖν
τὴν εὐζωίαν ἢ μετά τινος γνώσεως; ἰστέον ὅτι δεῖ
καὶ γνῶσιν ἔχειν, ἐπεὶ ἄνευ γνώσεως εὐζωΐα ἔοικε
30 τυφλῷ κατὰ τύχην ὀρθῶς περιπατοῦντι. αὕτη τοίνυν
ἐστὶ τὸ τέλος. τίνα δὲ φέρει ἐπὶ ταύτῃ; φαμὲν ὅτι τὰ
μαθήματα, οὐ δυνάμεθα ἀμέσως χωρῆσαι, ἀλλὰ δεῖ
ἀπὸ τούτων τῶν φαινομένων εἰς ἐκεῖνα ἀνελθεῖν. ταῦτα
δὲ τὰ φαινόμενα ἢ συνεχῆ ἐστιν ἢ διῃρημένα. ἐπειδὴ
35 ἐκεῖθεν προῆλθον, εἰσὶ δὲ κἀκεῖ συνέχεια καὶ διαίρεσις,
ἀλλ' οὐ σώματα τοιαῦτα ἐκεῖ συνεχῆ καὶ διῃρημένα,
ἀλλὰ λόγοι δημιουργικοὶ τούτων ὥσπερ τῶν ἀνθρώ-
πων καὶ πάντων. καὶ ἰστέον δὲ ὅτι ἐκεῖ μὲν μᾶλλον ἡ

ἕνωσις, ἧττον δὲ ἡ διάκρισις· κἀκεῖ δὲ διάκρισις ψυχῶν,
ἀγγέλων, καὶ τῶν ἄλλων δυνάμεων. ἐνταῦθα μέντοι 40
τὸ ἀνάπαλιν μᾶλλον ἡ διάκρισις καὶ ἧττον ἡ ἕνωσις.
ἔστιν οὖν τὸ συνεχὲς καὶ τὸ διωρισμένον καὶ ἐναντίαν
ὁδὸν βαδίζουσι· τὸ μὲν γὰρ διωρισμένον τὴν μὲν
αὔξησιν ἐπ' ἄπειρον ἔχει, τὴν δὲ μείωσιν πεπερασμέ-
νην· ὁ γὰρ ἀριθμὸς ἐπ' ἄπειρον μὲν αὔξεται, πεπέρα- 45
σται δὲ ἡ μονάς. τὸ δὲ συνεχὲς τὸ ἐναντίον, τὴν μὲν
αὔξησιν πεπερασμένην, εἴ γε πεπερασμένος ὁ κόσμος,
τὴν δὲ μείωσιν οὐκέτι, ἐπειδὴ πᾶν μέγεθος ἐπ' ἄπει-
ρον διαιρετόν. ἐπεὶ οὖν ταῦτα ἄπειρά εἰσιν, αἱ δ'
ἐπιστῆμαι πεπερασμένων εἰσὶ πραγμάτων καὶ οὐδέ- 50
ποτε ἀπείρων, ἀνάγομεν τὸ μὲν πλῆθος τοῦ διωρι-
σμένου ἐπὶ τὸ ποσόν, τὸ δὲ συνεχὲς ἐπὶ τὸ πηλίκον.
καὶ φαμέν, ἐπειδὴ τοῦ ποσοῦ τὸ μὲν ὁρᾶται αὐτὸ
καθ' αὑτό, τὸ δὲ πρὸς ἄλλο, εἰ μὲν αὐτὸ καθ' αὑτὸ
λάβωμεν, ποιεῖ τὴν ἀριθμητικήν· γίνονται γὰρ ἀρι- 55
θμοὶ ἢ τετράγωνοι ἢ τέλειοι ἢ περιττοὶ ἤ τινες ἄλλοι.
εἰ δὲ πρὸς ἕτερον σχέσιν ἔχον ποιεῖ τὴν μουσικήν·
γίνονται γὰρ ἡμιόλιοι καὶ ἐπίτριτοι (καὶ λοιπὸν αἱ
ἄκραι χορδαὶ ἢ διὰ τεσσάρων εἰσὶν ἢ διὰ πέντε, ἐὰν
ἔχωσιν ἡμιόλιον ἢ ἐπίτριτον λόγον πρὸς ἀλλήλας). 60
τοῦ δὲ πηλίκου πάλιν τὸ μὲν ἀκίνητόν ἐστι, τὸ δὲ
κινούμενον· ἀλλὰ περὶ μὲν τὸ κινούμενον καταγίνεται
⟨ἡ⟩ ἀστρονομία, περὶ δὲ τὸ ἀκίνητον ἡ γεωμετρία.
διὰ τούτων τοίνυν ἀναγόμεθα ἐπὶ τὰ ἀεὶ καὶ ὡσαύ-
τως ἔχοντα· διὰ γὰρ προκαθαρθῆναι διὰ τούτων καὶ 65
μὴ ἀνίπτοις χερσὶν ἐφάπτεσθαι τῶν θείων. ὁ Πλάτων
οὖν κελεύει διὰ τούτων ἀναβῆναι ἐπὶ τὰ θεῖα· ἀμέλει
καὶ ἐν ταῖς Πολιτείαις τοὺς νομοφύλακας βούλεται διὰ
τούτων ἐπὶ θεολογίαν ἀνάγεσθαι, ἵνα τὰ ἐκεῖ θεω-
ροῦντες κάλλη μιμῶνται καὶ φροντίζωσι τῆς πόλεως. 70
τί οὖν οὐκ ἀδικεῖ αὐτοὺς φέρων αὐτοὺς καὶ καταβιβά-
ζων ἀπὸ τῶν θεολογικῶν ἐπὶ τὴν πόλιν; φαμὲν ὅτι
οὐ τροφεῖά γε ὀφείλουσι τῇ πόλει; δεῖ οὖν τὸ κάλλος,
τὸ ὄντως κάλλος, διώκειν καὶ μὴ τὸ φαινόμενον τοῦτο·
εἰ γὰρ ἀκριβῶς τις πρόσσχῃ, εὑρήσει τὸ ἐν ἡμῖν κάλ- 75
λος πάσης αἰσχρότητος γέμον. ὁ γὰρ ἔφη Πρόκλος· εἰ
οὖν δυνατὸν τοὺς Λυγκέως ὀφθαλμοὺς ἔχοντά τινα
βλέψαι διὰ βάθους τοῦ σώματος καὶ ἰδεῖν κόπρον καὶ
πᾶσαν ἀκαθαρσίαν, ἐπείσθη ἂν πόσον ἐν ἡμῖν τὸ
ἀκαλλὲς καὶ αἰσχρόν. ταῦτά ἐστιν ἃ βούλεται διὰ 80
τούτων διδάξαι.

ια = Philop. ιε

ια, 1 = Nicom. II, 3

ια. 4 Ἀριστοκλῆς (Philop.) cf. etiam Asclepius I.α, 16] Ἀρι-
στοτέλης ΑΜ
11 κώλυμα (Philop.)] κάλυμμα Μ: κάλυμα Α
12 ἵνα Μ: om. Α ‖ βεβήκῃ Α: βεβήκει Μ ‖ τοίχους Μ² s. v.:
τείχους Α
13 pr. καὶ (Philop.)] om. ΑΜ
20 ἀγαθόν Μ: μερικὸν ἀγαθόν Α
23 ὑγεία cf. p. 23
24 μόνον (Philop.)] μόνα ΑΜ
26 ζωή Μ: om. Α ‖ λογική (Philop.)] om. ΑΜ
27 ἄρα (Philop.)] ἆρα ΑΜ

41 ἀνάπαλιν Μ: διάπαλιν Α
42 τὸ συνεχὲς καὶ τὸ διωρισμένον (Philop.) et cf. lin. 43 et 46]
συνεχέστερον καὶ διηρημένον ΑΜ
55 λάβωμεν Α: λάβωμεν Μ
60 λόγον πρὸς ἀλλήλας Α: πρὸς ἀλλήλας λόγον Μ
61 πηλίκου Α: πηλίκον Μ (ut vid.)
62 καταγίνεται (Philop.)] καὶ γινόμενον ΑΜ
63 ἡ (Philop.)] om. ΑΜ
64 ἀναγόμεθα Μ: ἀγόμεθα Α
69 ἀνάγεσθαι (Philop.)] γίνεσθαι ΑΜ
75 πρόσσχῃ scripsi: πρόσχῃ ΑΜ
76 ὃ cf. n. ad loc.

ιβ. τὰ τοῖς οὖσι συμβεβηκότα. ἀντὶ ⟨τοῦ⟩ τὸ συνεχὲς καὶ τὸ διωρισμένον· ταῦτα γὰρ αὐτοῖς συμβέβηκεν.

ιγ. ὅπερ ἐστὶ νοητῶν τε καὶ αἰσθητῶν. νοητῶν ἀντὶ τοῦ διανοητῶν· οὐ γὰρ τῶν ὄντως νοητῶν. ἰστέον γὰρ ὅτι ὁ Πλάτων ὁλοσχερέστερον μὲν τὰ ὄντα διαιρεῖ εἰς νοητὰ καὶ αἰσθητά. λοιπὸν δὲ τὰ μὲν νοητὰ διαιρεῖ 5 εἰς διανοητά, ἃ ἐν τῇ ψυχῇ θεωροῦνται, καὶ εἰς νοητά, ἃ τοὺς λόγους ἔχει τοὺς δημιουργικούς. καὶ πάλιν διαιρεῖται τὰ αἰσθητὰ εἰς τὰ αἰσθητὰ καὶ εἰς τὰ εἰκαστά. εἰκαστὰ δὲ καλεῖ σκιὰς καὶ τὰ ἐν τοῖς ἐνόπτροις θεωρούμενα. νοητὰ οὖν ἐνταῦθα τὰ διανοητὰ καλεῖ.

ιδ. καὶ ἀλληλουχούμενα. ἀντὶ τοῦ συνεχῆ καὶ ἀλλεπάλληλα.

ιε. τῶν ἄρα δύο εἰδῶν τούτων. τοῦ τε συνεχοῦς καὶ τοῦ διωρισμένου.

ις. ἀπὸ ὡρισμένης ῥίζης. ἀντὶ τοῦ ἀπὸ τῆς μονάδος.

ιζ. οὐδαμοῦ δύναται παύειν. ἐπ' ἄπειρον γὰρ διαιρετόν.

ιη. ἀπ' ἀμφοῖν ἀφωρισμένον. ἀπὸ ἀμφοτέρων οὖν ὡρισμένον δεῖ λαβεῖν, τοῦ μὲν συνεχοῦς τὸ πηλίκον, τοῦ δὲ πλήθους τὸ ποσόν, οἷον τετράγωνον. τί ἐστιν ἕκαστον τούτων μαθησόμεθα προϊόντες. ἵνα δὲ μὴ 5 ἀνόητοι ὦμεν, τετράγωνός ἐστιν ὁ ἐξ ἀριθμοῦ ἑαυτὸν πολλαπλασιάζοντος γενόμενος· οἷον ὁ δ τετράγωνος, ἐπειδὴ ὁ β ἑαυτὸν πολλαπλασιάσας ἐποίησεν αὐτόν· δὶς γὰρ β δ. ὡσαύτως καὶ ὁ ἐννέα (τρὶς γὰρ τρεῖς θ), καὶ ὁ ις (τετράκις γὰρ δ ις). οἱ δὲ ἐν μέσῳ οὐκ εἰσὶ τε- 10 τράγωνοι. καὶ περὶ τῶν ἄλλων τε μαθησόμεθα.

ιθ. ὅπερ γὰρ ζωγραφίη. Ἀνδροκύδους ἡ ῥῆσις ὅτι ὥσπερ πᾶσα βάναυσος τέχνη ἔχει πρὸς σκιαγραφίαν πρὸς ἣν ποιεῖ τὸ ἔργον, οὕτω δεῖ καὶ ἡμᾶς τὰς τέσσαρας ταύτας ἐπιστήμας ἔχειν πρὸς κατάληψιν τῶν ἀεὶ ὄντων. ὃ οὖν ἐστιν ἐκείνοις τοῖς βάναυσον τέχνην 5 ἐπιτηδεύουσιν ἡ ζωγραφία, τοῦτο ἡμῖν αἱ τέσσαρες ἐπιστῆμαι· καὶ γὰρ οἰκοδόμος μηχανικοῦ σκάριφον λαμβάνει καὶ πρὸς αὐτὸ ποιεῖ ἢ οἶκον ἤ τι ἕτερον, καὶ τέκτων καὶ οἱ λοιποί.

κ. καλῶς μοι δοκοῦντι. ταῦτα ὁ Ἀρχύτας λέγει. δωρίζει δὲ οὗτος, τῷ δοκοῦντι οὖν δωρικῶς ἀντὶ τοῦ δοκοῦσι. τοὶ περὶ τὰ μαθήματα διαγνώμεναι ἀντὶ τοῦ οἱ περὶ τὰ μαθήματα διαγνῶναι· διαγνώμεναι γὰρ ἀντὶ τοῦ διαγνῶναι, τοὶ δὲ ἀντὶ τοῦ οἱ. τὰ γὰρ ἄρθρα 5 τῶν πληθυντικῶν εὐθειῶν μετὰ τοῦ τ στοιχείου προφέρονται.

κα. ἐντί, περὶ ἑκάστου. ἀντὶ τοῦ ἐστί· τὸ γὰρ ἐστὶν ἐντί φασιν. "οἷά ἐντι" ἀντὶ τοῦ ὁποῖά εἰσιν. "εἶμεν ἀδελφεά" ἀντὶ τοῦ εἶναι συγγενῆ, ἐπειδὴ αἱ δ περὶ τὸ ποσὸν καὶ πηλίκον καταγίνονται· ἀριθμητικὴ μὲν καὶ μουσικὴ περὶ ποσόν, γεωμετρία δὲ καὶ ἀστρονομία 5 περὶ πηλίκον.

κβ. περὶ γὰρ ἀδελφεά. συγγενεῖς εἰσιν αἱ ἐπιστῆμαι αἱ τέσσαρες, ἐπειδὴ περὶ συγγενῆ β, τό τε ποσὸν καὶ τὸ πηλίκον, καταγίνονται. καὶ ἁπλῶς ὃ λέγει τοιοῦτόν ἐστιν· ὅτι καλῶς μοι δοκοῦσι ποιεῖν οἱ διαγινώσκοντες τὰ μαθήματα, οἱ γὰρ τὴν τοῦ ὅλου φύσιν εὑρηκότες ἔμελλον ἂν καὶ κατὰ μέρος εἰδέναι. διέγνωσαν οὖν ἀστρονομίαν καὶ γεωμετρίαν καὶ ἀριθμητικὴν καὶ μουσικήν, ἐπειδὴ ἐκ τούτων ἡμῖν προσγίνεται τὸ τέλος.

ιβ. 1 τοῦ scripsi: om. AM
ιγ. 1 ὅπερ M: ἅπερ A (ut vid.)
2 ὄντως scripsi: ὄντων AM
8 ἐνόπτροις (Philop.)] ἐσόπτροις AM
ιζ. 1 οὐδαμοῦ AM: οὐδαμῇ Nicom.
ιη. 6 πολλαπλασιάζοντος scripsi: πολλαπλασιαζόντως M: πολλαπλασιάζοντα A || γενόμενος A: γινόμενος M
8 ἐννέα M: ἐννάτος A

ιθ. 1 ὅπερ M: ὑπὲρ A (ut vid.)
2 σκιαγραφίαν A et Pa i. m.: σκιογραφίαν MP
9 τέκτων A: τέκτων M
κα. 1 ἐντί M: ἀντὶ τοῦ A
2 εἶμεν scripsi: εἰ μὲν M: ἰμὲν A
3 ἀδελφεά scripsi: ἀδελφά AM || τὸ A: om. M
κβ. 7–9 καὶ μουσικήν, ... τέλος inveniuntur in AM post μάλιστα δέ in κγ

κγ. **οὐχ ἥκιστα δέ.** ἀντὶ τοῦ μάλιστα δέ.

κδ. **καὶ Πλάτων τε ἐπὶ τῷ τέλει.** ἤδη εἴρηται ὅτι οὐκ
ἄλλως δυνάμεθα ἐπὶ τὰ ἀεὶ καὶ ὡσαύτως ἔχοντα ἐλ-
θεῖν, εἰ μὴ διὰ τῶν μαθημάτων ὁδεύσομεν. ἔτι οὖν
πιστοῦται ὁ Νικόμαχος τοῦτο ἐκ τῶν Πλατωνικῶν
5 ῥήσεων, καί φησιν ὅτι ἐν τῷ τρισκαιδεκάτῳ τῶν νό-
μων τῷ καλουμένῳ φιλοσόφῳ, ἐπειδὴ διδάσκει ποῖον
δεῖ εἶναι τὸν φιλόσοφον, παρακελεύεται ὁ Πλάτων διὰ
τούτων ἡμᾶς ἄγεσθαι ἐπὶ τὴν τῶν ἀεὶ καὶ ὡσαύτως
ἐχόντων γνῶσιν. ταῦτα οὖν ἐστιν ἃ προήρηται διὰ
10 τούτων εἰπεῖν.

κε. **ἅπαν διάγραμμα.** ἀντὶ τοῦ γεωμετρία. "ἀριθμοῦ τε
σύστημα" τὴν ἀριθμητικήν φησι. "καὶ ἁρμονίας σύ-
στασιν" τὴν μουσικήν. "τῆς τε τῶν ἄστρων φορᾶς"
τῆς τε ἀστρονομίας. "τὴν ὁμολογίαν μίαν ἀναφανῆ-
5 ναι" ὥστε, φησίν, τὰ δ ταῦτα μαθήματα μίαν ὁμολο-
γίαν ποιῆσαι, ὃ ἐστιν εἰς ἓν τέλος ἡμᾶς ἄγουσιν, ἢ
ὅτι δεῖ αὐτὰς ταύτας τὰς δ ἐπιστήμας δοκούσας δια-
φέρειν εἰς συμφωνίαν ἀγαγεῖν καὶ δεῖξαι δι' ἃ κοινω-
νοῦσιν· ἴδιον γὰρ φιλοσοφίας τό τε τὰ πολλὴν δο-
10 κοῦντα ἔχειν διαφορὰν δεῖξαι κοινωνοῦντα, καὶ τὸ τὰ
πολλὴν δοκοῦντα κοινωνίαν ἔχειν δεῖξαι διαφέροντα·
οὐ γὰρ δυσχερὲς τὸ δεῖξαι φάττης καὶ περιστερᾶς
κοινωνίαν· τοῦτο παντὶ γὰρ προὔπτον, ἀλλὰ τὸ
διαφορὰν εἰπεῖν.

κϛ. **εἴ τις εἰς ἓν βλέπων.** ἀντὶ τοῦ εἴ τις εἰς ἓν τέλος καὶ
ἕνα σκοπὸν βλέπων, ταῦτα πάντα μανθάνει.

κζ. **δεσμὸς γὰρ ἁπάντων τούτων.** τῶν γὰρ δ τούτων
εἷς δεσμός ἐστι καὶ μία ἕνωσις, τὸ τὰ ἀεὶ καὶ ὡσαύτως
ἔχοντα θηρᾶσαι.

κη. **τύχην δεῖ καλεῖν συνεργόν.** ἤδη γὰρ προειρήκαμεν
ὅτι ὁ μὴ διὰ τούτων ἐρχόμενος ἔοικε τυφλῷ κατὰ τύχην
ὀρθῶς βαδίζοντι· δεῖ οὖν τύχην καλεῖν βοηθήσουσαν
τὸν μὴ διὰ τούτων ἐρχόμενον.

κθ. **εἴτε χαλεπὰ εἴτε ῥάδια.** ἐπειδή τινές φασιν ὅτι
δυσχερῆ εἰσι καὶ οὐ δυνάμεθα, διὰ τοῦτο λέγει ὅτι
εἴτε χαλεπά εἰσιν εἴτε σαφῆ ἄνευ τούτων οὐ δυνατὸν
ἐπὶ τὰ νοητὰ ὁδεῦσαι. εἰ δὲ κατὰ τάξιν δι' αὐτῶν
5 βαδίσωμεν, εὐφρανθείημεν ἄν, ὡς μηδὲ κόρον ἔχειν,
ἀλλὰ χαίρειν ἐπ' αὐτοῖς καὶ λέγειν τὸ τοῦ Ἡσιόδου
"ἢν δ' ἐς ἄκρον ἵκηται, ῥηιδίη δήπειτα πέλει χαλεπή
περ ἐοῦσα". ὅτι δὲ χαίρουσιν αἱ ψυχαὶ ἐπὶ τῇ εὑρέσει
τῶν δογμάτων, δῆλον ἐκ τοῦ ἥδεσθαι ἡμᾶς εὑρίσκον-
τάς τι, καὶ οὕτως ἥδεσθαι ὡς καὶ δάκρυον προχεῖσθαι. 10
ἀμέλει καὶ ὁ φιλόσοφος Ἀμμώνιος ἔλεγεν ὅτι "ἔπρατ-
τόν τινι ἀνδρὶ γραμμάς, καὶ ἥδετο πάνυ λέγοντός μου
τὸ θεώρημα. ὅθεν παυσαμένου μου ἔφη 'λυποῦμαι ὅτι
νῦν ἐπλήρωσας, ἤθελον γὰρ ἀκούειν τῆς ἀποδείξε-
ως'." 15

λ. **παίζων καὶ σπουδάζων.** ἀντὶ τοῦ παντὶ τρόπῳ.

λα. **κλίμαξί τισιν.** ἐπιβάθρα γάρ εἰσι τὰ μαθήματα καὶ
θριγγίῳ ἐοίκασι περιφρουροῦντα πάντα. δεῖ οὖν διὰ
τούτων ἐπὶ τὴν διαλεκτικὴν ἐλθεῖν, οὐ τὴν παρὰ
Ἀριστοτέλει διαλεκτικήν, ἀλλὰ τὴν τὰ θεῖα εὑρίσκου-
σαν, καὶ οὕτω δι' αὐτῆς ἐπὶ τὰ ἀεὶ καὶ ὡσαύτως 5
ἔχοντα βαδίσαι. | αὐτὰ καθ' αὑτά εἰσι θεῖα τὰ μαθή-
ματα καὶ οὐ μετὰ τῶν ἐνύλων. ὅρα ὅτι ἡ γεωμετρία
καταξιώσασα ἐλθεῖν εἰς τὴν ὕλην τὴν μηχανικὴν
ἐποίησεν, ὥστε δεῖ ἀύλως αὐτὰ σκοπεῖν. | τότε γὰρ
τὸ ὄμμα, οὐ τὸ σωματικὸν λέγω ἀλλὰ τὸ ψυχικόν, 10
καθαίρεται καὶ ἀποβάλλει τὰς λήμας τὰς τῆς ἀγνοίας.
ὥσπερ γὰρ τῶν τοῦ σώματος ὀμμάτων τῷ σπόγγῳ
τὰς λήμας ὁ ἰατρὸς λαμβάνει, οὕτω τοῦ ψυχικοῦ ὄμ-
ματος ἀποκαθαίρουσι δίκην σπόγγου ⟨τὰς⟩ λήμας
αἱ δ ἐπιστῆμαι καὶ ποιοῦσι καθαρῶς ὁρᾶν. ἐνταῦθα 15
οὖν δεῖ λέγειν τὸ τῆς Ἀθηνᾶς τὸ λέγον·
"ἀχλὺν αὖ τοι ἀπ' ὀφθαλμῶν ἕλον ἣ πρὶν ἐπῆεν,
ὄφρ' εὖ γινώσκεις ἠμὲν θεὸν ἠδὲ καὶ ἄνδρα."

κθ = Philop. κθ   λ = Philop. κθ, 11

λα = Philop. λ–λβ

κγ =	κδ = Philop. κδ κε = Philop. κε

κϛ = Philop. κϛ   κζ = Philop. κζ   κη = Philop. κη

κγ = Nicom. III, 4.   κδ,1 = Nicom. III, 5

κε,1 = Nicom. III, 5   κϛ,1 = Nicom. III, 5.

κζ,1 = Nicom. III, 5.   κη,1 = Nicom. III, 5.

κθ,1 = Nicom. III, 5.   λ = Nicom. III, 5.

λα,1 = Nicom. III, 6.   6 cf. Nicom. III, 6–7

9 cf. Nicom. III, 7

κδ. 1 καὶ Πλάτων τε ἐπὶ τῷ τέλει AM: καὶ Πλάτων δὲ ἐπὶ τέλει
Nicom.
9 προήρηται scripsi: προείρηται AM
κε. 8–9 δεῖξαι δι' ἃ κοινοῦσιν M: δι' ἃ κοινοῦσιν δεῖξαι A
10–11 ἔχειν ... ἔχειν M: ἔχειν A
10 τὸ scripsi: τὰ M
κη. 3 τύχην M: τύχειν A

κθ. 7 ἐς M: εἰς A ‖ ῥηιδίη A: ῥηδίη M ‖ δήπειτα M: δέπητα A
13 ὅθεν M: ὅτι A
λ. καὶ AM et [Plato], Epinomis 992 B 3: τε καὶ Nicom.
λα. 1 ἐπιβάθρα M: ὁ ἐπιβάθρα A
4 Ἀριστοτέλει M² s. v.: Ἀριστοτέλους AM
11 pr. τὰς A: εἰς τὰς M
12 τοῦ A: οὔ M (ut vid.)
14 τὰς (Philop.)] om. AM
17 αὖ τοι M: οὔτοι A: δ' αὖ τοι Homer.: δ' αὖτ' Philop. ‖ ἣ
Homer.: ἧ A: ἣ M
18 γινώσκεις AM: γινώσκῃς Philop.: γιγνώσκῃς Homer.

δεῖ οὖν τὸ ὄμμα τῆς ψυχῆς τὸ μυρίων σωματικῶν
20 κρεῖττον ἔχειν καθαρόν.

λβ. μόνῳ γὰρ αὐτῷ. μόνον γὰρ τὸ τῆς ψυχῆς ὄμμα
τὴν ἀλήθειαν θηρᾷ.

λγ. τίνα οὖν ἀναγκαῖον πρωτίστην τῶν δ τούτων μεθό-
δων ἐκμαθεῖν καὶ τὰ ἑξῆς. ὅτι μὲν πρὸς τὸ τέλος τῆς
ὄντως φιλοσοφίας οὐ δυνατὸν ἄλλως ἐλθεῖν, εἰ μὴ
βαδίσομεν διὰ τῶν δ τούτων ἐπιστημῶν, ἤδη ἐπι-
5 στώσατο ὁ Νικόμαχος. ὅτι δὲ προτέρα τῶν λοιπῶν
ἐστιν ἡ ἀριθμητική, διὰ τούτων κατασκευάζει. καὶ
φησιν ὅτι ἡ ἀριθμητικὴ πολιτεύεται παρὰ τῷ δη-
μιουργῷ, εἴ γε ἐκεῖ εἰσιν οἱ λόγοι τῶν εἰδῶν πάντων.
ἀμέλει ὁ Πλάτων τὰ εἴδη ἀριθμοὺς προσαγορεύει,
10 ἐπειδὴ ὥσπερ ὁ ἀριθμὸς μετρητικός ἐστι καὶ περιο-
ριστικὸς ἐκείνου οὗ ἂν ᾖ ἀριθμὸς οὕτω καὶ τὰ εἴδη
πάντων ὁριστικά εἰσι καὶ μετρητικά· ἐπεὶ οὖν λόγοι
τῶν εἰδῶν ἐκεῖ τοὺς ἀριθμοὺς μιμουμένων, διὰ τοῦτο
ἀριθμητική ἐστι πρώτη ἐκεῖ. οἱ οὖν λόγοι πάντων
15 ἐκεῖ εἰσιν, οὐ γὰρ αὐτὰ τὰ εἴδη, καὶ διὰ τοῦτο καὶ ἡ
ποίησις λέγει, Ἀθηνᾶν μὲν τεκταίνεσθαι, Ἥφαιστον
δὲ χαλκεύειν· οὐχ ὅτι τῷ ὄντι ἐργάζονται, μυθῶδες
γὰρ τοῦτο, ἀλλ' ὅτι ἔχουσι τοὺς λόγους πάντων,
ὥσπερ ὁ ἰατρὸς πάντων τῶν νοσερῶν ἔχει τοὺς λό-
20 γους, μὴ ὢν αὐτὸς νοσερός. κατὰ τοῦτο τοίνυν πρώτη
ἡ ἀριθμητική. καὶ κατὰ τοὺς ἄλλους δὲ τοὺς πολυ-
θρυλλήτους κανόνας προτέρα ἐστίν· ἰστέον γὰρ ὅτι τῇ
φύσει πρῶτον λέγομεν τὸ συναναιροῦν μέν, μὴ συν-
αναιρούμενον δέ, καὶ τὸ συνεισφερόμενον μέν, μὴ συν-
25 εισφέρον δέ· οὕτω γοῦν φαμεν ζῷον φύσει πρῶτον
ἀνθρώπου, ἐπειδὴ ἀναιρεθέντος μὲν ζῴου καὶ ὁ ἄν-
θρωπος ἀνήρηται, ἀνθρώπου δὲ ἀναιρεθέντος τὸ
ζῷον οὐκ ἀνήρηται. καὶ πάλιν ἀνθρώπου μὲν εἰσφε-
ρομένου, συνεισφέρεται πάντως καὶ τὸ ζῷον, οὐκέτι
30 δὲ τῷ ζῴῳ συνεισφέρεται ὁ ἄνθρωπος. κατὰ τὸν
αὐτὸν τοίνυν τρόπον κἀνταῦθα ἀναιρουμένης ἀρι-
θμητικῆς ἀναιρεῖται καὶ γεωμετρία· μὴ γὰρ ὄντος
ἀριθμοῦ, οὐκ ἔστι τὸ μοναχὲς καὶ διχὲς καὶ τριχές· μὴ
ὄντων δὲ τούτων, οὐδὲ γραμμὴ οὐδὲ ἐπιφάνεια οὐδὲ

μέγεθος. καὶ πάλιν συνεισφέρεται τῇ γεωμετρίᾳ ⟨ἡ 35
ἀριθμητική⟩. πῶς γὰρ ἂν λεχθείη ὀκτάεδρον καὶ τε-
τράγωνον καὶ διπλάσιον καὶ τριπλάσιον, μὴ ὑπαρ-
χούσης ἀριθμητικῆς; εἰ μὴ γὰρ ὦσι δ, οὐκ ἔσται τε-
τράγωνον, οὐδὲ τρίγωνον μὴ ὄντων τριῶν, οὐδὲ
ὀκτάεδρον μὴ ὑπαρχόντων ὀκτώ· ἀλλ' οὐδὲ διπλά- 40
σιον ἢ τριπλάσιον, εἴ γε ἀριθμητικῆς ταῦτα. περὶ
γὰρ τοιούτων λόγων ἐν τῷ ε βιβλίῳ ὁ γεωμέτρης
διαλέγεται. προτέρα οὖν ἀριθμητικὴ γεωμετρίας, ἀλλὰ
καὶ μουσικῆς, εἴ γε προγενέστερον τὸ αὐτὸ καθ' αὑτὸ
τοῦ πρὸς ἕτερον. ὥστε εἰ ἡ μὲν ἀριθμητικὴ αὐτὴ καθ' 45
αὑτὴν ἡ δὲ μουσικὴ ἐν τῇ πρὸς ἕτερον σχέσει, προτέρα
ἡ ἀριθμητικὴ τῆς μουσικῆς. ἄλλως τε οἱ μουσικοὶ
λόγοι, ὅ ἐστιν ὁ διὰ δ ἢ ὁ διὰ ε ἢ ὁ διὰ πασῶν ἢ ὁ
δὶς διὰ πασῶν, πῶς ἂν γένοιντο μὴ ὄντος ἀριθμοῦ;
ἡ μὲν γὰρ [τῶν] διὰ ε τὸν ἡμιόλιον λόγον ἔχει, ἡ δὲ 50
διὰ δ τὸν ἐπίτριτον, ἡ δὲ διὰ πασῶν τὸν διπλάσιον,
ἡ δὲ διὰ πασῶν ἅμα καὶ διὰ ε τὸν τριπλάσιον, ἡ δὲ
δὶς διὰ πασῶν, ἥτις καὶ τελειοτάτη ἐστί, τὸν τετρα-
πλάσιον. ταῦτα δὲ πάντα ἀριθμοῖς ὑποβάλλονται.
ἡμιόλιος μὲν γὰρ ὁ γ τῶν β, ὅτι ἔχει ὁ γ τὸν β καὶ 55
τὸ ἥμισυ αὐτοῦ. ἐπίτριτος δὲ ὁ δ τοῦ γ, ὅτι ἔχει ὁ δ
τὸν γ καὶ τὸ τρίτον αὐτοῦ. [ὁ δὲ δ τοῦ β τὸ διπλά-
σιον.] διπλάσιος δ' αὖ τοῦ β ὁ δ καὶ τετραπλάσιος ὁ
ὀκτώ. καὶ ὅρα πῶς καλῶς εἶπεν ὁ Νικόμαχος δι' ὃ ἡ
τελειοτάτη ἐστὶ ἡ δὶς διὰ πασῶν· ἔμελλε γάρ τις 60
λέγειν ὅτι "ἆρα ὥσπερ οἱ ἀριθμοὶ αὔξονται οὕτω
καὶ αἱ χορδαί;" λέγει οὖν ὅτι οὔ, ἐπειδὴ ἡ πολλὴ
ἐπίτασις ῥῆξιν ἐργάζεται· ἄχρι οὖν τετραπλασίου
λόγου αὔξεται. πάλιν οὐδὲ ἄχρι πολλοῦ μειοῦται· ἡ
γὰρ πολλὴ ἄνεσις τὸ σιγᾶν τῇ χορδῇ χαρίζεται, 65
ὥστε πάλιν ἡ ἐσχάτη μείωσις ἄχρι τοῦ ἐπιτρίτου
λόγου γίγνεται. τοσαῦτα περὶ μουσικῆς καὶ ἀριθμη-
τικῆς, ἀλλὰ καὶ τῆς σφαιρικῆς πρώτη ἐστίν. εἰ μὲν
γὰρ λάβῃς τὴν ἀκίνητον σφαῖραν, ἐπειδὴ τὸ ἀκίνη-
τον πρότερον τοῦ κινουμένου, ἐδείχθη δὲ περὶ μὲν τὸ 70
ἀκίνητον ἔχουσα ἡ γεωμετρία, περὶ δὲ τὸ κινούμενον
ἡ ἀστρονομία. εἰ προτέρα δέ ἐστιν ἡ γεωμετρία τῆς
ἀστρονομίας, ἡ δὲ ἀριθμητικὴ καὶ τῆς γεωμετρίας,
πολλῷ ἄρα καὶ τῆς ἀστρονομίας. ἄλλως τε πῶς δυνά-
μεθα τὰ διαστήματα τὰ πρὸς ἄλληλα τῶν ἀστέρων 75
εὑρεῖν, εἰ μὴ ἀριθμῷ; καὶ τί λέγω τὰ πρὸς ἄλληλα;
ὅπου γε οὐδὲ αὐτὰ καθ' αὑτά· τοὺς οὖν ἀναποδι-
σμοὺς καὶ προποδισμοὺς καὶ τὰς ἀνατολὰς καὶ δύσεις
καὶ τὰ τοιαῦτα ἐξ ἀριθμῶν γνωρίζομεν· ἀριθμὸς γὰρ

λβ = Philop. λβ, 19   λγ = Philop. λγ–λδ

λβ,1 = Nicom. III, 7.   λγ,1–2 = Nicom. IV, 1.

λγ. 2 ἐκμαθεῖν ΑΜ et Nicom. Cμ: ἐκμανθάνειν Nicom.
4 βαδίσομεν Α: βαδίσωμεν Μ
10 ἐπειδὴ Μ: ἐπεὶ δὲ Α ‖ μετρητικός (Philop.) et cf. lin. 12]
    μετρικός ΑΜ
13 τοὺς ἀριθμοὺς scripsi: τῶν ἀριθμῶν ΑΜ
16 τεκταίνεσθαι (Philop.)] τεκταίνουσιν ΑΜ
17 ἐργάζονται scripsi: ἐργάζεται ΑΜ
23 συναναιροῦν μέν (Philop.)] μὲν συναιροῦν ΑΜ
23–24 συναναιρούμενον Μ: συναιρούμενον Α
25 πρῶτον cf. p. 22 supra
28 ἀνήρηται (Philop.)] ἀναιρεῖται ΑΜ
30 ὁ Μ: om. Α
33 τὸ μοναχὲς καὶ διχὲς καὶ τριχές ΑΜ: τὸ μοναχῇ καὶ διχῇ καὶ
    τριχῇ Philop.

35–36 ἡ ἀριθμητική (Philop.)] om. ΑΜ
42–43 ἐν τῷ ε βιβλίῳ ὁ γεωμέτρης διαλέγεται Μ: ὁ γεωμέτρης
    διαλέγεται ἐν τῷ ε βιβλίῳ Α
46 προτέρα (Philop.)] πρότερον ΑΜ
49 γένοιντο (Philop.)] γένοιτο ΑΜ
50–53 ἡ μὲν ... τελειοτάτη ἐστί, sc. συμφωνία (cf. Nicom.,
    p. 11, 7–11 [Hoche]).
57–58 ὁ δὲ δ τοῦ β τὸ διπλάσιον Μ: ὁ δὲ δ τοῦ δ ὁ διπλάσιος Α
59 δι' ὃ scripsi: διὸ ΑΜ
61 ἆρα scripsi: ἄρα ΑΜ
68 πρώτη cf. p. 22 supra

80 θηρᾷ δι' ὃ νῦν οὖσα ἑσπερία ἡ Ἀφροδίτη μετ' ὀλίγον χρόνον ἔσται ἑῴα, καὶ ἐπὶ τῶν ἄλλων ὁμοίως. δέδεικται γὰρ ἄρα διὰ πάντων, ὡς προὔχει τῶν ἄλλων ἡ ἀριθμητική. ταῦτα οὖν βούλεται ἡμῖν ἡ παροῦσα θεωρία διηγήσασθαι.

λδ. ἐν τῇ τοῦ τεχνίτου θεοῦ. οὐχ ὅτι αὐτὸς τεχνίτης, ἀλλ' ὅτι πάντων τῶν τεχνιτῶν τοὺς λόγους αὐτὸς ἔχει.

λε. ὡς πρὸς προκέντημά τι. προκέντημά ἐστιν ⟨οἷον⟩ ὁ σκάριφος καὶ ἡ σκιαγραφία. ὥσπερ οὖν ἡμεῖς πρὸς ταῦτα βλέποντες τὰ σκιαγραφήματα ποιοῦμεν τόδε τι, οὕτω καὶ ὁ δημιουργὸς πρὸς ἐκεῖνον ἀποβλέπων 5 κοσμεῖ τὰ τῇδε· ἀλλ' ἰστέον ὅτι τὰ μὲν τῇδε σκιαγραφήματα ἀτελῆ εἰσιν, ἐκεῖνος δὲ ὁ λόγος ἀρχέτυπος.

λς. τὰ ἐκ τῆς ὕλης ἀποτελέσματα. πρὸς ἐκεῖνον ἀποτελέσματα, ὥστε ἐκεῖθεν παρήχθη καὶ ἡ ὕλη. εἰ γὰρ μὴ ἦν ἐκεῖθεν, οὐκ ἂν οὐδὲ ἐκοσμεῖτο· μὴ γὰρ οὖσαν αὐτὴν ἐκεῖθεν διὰ τί εἶχε κοσμεῖν;

λζ. καὶ ἐκ τοῦ ἐναντίου δέ. κἂν μὴ λάβῃς δὲ πρότερον τὸ πρεσβύτερον, ἀλλὰ τὸ ἐναντίον τὸ νεώτερον, εὑρήσεις ὅτι συνεισφέρεται αὐτῷ τὸ πρεσβύτερον, τῷ δὲ πρεσβυτέρῳ οὐκέτι τὸ νεώτερον συνεισφέρεται.

λη. καθάπερ τὸ μέγα τοῦ μείζονος. οὐχ ὅτι τὸ μέγα πρότερόν ἐστι τοῦ μείζονος, ἀλλ' ὅτι μέλλον μεῖζον λέγεσθαι σῶμα προϋποκεῖσθαι θέλει ⟨τὸ μέγα⟩, ἵνα οὕτω μεῖζον μέλλῃ εἶναι· ὡσαύτως καὶ ὁ μέλλων 5 πλουσιώτερος εἶναι, προϋπόκειται καὶ οὕτω πλούσιος, καὶ τὰ λοιπὰ ὁμοίως.

λθ. ἡ γὰρ κίνησις φύσει μετὰ τὴν μονήν. τὸ γὰρ ἀκίνητον τοῦ κινουμένου πρότερον· ἀλλὰ τὸ μὲν ἀκίνητον ἡ γεωμετρία ζητεῖ, τὸ δὲ κινούμενον ἡ ἀστρονομία. εἰ πρώτη οὖν ἡ γεωμετρία τῆς ἀστρονομίας, ἡ δὲ ἀρι-

λδ = Philop. λε	λε = Philop. λς	λς = Philop. λζ
λζ = Philop. λη	λη = Philop. λη	λθ = Philop. μ

λδ,1 = Nicom. IV, 2.	λε,1 = Nicom. IV, 2.

λς,1 = Nicom. IV, 2

λζ,1 = Nicom. IV, 3.	λη,1 = Nicom. V, 1.

λθ,1 = Nicom. V, 2

80 δι' ὃ M: διὸ A
λδ. 2 τοὺς λόγους αὐτὸς M: αὐτὸς τοὺς λόγους A
λε. 1 πρὸς Nicom.: ὥσπερ AM || προκέντημά τι Nicom.: προκέντηματι AM || οἷον scripsi: om. AM
λη. 1 καθάπερ τὸ μέγα Nicom.: καθάπερ οὐ τὸ μέγα AM
2 μέλλον M: τὸ μέλλον A || μεῖζον scripsi: μέγα AM
3 τοῦ μέγα (Philop.)] om. AM
5 πλουσιώτερος (Philop.)] πλουσιώτερος P² i. m.: πλούσιος AM
λθ. 4 πρώτη cf. p. 22 supra

θμητικὴ τῆς γεωμετρίας προὔχει, πολλῷ ἄρα ἡ ἀρι- 5 θμητικὴ προτέρα τῆς ἀστρονομίας.

μ. οὐδ' ὅτι δι' ἁρμονίας. οὐδὲ πάλιν διὰ τοῦτο μόνον προτέρα ἐστὶν ἡ ἀριθμητικὴ τῆς ἀστρονομίας, διὰ τὸ ἁρμονίαν τινὰ ἐμμελῆ ἔχειν πρὸς τὰ κινήματα τῶν ἄστρων, ζητοῦμεν γὰρ τὸν τῶν διαστημάτων αὐτῶν λόγον, ἀλλ' ὅτι καὶ αἱ ἀνατολαὶ καὶ δύσεις καὶ τὰ 5 λοιπὰ πάντα ταῖς τῶν ἀριθμῶν περιόδοις καὶ ταῖς ποσότησιν εὖ διαρθροῦνται. καλῶς οὖν, εἰδότες αὐτὴν προτέραν οὖσαν καὶ μητέρα καὶ τροφὸν τῶν ἄλλων, διδάσκομεν ταύτην πρὸ τῶν λοιπῶν.

μα. πάντα τὰ κατὰ τεχνικὴν διέξοδον. εἰρηκὼς ὅτι διὰ τῶν δ μαθημάτων φερόμεθα ἐπὶ τὸ τέλος τῆς φιλοσοφίας, δείξας δὲ καὶ ὅτι ἡ ἀριθμητικὴ φύσει προτέρα τῶν ἄλλων, νῦν ἐπ' αὐτὸ τὸ προκείμενον ἔρχεται, ἐπὶ τὸν ἀριθμόν φημι, ὃν βουλόμεθα κατορθῶσαι. λέγει 5 τοίνυν ὅτι ἐξ ἀρχῆς παρὰ τῷ δημιουργῷ ἐστιν ὁ ἀριθμός, εἴ γε τὰ εἴδη εἰσὶν ἐκεῖ ἀναλογοῦντα τῷ ἀριθμῷ, ὡς ἀριθμητικὰ καὶ περιοριστικὰ πάντων· καὶ ὁ κόσμος οὖν κατὰ ἀριθμὸν γέγονε· περιοριστικὸς γὰρ καὶ μετρητικὸς πάντων. ἐξ ἐκείνου τοίνυν τοῦ 10 νοητοῦ γέγονεν ὁ διανοητὸς ἀριθμὸς ἐν τῇ ἡμετέρᾳ ψυχῇ. ἐπεὶ τοίνυν σύνθετός ἐστιν οὗτος (οὐ γὰρ ἁπλοῦς τυγχάνει), σύγκειται ἄρα ἐξ ὄντων καὶ ὁμογενῶν καὶ ἐναντίων· πᾶν γὰρ τὸ συντιθέμενον ἐξ ὄντων σύγκειται καὶ ὁμογενῶν καὶ ἐναντίων· ἐκ μὲν γὰρ μὴ 15 ὄντων οὐδὲν σύγκειται· ἀλλ' οὐδὲ ἐξ ὁμογενῶν μέν, μὴ διαφόρων δέ, οὕτω γοῦν ἐκ δύο βαρέων χορδῶν ἁρμονία οὐ γίνεται. οὐδὲ ἐκ δύο ὑδατίνων στοιχείων· ἀλλ' οὐδὲ ἐκ διαφόρων μὴ ὄντων ἐναντίων, οὕτως οὖν ἐκ λευκοῦ καὶ θερμοῦ ἢ ἐκ λευκοῦ καὶ γλυκέος 20 οὐδὲν γίνεται· ἀλλ' ἐξ ἐναντίων καὶ ὁμογενῶν πάντων, οἷον ἐκ λευκοῦ καὶ μέλανος τὸ φαιόν, καὶ ἐκ θερμοῦ καὶ ψυχροῦ τὸ σύμμετρον, εἰ τύχοι. ὅτι δὲ ἡ ἁρμονία ἐξ ἐναντίων σύγκειται, οἱ Πυθαγόρειοι δηλοῦσι· φασὶ γὰρ ὅτι ἁρμονία ἐστὶ πολυμιγέων καὶ 25 δίχα φρονεόντων ἕνωσις. κἀνταῦθα τοίνυν ὁ ἀριθμὸς ἐξ ὁμογενῶν καὶ ἐναντίων συναρμόζεται, ἐξ ἀρτίου λέγω καὶ περιττοῦ· ταῦτα τοίνυν αὐτοῦ τὰ πρῶτα εἴδη. αὐτῶν δὲ τούτων εἰσὶν ἄλλα εἴδη· τοῦ μὲν ἀρτίου τὸ ἀρτιάκις ἄρτιον καὶ τὸ ἀρτιοπέριττον καὶ τὸ 30 περισσάρτιον, τοῦ δὲ περιττοῦ τὸ πρῶτον καὶ ἀσύνθετον, καὶ τὸ δεύτερον καὶ σύνθετον, καὶ τὸ ἐν μέσῳ τούτων· τί δέ ἐστιν ἕκαστον τούτων, μαθησόμεθα. ζη-

μ = Philop. μα	μα = Philop. μβ

μ,1 = Nicom. V, 2.	μα,1 = Nicom. VI, 1

μ. 1 δι' ἁρμονίας AM: ἁρμονίας Nicom.
7 διαρθροῦνται M: διαβροῦνται A
μα. 5 ὃν M: οἷον A || βουλόμεθα M et A² (ο sup. ω): βουλώμεθα A
23 ψυχροῦ M: ἐκ ψυχροῦ A
24 Πυθαγόρειοι scripsi: Πυθαγόριοι AM

τεῖ δὲ αὐτῶν καὶ τὴν οὐσίαν καὶ τί αὐτοῖς παρακολου-
35 θεῖ, καὶ τὸν τρόπον τῆς γενέσεως· πρόσεπι τούτοις
δὲ δεῖξαι γραμμικαῖς ἀνάγκαις ὅτι φύσει προτέρα
ἐστὶν ἡ μονὰς καὶ ἀρχὴ τῶν ἀριθμῶν. παραδώσει δὲ
καὶ τοὺς ὁρισμοὺς τοῦ τε ἀρτίου καὶ τοῦ περιττοῦ,
πρῶτον μὲν τοὺς δημώδεις καὶ τοὺς πολυθρυλλήτους,
40 εἶτα δὲ καὶ τοὺς κατὰ Πυθαγόραν. ταῦτα διὰ τῆς
παρούσης θεωρίας μαθησόμεθα.

μβ. βεβαιουμένου. ἀντὶ τοῦ κρατυνομένου τοῦ διανοη-
τοῦ ἀριθμοῦ ὑπὸ [τὸν] τοῦ παραδείγματος λόγον
καὶ προχαράγματος ἐπέχοντος νοητοῦ ἀριθμοῦ· ὁ
γὰρ νοητὸς ἀριθμὸς παράδειγμά ἐστι, προϋποστὰς
5 ἐν τῇ τοῦ θεοῦ διανοίᾳ, οὗτος δὲ εἰκὼν ἐκείνου τυγχά-
νει.

μγ. οὐσίαν μέντοι τὴν ὄντως. ἐκεῖνος γὰρ μόνος ἀεὶ καὶ
ὡσαύτως ἔχει. τῷ δὲ εἰπεῖν νοητὸν αὐτὸν μόνον
οὐδὲν ἄλλο σημαίνει ἢ αὐτόχρημα νοητὸν καὶ ἄϋλον
τυγχάνοντα.

μδ. ἐξελιγμοί. ἀντὶ τοῦ περίοδοι· ταῦτα γὰρ πάντα
καὶ ὁ οὐρανὸς καὶ ὁ χρόνος καὶ ἄστρα ἐξ ἐκείνων τῶν
λόγων προῆλθον. Ἀμέλιος δέ, οὐκ οἶδα πόθεν ὁρμη-
θείς, καὶ τῶν κακῶν οἴεται λόγους εἶναι παρὰ τῷ δη-
5 μιουργῷ.

με. καὶ αὐτὸν ⟨τὸν⟩ ἐπιστημονικόν. ἀντὶ τοῦ τὸν δια-
νοητόν.

μς. ἄλογα δὲ πρὸς ἄλληλα. λόγον ἐναντιότητος πρὸς
ἄλληλα μὴ ἔχοντα.

μζ. οὐσίαν τε ἔχοντα τὴν τῆς ποσότητος. καὶ γὰρ τὸ
περιττὸν ποσὸν καὶ τὸ ἄρτιον.

μη. καὶ ἐναλλὰξ ὑπὸ θαυμαστῆς. τοσαύτην τάξιν, φη-
σίν, ἔχουσιν ὅτι θείως ἥνωνται ἐναλλάξ. ὅτι εἰς παρ'
ἕνα ἀριθμὸς ἄρτιος καὶ περιττός ἐστιν, ἑνώσεως καὶ
συνεχείας φυλαττομένης, οἷον ὁ β ἄρτιος, ὁ γ περιτ-
τός, ὁ δ ἄρτιος, ὁ ε περιττός, ὁ ς ἄρτιος, ὁ ζ περιττός, 5
ὁ η ἄρτιος, ὁ θ περιττός, ὁ ι ἄρτιος, καὶ ἑξῆς ὁμοίως.

μθ. ἁπλῶς γὰρ ἀριθμός ἐστιν. ὁρίζεται τὸν ἀριθμὸν καὶ
λέγει ὅτι ἀριθμός ἐστι σύστημα καὶ πλῆθος μονάδων
καὶ χύμα ποσότητος ἐκ μονάδων συγκείμενον.

ν. ἔστι δὲ ἄρτιον μέν. τέως τοὺς δημώδεις λέγει καὶ
φησιν ὅτι ἄρτιός ἐστιν ὁ εἰς δύο ἴσα διαιρούμενος,
ἑτέρας μονάδος ἐν τῷ μέσῳ μὴ παρεμπιπτούσης, περ-
ιττὸς δέ ἐστιν ὁ μὴ εἰς δύο ἴσα διαιρούμενος διὰ τὴν
ἐν μέσῳ, ὡς εἴρηται, μονάδα. ὁρισάμενος οὕτω λέγει 5
λοιπὸν β μὲν Πυθαγορείους ἑνὸς [ἐστὶ τοῦ ἀρτίου καὶ
περιττοῦ] ἑκάστου δρους, ἕνα δὲ ἐκ τῆς πρὸς ἄλληλα
αὐτῶν σχέσεως. | ἄρτιος τοίνυν ἐστὶν ὁ τὴν εἰς τὰ μέγιστα
καὶ εἰς τὰ ἐλάχιστα κατὰ ταὐτὸ τομὴν ἐπιδεχόμενος, μέγι-
στα μὲν πηλικότητι, ἐλάχιστα δὲ ποσότητι. οἷον ὁ η διαι- 10
ρεῖται εἰς δύο μέρη, ὁ καὶ δ· ἰδοὺ κατὰ ταὐτό, κατὰ
τὰ δ λέγω, καὶ μεγίστην καὶ ἐλαχίστην τομὴν ἀνεδέ-
ξατο· τὰ μὲν γὰρ δ μεγίστη ἐστὶ τομή, εἰς ἄλλην γὰρ
μείζονα τομὴν ὁ η δίχα διαιρεθῆναι οὐ δύναται.
ἐλαχίστη δὲ τομή ἐστιν ὁ β ἀριθμός· εἰς δύο γὰρ μέρη 15
διηρέθη, ἃ δύο ἐλάχιστά εἰσι· μετὰ γὰρ τὰ β οὐκ
ἔστιν ἄλλος ἀριθμός.

να. κατὰ τὴν φυσικὴν τῶν δύο τούτων γενῶν ἀντιπεπόν-
θησιν. τὰ γὰρ δύο ταῦτα, τό τε πηλίκον καὶ τὸ ποσόν,

μη = Philop. να	μθ = Philop. νβ–νγ
ν = Philop. νδ–νε	να = Philop. νς
μη,1 = Nicom. VI, 4.	μθ,1 = Nicom .VII, 1.
ν,1 = Nicom. VII, 2.	8–10 = Nicom. VII, 3.
να,1 = Nicom. VII, 3.	

μη. 4 οἷον M: οἱ A
μθ. 1 ἁπλῶς γὰρ ἀριθμός ἐστιν ΑΜ et Nicom. SH: ἀριθμός ἐστι Nicom.
2 ὅτι ... μονάδων M: ὅτι σύστημα καὶ πλῆθός ἐστι μονάδων A
ν. 3 ἐν τῷ μέσῳ M: μεσῇς A
5 ὁρισάμενος M: ὁρισάμενους A
6–7 ἐστὶ τοῦ ἀρτίου καὶ περιττοῦ M (in quo postea deleta sunt
τοῦ ἀρτίου καὶ περιττοῦ): τοῦ ἀρτίου καὶ περιττοῦ A
9 κατὰ ταὐτό M: κατ' αὐτό A || τομὴν M: τὸ μὲν Α: τομὶν aut
τομὴν corr. A²
10 μὲν A: δὲ M
10–11 διαιρεῖται M: om. A
11 κατὰ ταὐτό M: κατ' αὐτό A
11–12 κατὰ τὰ M: καὶ τὰ A
12–13 ἀνεδέξατο M: ἀνεδέξαντο A
16 διηρέθη A: διαιρέθη M
να. 1 κατὰ τὴν φυσικὴν ΑΜ, Philop., Nic. CSH: κατὰ φυσικὴν
Nicom. || τῶν δύο τούτων γενῶν A et Nicom.: τῶν δύο
γενῶν τούτων M

μβ = Philop. μγ	μγ = Philop. μδ	μδ = Philop. με
με = Philop. μς	μς = Philop. μθ	μζ = Philop. ν

μβ,1 = Nicom. VI, 1.	μγ,1 = Nicom. VI, 1.
μδ,1 = Nicom. VI, 1.	με,1 = Nicom. VI. 2
μς,1 = Nicom. VI, 3.	μζ,1 = Nicom. VI, 4.

34 αὐτῶν (Philop.)] αὐτὸν ΑΜ || αὐτοῖς M: αὐτῶν A
38 τοὺς M: αὐτοὺς τοὺς A
39 δημώδεις (Philop.)] βαλλώδεις ΑΜ || πολυθρυλλήτους (Phi-
lop.)] περιθρυλλήτους ΑΜ
μβ. 1–2 διανοητοῦ scripsi: δὲ νοητοῦ ΑΜ
2 Cf. Philop. μγ, 1–2
μδ. 2 ἐξ M: δὲ ἐξ A
με. 1 καὶ αὐτὸν τὸν Nicom. Cμ: καὶ αὐτὸν ΑΜ: τὸν Nicom.
μς. 2 ἔχοντα M: ἔχοντα οὐσίαν A

ἀντιπεπονθότως ἔχουσι· τὸ μὲν γὰρ πηλίκον, ὅ ἐστι
τὸ μέγεθος, ἐπὶ τὸ ἐλάχιστον αὔξεται· ἐπ' ἄπειρον
5 γὰρ διαιρετὸν τὸ μέγεθος. τὸ δὲ ποσόν (ἀντὶ τοῦ ὁ
ἀριθμός) ἐπὶ τὸ μεῖζον αὔξεται· ὁ γὰρ ἀριθμὸς ἀεὶ
πρόσθεσιν λαμβάνει.

νβ. περισσὸς δὲ ὁ μὴ δυνάμενος τοῦτο παθεῖν. ἐξ ἀπο-
φάσεως ὁρίζεται τὸν περιττόν· περιττὸς γάρ ἐστιν ὁ
μὴ πάσχων ὅπερ ὁ ἄρτιος· εἰς ἄνισα γὰρ τέμνεται β.

νγ. ἑτέρῳ δὲ τρόπῳ κατὰ τὸν παλαιόν. ἄλλος τρόπος
ὅρου· παλαιὸν δὲ ὅρον λέγει τὸν Πυθαγόρειον. ἄρτιος
οὖν ἐστιν ὁ καὶ εἰς ἴσα δύο καὶ εἰς ἄνισα δύο τμηθῆναι
δυνάμενος, οἷον ὁ η καὶ εἰς δύο ἴσα διαιρεῖται, εἰς δ
5 καὶ δ, καὶ εἰς δύο ἄνισα, οἷον ϛ καὶ β, καὶ ε καὶ γ, καὶ ζ
καὶ α. πᾶς οὖν ἄρτιος οὕτω διαιρεῖται, χωρὶς τῆς
ἀρχοειδοῦς δυάδος· ἡ γὰρ δυὰς καὶ ἀρτία οὖσα μόνον
εἰς ἴσα διαιρεῖται, εἰς δύο μονάδας· ἀρχοειδῆ δὲ ταύτην
εἶπεν ὡς ἀρχὴν ἀριθμῶν. ὁ δὲ περιττὸς ἀεὶ εἰς ἄνισα
10 διαιρεῖται, οἷον ὁ ε εἰς ἴσα οὐ δύναται διαιρεθῆναι,
ἀλλ' εἰς ἄνισα, εἰς δ καὶ α, εἰς γ καὶ β. ἰστέον τοίνυν
ὅτι κατὰ τοῦτο κοινωνοῦσιν ὅ τε ἄρτιος καὶ ⟨ὁ⟩ πε-
ριττός· καὶ γὰρ ὁ ἄρτιος, καὶ εἰς ἄνισα, ὡς εἴρηται,
διαιρεῖται. τί οὖν, κατὰ τοῦτο οἱ αὐτοί εἰσιν; οὔ
15 φαμεν, διὸ καὶ κατὰ τοῦτο ἐστι διαφορά· ὁ μὲν γὰρ
ἄρτιος εἰς ἄνισα διαιρούμενος ὁμοειδεῖς τοὺς ἀνίσους
ποιεῖται, ⟨οἷον ὁ η⟩ εἰς ε καὶ γ· ἰδού, ἀμφότεροι περιτ-
τοί· ὡσαύτως καὶ ἐπὶ τῶν ἄλλων πάντων. ὁ μέντοι
περιττὸς οὐδέποτε ὁμοειδεῖς τοὺς ἀνίσους ποιεῖ, οἷον
20 ὁ θ διαιρεῖται εἰς ϛ καὶ γ· ἰδού ἀνομοειδεῖς· ὁ μὲν γὰρ
ἄρτιος, ὁ δὲ περιττός. ὡσαύτως καὶ εἰς ζ καὶ [εἰς] β,
καὶ η καὶ α, καὶ ἐπὶ πάντων ὡσαύτως.

νδ. θάτερον δὲ διχοτόμημα. δέχεται τὸ ἴσον, οὐκέτι τὸ
ἄνισον. **καὶ ἐν ᾗτινι οὖν τομῇ.** καὶ ἐν τῇ τομῇ τὸ εἰς
ἴσα μόνον τμῆμα παρεμφαίνει· εἰς μονάδα γὰρ μόνον
διαιρεῖται ἡ δυάς, ἀμέτοχος οὖσα τοῦ λοιποῦ τμή-
5 ματος, ὅ ἐστι τοῦ ἀνίσου.

νε. ἀμφότερα ἅμα ἐμφαίνων. τό τε ἄρτιον καὶ τὸ πε-
ριττόν, ἀντὶ τοῦ ἀνομοειδῆ ποιῶν τὰ οὐδέποτε ὁμο-
ειδῆ· τοῦτο γάρ ἐστι τὸ οὐδέποτε ἄκρατα ἀλλήλων,
οὐδὲ γὰρ ἄρτια μόνα ποιεῖ τὰ ἄκρατα οὐδὲ περιττά,
ἀλλὰ ἅμα τὸ μὲν ἄρτιον τὸ δὲ περιττόν. 5

νϛ. ἐν δὲ τῷ δι' ἀλλήλων ὅρῳ περισσός ἐστιν. ἰδοὺ ὁ ἐκ
τῆς σχέσεως ὅρος. περισσός ἐστιν ὁ μονάδι ἐφ' ἑκάτερα
διαφέρων ἀρτίου, ὅ ἐστιν ἐπὶ τὸ μεῖζον καὶ τὸ ἔλαττον
τοῦ ἀρτίου, οἷον ὁ ζ ἐφ' ἑκάτερα μονάδι διαφέρει τοῦ
ἀρτίου, ἐπὶ μὲν τὸ ἔτερον μέρος, τὸ μεῖζον, τῇ ὀκτάδι· 5
μετὰ γὰρ τὸν ζ η ἐστιν, ὅς ἐστιν ἄρτιος. ἐπὶ δὲ τὸ
ἔτερον, τὸ ἔλαττον, τῇ ἑξάδι· πρὸ γὰρ τοῦ ζ ὁ ϛ, ὅς
ἄρτιος· μονάδι οὖν διαφέρει τοῦ ἀρτίου. ὡσαύτως καὶ
ὁ ἄρτιος ἐφ' ἑκάτερα τὰ μέρη μονάδι διαφέρει τοῦ
περιττοῦ, οἷον ϛ ἐπὶ μὲν τὸ μεῖζον τῇ ἑπτάδι, ἐπὶ δὲ 10
τὸ ἔλαττον τῇ πεντάδι. ἄρτιος ϛ ἐλάττων, περιττὸς ζ
[ἐλάττων], ἄρτιος η μείζων, περιττὸς ε ἐλάττων, ἄρ-
τιος ϛ, περιττὸς ζ μείζων.

νζ. πᾶς ἀριθμός. ἐντεῦθεν ἀναγκαστικῶς πάνυ καὶ
θείως βούλεται δεῖξαι ὅτι φύσει ἀρχή ἐστιν ἡ μονὰς
τῶν ἀριθμῶν· λέγει γὰρ οὕτω· πᾶς ἀριθμὸς τῶν παρ'
ἑκάτερα ἅμα συντεθέντων ἥμισύς ἐστιν· οἷον εἰλήφθω
ὁ ι παραδείγματος χάριν· τούτου παρ' ἑκάτερα ἔστιν 5
ὅ τε θ καὶ ὁ ια, ἃ σύνθες, τὸν θ καὶ τὸν ια, καὶ γίνον-
ται κ· ἥμισυς ἄρα τῶν κ ὁ ι. ὁμοίως καὶ ἐπὶ πάντων·
οἷον τοῦ η παρ' ἑκάτερα ζ καὶ θ· σύνθες τοὺς δύο,
καὶ γίνονται ιϛ· τούτων ἥμισυς ὁ η. οὐ μόνον δὲ τῶν
παρ' ἑκάτερα συντιθεμένων ἥμισυς εὑρίσκεται, ἀλλὰ 10
καὶ τῶν ὑπὲρ ἕνα ἑκατέρωθεν· οἷον ⟨ὁ ι⟩ οὐ μόνον
τοῦ θ καὶ τοῦ ια, ἀλλὰ καὶ τῶν ἑκατέρωθεν τούτων,
οἷον τοῦ η καὶ τοῦ ιβ· σύνθες γὰρ τούτους, καὶ γίνον-
ται πάλιν κ, καὶ ἥμισυ τούτων ι. ὡσαύτως καὶ τῶν
ἑκατέρωθεν τούτων, ζ καὶ ιγ, καὶ ἔτι ϛ καὶ ιδ, καὶ ε 15
καὶ ιε, καὶ δ καὶ ιϛ, καὶ γ καὶ ιζ, καὶ β καὶ ιη, καὶ α καὶ
ιθ. ἐπὶ μέντοι τῆς μονάδος οὐκέτι τοῦτο, ἀλλὰ τοῦ
μὲν μετ' αὐτὴν ἀριθμοῦ, ὅ ἐστι τοῦ β, ἥμισυ γίνεται·

νβ = Philop. νζ   νγ = Philop. νη

νδ = Philop. νθ

νβ,1 = Nicom. VII, 3.   νγ,1 = Nicom. VII, 4.

νδ,1 = Nicom. VII, 4.   2 = Nicom. VII, 4.

---

3 ἀντιπεπονθότως A: ἀντιπεπονθότος M
νγ. 1 τὸν AM: τὸ Nicom.
12 alt. ὁ (Philop.)] om. AM
17 οἷον ὁ η (Philop.)] om. AM
νδ. 1 δὲ AM: τὸ Nicom.
2 Cf. n. ad loc.

νε = Philop. ξ   νϛ = Philop. ξα

νζ = Philop. ξβ

νε,1 = Nicom. VII, 4.   νϛ,1 = Nicom. VII, 5

νζ,1 = Nicom. VIII, 1.

νε. 2 τὰ AM: καὶ Philop.
3 ἄκρατα ἀλλήλων M: ἄκρα τῶν ἀλλήλων A
5 ἀλλὰ ἅμα M: ἀλλὰ καὶ ἅμα A
νϛ. 3 ἀρτίου (Philop.)] περιττοῦ AM ‖ ἐπὶ (Philop.)] περὶ AM
νζ. 3 γὰρ M: om. A
6 ὅ τε A: ὁ τε ὁ M
6–7 γίνονται M: γίνεται A
9 ιϛ A: ϛ M
11 ὁ ι (Philop.)] om. AM
15 ε A: θ M
18 αὐτὴν (Philop.)] αὐτὸν AM ‖ ἀριθμοῦ M: ἀριθμὸν A

οὐδένα δὲ ἔχει πρὸ αὑτῆς, ἵνα ἐκ τῆς ἑκατέρων συνθέ-
20 σεως γένηται ἡμίσεια· ὥστε δέδεικται ὡς οὐδένα
ἀριθμὸν ἔχει πρὸ αὑτῆς, ἀλλὰ φύσει ἀρχή ἐστιν ἡ
μονὰς καὶ ἀδιαίρετος. γίνωσκε οὖν ὅτι οὐδέποτε
⟨διαιρεῖται⟩ μονάς, ἢ μονάς ἐστιν· ἀλλ' ὅταν λέγωμεν
αὐτὴν διαιρεῖσθαι, τὸ μέγεθός ἐστι τὸ διαιρούμενον,
25 ὅθεν πάλιν ἡ διαίρεσις δύο ἀδιαιρέτους μονάδας ἐρ-
γάζεται.

νη. καθ' ὑποδιαίρεσιν δὲ τοῦ ἀρτίου. εἰρήκαμεν, ὅτι
προῄρηται εἰπεῖν, ὅτι τε φύσει ἐστὶ πρώτη ἡ μονάς,
καὶ τὴν οὐσίαν τοῦ ἀρτίου καὶ τοῦ περιττοῦ
καὶ τὸν τρόπον τῆς γενέσεως αὐτῶν καὶ τὰ πα-
5 ρακολουθήματα. εἰρηκὼς τοίνυν περὶ τῆς μονά-
δος καὶ περὶ τοῦ ἀρτίου καὶ τοῦ περιττοῦ νῦν
ὑποδιαιρεῖ τούτους εἰς ἕτερα εἴδη καὶ λέγει ὅτι
τοῦ μὲν ἀρτίου γ εἰσὶν εἴδη, τὸ ἀρτιάκις ἄρτιον
καὶ τὸ περισσάρτιον καὶ τὸ ἀρτιοπέριττον· τοῦ δὲ
10 περιττοῦ καὶ αὐτοῦ γ, τὸ μὲν πρῶτον καὶ ἀσύνθετον,
τὸ δὲ δεύτερον καὶ σύνθετον, τὸ δὲ τρίτον πρὸς μὲν
ἑαυτὸ σύνθετον καὶ δεύτερον πρὸς δὲ ἄλλο πρῶτον
καὶ ἀσύνθετον. εἰ δοκεῖ τοίνυν ἐξηγησόμεθα αὐτά.
ὁ ἀρτιάκις ἄρτιος ἀριθμός ἐστιν ὁ ἄχρι μονάδος τὴν
15 εἰς δίχα διαίρεσιν δεχόμενος, οἷον ὁ ξδ· ἥμισυ γὰρ
τούτων λβ, καὶ ἥμισυ τούτων ις, καὶ τούτων η, καὶ
τῶν η δ, καὶ τῶν δ β, καὶ τῶν β α· ἡ δὲ μονὰς λοιπὴν
ἀδιαίρετος. ἀρτιάκις μὲν ἄρτιός ἐστιν ⟨οὗτος⟩. ἀρτιο-
πέριττος δὲ ὁ ἀντικείμενος τούτῳ ὁ μίαν μόνην διαί-
20 ρεσιν δεχόμενος καὶ λοιπὸν ἀδιαίρετος μένων ἢ πε-
ριττὸν ποιῶν· οἷον ὁ ιδ· ἥμισυ γὰρ τούτων ζ· ἰδού,
ἐδέξατο μίαν διαίρεσιν, οὐκέτι δὲ ὁ ζ ἐπιδέχεται ἑτέ-
ραν, ἐπειδὴ περιττός· ἐναντίος οὖν τῷ ἀρτιάκις ἀρτίῳ
διότι ἐκεῖνος μὲν ἄχρι μονάδος διαιρεῖται, οὗτος δὲ
25 μίαν μόνην διχοτομίαν καὶ οὐκέτι ἄλλην τομὴν δέχε-
ται. ἀρτιοπέριττος δὲ καλεῖται ὡς ἔχων πολὺ τὸ πε-
ριττὸν καὶ πλεονάζων τῷ περιττῷ. περισσάρτιος δέ
ἐστιν ὁ ἐν μέσῳ τῶν δύο τούτων· οὐδὲ γὰρ ἄχρι μο-
νάδος διαιρεῖται, οὐδὲ μίαν μόνην τομὴν ἐπιδέχεται,
30 ἀλλὰ δύο ἢ καὶ πλείους, οἷον ὁ κδ· ἥμισυ γὰρ ιβ, καὶ
τούτων ς, καὶ τῶν ς γ· τούτων δὲ οὐκέτι. περισσάρ-

τιος δὲ καλεῖται ὡς ἔχων πλεονάζον τὸ ἄρτιον· ταῦτα
περὶ τούτων. ἔλθωμεν λοιπὸν ἐπὶ τὰ τοῦ περιττοῦ
εἴδη· πρῶτον εἶδος ὅ ἐστι πρῶτόν τε καὶ ἀσύνθετον·
πρῶτον δὲ καὶ ἀσύνθετόν ἐστι τὸ μονάδι μόνον με- 35
τρούμενον κοινῷ μέτρῳ· οἷον ὁ ε ἀριθμὸς πρῶτος
καὶ ἀσύνθετος· οὐ συντίθησι γὰρ αὐτὸν ἕτερος, εἰ μὴ
ἡ μονάς· πεντάκι γὰρ μία ε· ὡσαύτως καὶ ὁ γ καὶ ὁ ιζ
καὶ ὁ ιθ καὶ οἱ τοιοῦτοι. δεύτερος δὲ καὶ σύνθετός
ἐστιν ὁ θ· οὗτος γὰρ μετρεῖται μὲν καὶ ὑπὸ τῆς μονά- 40
δος· ἅπαξ γὰρ θ, θ· ἀλλὰ καὶ ὑπὸ ἄλλων συντίθεται·
γ γὰρ τρεῖς θ· καὶ ὁ κε· ἅπαξ γὰρ κε, ἀλλὰ καὶ πεν-
τάκις ε κε. ἔτι δὲ καθ' ἑαυτὸν μὲν σύνθετος, πρὸς ἄλλον
δὲ ἀσύνθετος, ὁ θ καὶ κε· οὗτοι γὰρ καθ' ἑαυτοὺς μὲν
σύνθετοι (τρὶς μὲν γὰρ τρεῖς θ, ἀλλὰ καὶ πεντάκις ε 45
κε), πρὸς δὲ ἀλλήλους ἀσύνθετοι (ὁ γὰρ θ τρὶς τρεῖς
ἐστι καὶ οὐκ ἔχει ἐν ἑαυτῷ τὸν ε· ὁ δὲ κε πεντάκις ε
ἐστι καὶ τὸν γ οὐδαμοῦ ἔχει)· οὐδεὶς οὖν ἔχει τοῦ
ἑτέρου μέρος. ταῦτά ἐστιν ἃ βούλεται διὰ τούτων
διδάξαι. 50

νθ. κατὰ τὴν τοῦ γένους φύσιν. κατὰ τὴν τοῦ ἀρτίου·
καὶ γὰρ ὁ ἄρτιος διαιρεῖται δίχα, ἀλλ' οὐκ ἄχρι μο-
νάδος, ὡς ἀρτιάκις ἄρτιος. | **παρακολουθεῖ δὲ αὐτῷ.**
βούλεται εἰπεῖν, τί παρακολουθεῖ τῷ ἀρτιάκις ἀρτίῳ·
ἀλλὰ πρότερον ἐξηγησόμεθα τὰς ἀσαφεῖς λέξεις, ἵνα 5
σαφὲς ἡμῖν γένηται τὸ λεγόμενον. ἀρτιώνυμον καλεῖ
τὸ μέρος, δύναμιν δὲ τοὺς ἀριθμούς. οἷον τί λέγω;
τὸ τέταρτον παρώνυμόν ἐστιν· ἀπὸ γὰρ τοῦ δ ἀριθ-
μοῦ γέγονε τὸ τέταρτον· καὶ ἀπὸ τοῦ η ὄγδοον· καὶ
ἐπὶ τῶν λοιπῶν ὁμοίως. αὐτὸς δὲ ὁ δ ἀριθμὸς καὶ ὁ η 10
καὶ οἱ λοιποὶ δυνάμεις καλοῦνται τούτων οὕτως εἰρη-
μένων. ἰστέον ὅτι ἐπὶ τῶν ἀρτιάκις ἀρτίων παρακο-
λουθεῖ τὸ καὶ τὰ μέρη καὶ τὰς δυνάμεις ἀρτιάκις ἄρτια
εἶναι· οἷον ὁ ξδ ὑποκείσθω ἀριθμός· τούτου φημὶ τὸ
τέταρτον ις· ἰδοὺ τὸ μὲν τέταρτον μέρος ὁ ις δύναμις, 15
ἀλλὰ καὶ τὸ μέρος, ὅ ἐστι τὸ δ, ἀρτιάκις ἄρτιος· ἄχρι
γὰρ μονάδος διαιρεῖται· καὶ ὁ ις δέ, ἀρτιάκις ἄρτιος·
καὶ γὰρ αὐτὸς ἕως μονάδος. ἰστέον δέ, ὅτι εἴπωμεν,
ὅτι ἑκκαιδέκατον τῶν ξδ δ εἰσί· τὸ μὲν ις μέρος ποιοῦ-
μεν, τὸν δὲ δ ἀριθμὸν δύναμιν. 20

νη = Philop. ξγ, ξδ

νη,1 = Nicom. VIII, 3.

23 διαιρεῖται (Philop.)] om. ΑΜ
νη. 2 προῄρηται (Philop.)] προείρηται ΑΜ
3 pr. καὶ Α: καὶ ὁ Μ
10 καὶ αὐτοῦ γ Μ: καὶ αὐτοῦ γ εἰσὶν εἴδη Α || τὸ μὲν Μ: om. Α
11 πρὸς (Philop.)] πρῶτον ΑΜ
16 καὶ τούτων η Α: καὶ ὁ τούτων η Μ
17 καὶ τῶν δ β Μ: καὶ τῶν δ β καὶ τῶν δ β Α || ἡ δὲ μονὰς Μ:
εἰ δὲ ἡ μονὰς Α
18 οὗτος (Philop.)] om. ΑΜ
23 ἀρτίῳ Α: om. Μ
25 μίαν μόνην Α: μόνην μίαν Μ
30 pr. καὶ Μ: om. Α

νθ = Philop. ξε, ξϛ

νθ,1 = Nicom. VIII, 4.   3 = Nicom. VIII, 6.

32 ἔχων Μ: ἔχον Α
39 σύνθετός Μ: ἀσύνθετος Α
43-44 πρὸς ἄλλον δὲ Μ: πρὸς δὲ ἄλλον Α
46 ἀλλήλους scripsi: ἄλλους ΑΜ
48 οὐδαμοῦ ἔχει Μ: οὐδαμῶς ἔχειν Α
νθ. 5 ἐξηγησώμεθα Μ: ἐξηγησόμεθα Α
8 δ scripsi: τετάρτου ΑΜ
9 τὸ δ Α: om. Μ
16 τὸ δ Α: ὁ δ Μ
20 δ Μ: τέταρτον Α

ξ. μηδέποτε δὲ ἑτέρῳ γένει κοινωνεῖν. οὐδέποτε γὰρ ἢ τὸ μέρος ἢ ἡ δύναμις ὑπὸ ἕτερον γένος ἀνάγεται· ἀντὶ τοῦ ὑπὸ περιττόν· οὐ γὰρ περιττός ποτε εὑρεθήσεται, ἀλλὰ πάντως ἀρτιάκις ἄρτιος.

ξα. μήτι δὲ ἄρα καὶ παρὰ τοῦτο. Πυθαγορικῶς φησιν ὅτι μὴ ἄρα καὶ διὰ τοῦτο ἀρτιάκις ἄρτιός ἐστιν, ὅτι καὶ κατὰ μέρος αὐτοῦ ἀρτιάκις ἄρτια, καὶ τῶν μερῶν τὰ μέρη ἄχρι μονάδος. ἐντεῦθεν τοίνυν ἐλέγχεται ὁ
5 Εὐκλείδης κακῶς ὁρισάμενος ἐν τῷ ἑβδόμῳ βιβλίῳ τὸν ἀρτιάκις ἄρτιον ἀριθμόν· φησὶ γὰρ ὅτι ὁ ἀρτιά-κις ἄρτιος ἀριθμός ἐστιν ὁ ὑπὸ ἀρτίου ἀριθμοῦ με-τρούμενος κατὰ ἄρτιον ἀριθμόν. τούτῳ γὰρ τῷ λόγῳ καὶ οἱ ἄρτιοι μόνως καὶ μὴ ὄντες ἀρτιάκις ἄρτιοι,
10 ἀρτιάκις ἄρτιοι εὑρεθήσονται· οἷον ὁ κδ οὐκ ἔστιν ἀρτιάκις ἄρτιος, ἐπειδὴ ἄχρι μονάδος οὐ διαιρεῖται, κατ' Εὐκλείδην δὲ εὑρεθήσεται ἀρτιάκις ἄρτιος· ἰδοὺ γὰρ μετρεῖται ὑπὸ τοῦ δ, ἀρτίου [τοῦ] ὄντος, κατὰ ἄρτιον ἀριθμὸν τὸν ς· τετράκις γὰρ ς κδ· ὥστε κακῶς
15 ὡρίσατο.

ξβ. ὀνόματί τε καὶ δυνάμει. ἀντὶ τοῦ μέρει τε καὶ ἀριθμῷ· οἷον τοῦ λβ μέρος μέν, εἰ τύχοι, τὸ τέταρτον, δύναμις δὲ ὁ η ἀριθμός.

ξγ. καὶ ἑτέρως πᾶν μέρος. ἢ ἕτερον ὅρον λέγει ἢ ἐπ-εξηγεῖται τὸν πρότερον· ἀρτιάκις ἄρτιός ἐστιν οὗ πᾶν μέρος, ὃ ἂν ἔχῃ μέρος, ἔσται ἀρτιάκις ἄρτιον.

ξδ. κατὰ τὸ ὄνομα. ἀντὶ τοῦ [οὐ] κατὰ τὴν παρωνυ-μίαν, ὅ ἐστι τό τε μέρος ἀρτιάκις ἄρτιόν ἐστι· τὸ δὲ αὐτὸ καὶ κατὰ τὴν δύναμιν ἀρτιάκις ἄρτιον· οἷον τί λέγω; τοῦ λβ ἐὰν εἴπω ὅτι τὸ τέταρτόν ἐστιν η· τὸ
5 μὲν δ μέρος ἐστίν, ὁ δὲ η δύναμις, ἑκάτερον δὲ αὐτῶν ἀρτιάκις ἄρτιον· ἀλλὰ πάλιν ἐὰν εἴπω ὅτι τῶν λβ τὸ η^ον δ, τὸ μὲν ὄγδοον μέρος εὑρίσκεται, ὁ δὲ δ δύνα-μις, καὶ εἰσὶ πάλιν ἀρτιάκις ἄρτιοι.

ξ = Philop. ξς	ξα = Philop. ξζ–ξη
ξβ = Philop. ξθ	ξγ = Philop. οα	ξδ = Philop. οα
ξ,1 = Nicom. VIII, 6.	ξα,1 = Nicom. VIII, 7.
ξβ,1 = Nicom. VIII, 7.	ξγ,1 = Nicom. VIII, 7.
ξδ,1 = Nicom. VIII, 7.	

ξ. 2 γένος M: μέρος A
ξα. 1 μήτι AM et Nicom. G₂CSH: μήτοι Nicom.
7 ἀρτίου M: τοῦ ἀρτίου A
11 ἀρτιάκις ἄρτιος M et A²: ἄρτιος A
14 ἄρτιον M: τὸν ἄρτιον A
ξγ. 1 ἑτέρως Nicom., Philop.: ἑβδόμος AM || pr. ἢ M: om. A || ὅρον M et A² s. v.: λόγου A
2 ἀρτιάκις M: ἢ ἀρτιάκις A
3 ἔχῃ M: ἔχοι A
ξδ. 2 ἀρτιόν ἐστι M: ἄρτιον A
6 ἄρτιον M: ἄρτιος A
7 η^ον M: η A
8 ἀρτιάκις ἄρτιοι scripsi: ἀρτιακῶν ἄρτια AM

3*

ξε. γένεσις δὲ τοῦ ἀρτιάκις ἀρτίου. περὶ τῆς γενέσεως τοῦ ἀρτιάκις ἀρτίου λέγει καὶ ἐκτίθεται μέθοδον καθ' ἣν ἐπ' ἄπειρον προϊόντες δυνάμεθα εὑρίσκειν ποῖοί εἰσιν οἱ ἀρτιάκις ἄρτιοι. θαυμάσαι οὖν πάρεστι τὸ τῆς ἐπιστήμης μέγεθος ὅτι ποιεῖ ἡμᾶς ἀποφαίνεσθαι 5 καὶ περὶ τῶν μηδέπω εὑρεθέντων ἐνεργείᾳ ἀριθμῶν ὅτι πάντως ἀδύνατον ἐκφυγεῖν ἡμᾶς ἕνα ἀρτιάκις ἄρτιον ἀριθμὸν ἔχοντας προϊσταμένην τὴν μέθοδον, ἀλλὰ πάντως λίνοις ἀφύκτοις θηραθήσεται. ἔστι δὲ ἡ μέθοδος αὕτη· ἀπὸ μονάδος προέρχου κατὰ τὸν δι- 10 πλάσιον λόγον καὶ σχέσεις ἐπ' ἄπειρον τοὺς ἀρτιάκις ἀρτίους, οἷον διπλασίασον τὴν μονάδα, γίνονται β· ὁ β τοίνυν ἀριθμὸς ἀρτιάκις ἄρτιος· καὶ οὗτος ⟨ποιεῖ⟩ τὸν δ, καὶ ὁ δ τὸν η· ὡσαύτως καὶ ὁ η ποιεῖ τὸν ις καὶ οὗτος τὸν λβ καὶ οὗτος τὸν ξδ καὶ πάλιν οὗτος 15 τὸν ρκη καὶ οὗτος τὸν σνς· καὶ ἐφεξῆς διπλασιάζων πάντως ἀρτιάκις ἀρτίους ποιήσεις.

ξς. καὶ πᾶν μέρος, ὃ ἂν εὑρεθῇ. ἄλλο παρακολούθη-μα τοῦ ἀρτιάκις ἀρτίου, ὃ δὲ λέγει, τοῦτό ἐστιν· ἐκ-θοῦ σύστημα μονάδων ἢ ἄρτιον ἢ περιττὸν ὡς ὑπο-τέτακται· α, β, δ, η, ις, λβ, ξδ· ἰδοὺ περιττὸν ἀριθμὸν ἐλάβομεν· ἑπτὰ γὰρ πλήθη ἐλάβομεν. ἰστέον τοίνυν 5 ὅτι μέσος τούτων ἀριθμός ἐστιν ὁ η· οὗτος τοίνυν ὁ η ἐφ' ἑαυτὸν πολλαπλασιαζόμενος ποιεῖ τὸν τελευ-ταῖον, ὅ ἐστι τὸν ξδ· οὐκοῦν τοσοῦτός ἐστιν ὁ ἐκ τούτου ἀριθμός, ὅσος καὶ ἐκ τῶν παρ' ἑκάτερα· ὀκτά-κις γὰρ η ξδ, ἀλλὰ καὶ ἅπαξ ξδ ξδ, καὶ δὶς λβ ξδ, καὶ 10 δ ις ξδ· ἀλλὰ καὶ κατὰ ἀντιπερίστασιν, ὡς λέγει, καὶ ἀμοιβὴν πάλιν τὸ αὐτὸ γενήσεται· οἷον λαβὲ τὸν μέσον η· η η ξδ· μηκέτι ποιήσῃς ἅπαξ ξδ ξδ, ἀλλὰ εἰπὲ ὅτι τὰ ξδ ὅλον τί ἐστιν, ὥσπερ γὰρ ἡ μονὰς ὅλον τί ἐστιν οὕτω καὶ ὁ ξδ, ἐπειδὴ ξδ μονάδας ἔχει. ὡσαύ- 15 τως μηκέτι εἴπῃς δὶς λβ ξδ, ἀλλὰ κατὰ ἀντιπερίστα-σιν κἀνταῦθα τὰς λβ ἐπὶ τὰς β, καὶ γίνονται ξδ· καὶ πάλιν τὰς ις ἐπὶ τὰς δ. εἰ μὲν οὖν περιττὸν ᾖ τὸ σύ-στημα, εἷς μέσος εὑρεθήσεται, ὡς νῦν ὁ η, καὶ ἐφ' ἑαυτὸν πολλαπλασιαζόμενος ποιήσει τὸν τελευταῖον· 20 καὶ ἔσονται οἱ παρ' ἑκάτερα ὁμοίως τὸν τελευταῖον ποιοῦντες. εἰ δὲ ἄρτιον ᾖ τὸ σύστημα, β ἔσονται μέσοι, καὶ πρὸς ἀλλήλους πολλαπλασιαζόμενοι ποιήσουσι

ξε = Philop. οβ	ξς = Philop. ογ
ξε,1 = Nicom. VIII, 8.	ξς,1 = Nicom. VIII, 10.
11–12 = Nicom. VIII, 10	

ξε. 12 διπλασίασον A: δίπλασον M
13 ποιεῖ scripsi: om. AM
14 τὸν δ, καὶ ὁ δ τὸν η M²s. lin.: om. AM
ξς. 1 πᾶν AM: πᾶν δὲ Nicom.
4 α … ξδ M: α, β, γ, η, κ, λ, ξδ A
8 ξδ A: ἑξηκοστὸν δ M
13 η η ξδ M: ὁ η ὁ η ξδ A || ποιήσῃς scripsi: ποιήσεις M: ποιήσ (σ s. v.) A
21 οἱ M: εἱ A

τὸν τελευταῖον. ἔστω οὖν ὡς ὑποτέτακται· α, β, δ,
25 η, ις, λβ, ξδ, ρκη· ἐνταῦθα τοίνυν, ἐπειδὴ ὁ η καὶ ὁ ις
μέσοι εἰσί (παρ' ἑκάτερα γὰρ αὐτῶν, ἀνὰ τρεῖς εἰσι
πρὸς ἀλλήλους) οἱ μέσοι πολλαπλασιαζόμενοι, ποιοῦ-
σι τὸν τελευταῖον· ὀκτάκις γὰρ ις ρκη. ὁμοίως καὶ οἱ
παρ' ἑκάτερα ποιήσουσι τὸν ρκη· ἅπαξ γὰρ ρκη
30 ρκη, ἀλλὰ καὶ δὶς ξδ ρκη, καὶ τετράκις λβ ρκη. ὡσαύ-
τως καὶ κατὰ ἀντιπερίστασιν· αἱ γὰρ ρκη μονάδες
εἰσὶν ρκη· ὅλος γάρ τις ὁ ρκη· καὶ πάλιν ξδ ἐπὶ β
ποιοῦσιν ρκη, καὶ λβ ἐπὶ δ ρκη ποιοῦσι. ταῦτά ἐστιν
ἃ βούλεται διὰ τούτων εἰπεῖν.

ξζ. **μερῶν πρὸς δυνάμεις.** λέγεις γὰρ καὶ δὶς λβ, καὶ
λαμβάνεις τὸ μὲν δὶς μέρος τὸν δὲ λβ δύναμιν· καὶ
ἀμφότεροι ἀρτιάκις ἄρτιοι· καὶ πάλιν τὸν λβ ἐπὶ τὸν
β πολλαπλασιάζεις, δύναμιν πρὸς μέρος, καὶ πάλιν
5 ἀρτιάκις ἄρτιοι.

ξη. **ὥστε τὸ ὅλον.** ἰδοὺ τὸν τελευταῖον ὅλον ἐκάλεσεν,
ἐπειδὴ τῇ μονάδι ἀντιπαρωνυμεῖται· ὥσπερ γὰρ λέ-
γομεν ἅπαξ ξδ, οὕτως ἐροῦμεν καὶ τὰ ξδ ἔχειν ξδ
μονάδας. καὶ μίαν μεσότητα οὐχ ἕξουσιν, ἀλλὰ δύο,
5 ἐπειδὴ ἄρτιοι αἱ ἐκθέσεις· δύο οὖν αἱ μεσότητες· ὅ τε
γὰρ η ἔσται μέσος καὶ ὁ ις.

ξθ. **ἀνταποκρινοῦνται.** πῶς τὸ ἀνταποκρινοῦνται;
ἐπειδὴ καὶ δὶς λβ, ξδ· καὶ λβ πάλιν ἐπὶ β, ξδ ποιοῦσι.

ο. **συμβέβηκε δὲ πάσαις.** ἄλλο παρακολούθημα τῶν
ἀρτιάκις ἀρτίων ὅτι συντιθεμένων τῶν ἐκθέσεων
παρὰ μονάδα ὁ ζητούμενος γίνεται· οἷον ἐκτίθημι
τοὺς ἀρτιάκις ἀρτίους κατὰ τάξιν οὕτως· α, β, δ, η,
5 ις, λβ, ξδ, ρκη· ἐκτεθέντων τοίνυν τούτων, παρὰ
μονάδα πάντως ὁ ζητούμενος γίνεται, ὥστε πάντως
περιττὸς πίπτει ἀριθμός. οἷον ζητοῦμεν τὸν δ ἀρτι-
άκις ἄρτιον, σύνθες α, β, γίνεται γ. ἰδοὺ παρὰ μονάδα
ὁ δ καὶ ὁ γ περιττός· πάλιν ἐπὶ τοῦ η· σύνθες α, β, δ,
10 γίνονται ζ· ἰδοὺ παρὰ μονάδα ὁ η καὶ ὁ ζ περιττός·
ὡσαύτως ζητοῦμεν τὸν ις· σύνθες α, β, δ, η, γίνονται
ιε· ἰδοὺ παρὰ μονάδα ὁ ις καὶ ὁ ιε περιττός. κατὰ τὸν
αὐτὸν τρόπον καὶ ἐπὶ τοῦ λβ· σύνθες α, β, δ, η, ις, ὁμοῦ
λα· παρὰ μονάδα ἄρα ὁ λβ καὶ περιττὸς ὁ λα· καὶ

ἐπὶ τοῦ ξδ ὁμοίως· σύνθες α, β, δ, η, ις, λβ, γίνονται 15
ξγ. ἰδοὺ παρὰ μονάδα ὁ ξδ καὶ περιττὸς ὁ ξγ. κατὰ
τὸν αὐτὸν τρόπον συντιθεὶς τοὺς ἀρτιάκις ἀρτίους ἄχρι
τοῦ ζητουμένου ἀρτιάκις ἀρτίου, τοῦτο εὑρήσεις θαυμα-
στὸν ὂν παρακολούθημα. τοῦτο δὲ λέγει τὸ παρακο-
λούθημα νῦν, ἐπειδὴ ὡς μαθησόμεθα χρησιμεύσει 20
αὐτῷ πρὸς τὴν κατάληψιν τῶν τελείων· ἐρεῖ γὰρ
ἄφυκτον μέθοδον δι' ἧς οὐδεὶς τῶν τελείων ἐκφυγεῖν
δυνήσεται ἡμᾶς.

οα. **κάκεῖνο δὲ μεμνῆσθαι ἀναγκαιότατον.** ἐλέγομεν
ἄνω ὅτι ἐὰν ἐκθώμεθα ἀρτίους διπλασιασμούς, δύο
μέσοι ἀριθμοὶ γίνονται, εἰ δὲ περιττούς, εἷς γίνεται,
καὶ ὅτι, ὥσπερ οἱ μέσοι πολλαπλασιαζόμενοι μὲν
πρὸς ἀλλήλους ἐπὶ τῶν ἀρτίων ποιοῦσι τὸν τελευ- 5
ταῖον, οὕτω καὶ οἱ παρ' ἑκάτερα· ἐπὶ δὲ τῶν περιτ-
τῶν, ὥσπερ ὁ μέσος ἐφ' ἑαυτὸν πολλαπλασιασθεὶς
ποιεῖ τὸν τελευταῖον, οὕτω καὶ οἱ παρ' ἑκάτερα. ἐν-
ταῦθα τοίνυν καὶ ὑπὸ ἀναλογίαν αὐτοὺς φέρει καὶ
λέγει ὅτι ἐπὶ τῶν ἀρτίων οἱ μέσοι πολλαπλασιαζό- 10
μενοι ποιοῦσι τὸν τελευταῖον, ὡσαύτως δὲ καὶ οἱ παρ'
ἑκάτερα· ἰστέον δὲ ὅτι τὸ ὑπὸ τῶν ἄκρων γινόμενον
ἴσον ἐστὶ τῷ ὑπὸ τῶν μέσων· ἐπειδὴ καὶ ἔχομεν ὅτι
ἐὰν τέσσαρα μεγέθη ἀνάλογον ᾖ, τὸ ὑπὸ τῶν ἄκρων
ἴσον τῷ ὑπὸ τῶν μέσων· ἐπὶ δὲ τῶν περιττῶν τὸ 15
ὑπὸ τῶν ἄκρων ἴσον τῷ ἀπὸ τοῦ μέσου· εἷς γὰρ ὁ
μέσος· ἔχομεν γὰρ καὶ τοῦτο γραμμικῶς δεδειγμένον
ὅτι ἐὰν τρία μεγέθη ἀνάλογον ᾖ, τὸ ὑπὸ τῶν ἄκρων
ἴσον τῷ ἀπὸ τοῦ μέσου. ταῦτά ἐστιν ἃ βούλεται διὰ
τούτων ἡμῖν παραδοῦναι. 20

οβ. **ἀρτιοπέριττος δέ ἐστιν ἀριθμός.** εἰρηκὼς περὶ τοῦ
πρώτου εἴδους τοῦ ἀρτίου, λέγω δὴ τοῦ ἀρτιάκις
ἀρτίου, νῦν περὶ τῶν λοιπῶν δύο βούλεται εἰπεῖν,
τοῦ τε ἀρτιοπερίττου καὶ τοῦ περισσαρτίου, καὶ
πρότερον λέγει περὶ τοῦ ἀρτιοπερίττου. φησὶν οὖν 5
ὅτι ἀρτιοπέριττός ἐστιν ὁ μίαν μόνην διαίρεσιν διχῇ
ἐπιδεχόμενος καὶ μηκέτι ⟨ἄλλην⟩, ἀλλ' εὐθέως ἀδιαί-
ρετον καὶ περιττὸν ποιῶν. οἷον ὁ ς ἀρτιοπέριττός

οα = Philop. οη   οβ = Philop. οθ

οα,1 = Nicom. VIII, 14.   οβ,1 = Nicom. IX, 1.

ο. 15 τοῦ A: om. M
18 τοῦτο A (ut vid.): τοῦτον M
20 χρησιμεύσει M: χρησιμεύει A
21 αὐτῷ M: αὐτὸν (ut vid.) A
οα. 1 ἀναγκαιότατον M et Nicom.: ἀναγκαιότερον A
3 μέσοι scripsi: μέν σοι M: μέν τοι A
8 καὶ οἱ M: om. M
13 τῷ scripsi: τῶν M: τὸ A
15 et 19 τῷ scripsi: τὸ AM
16 τῷ M: τὸ A
19–20 ἃ ... παραδοῦναι M et (ἡμῖν διὰ τούτων pro διὰ τούτων
    ἡμῖν) A² i. m.: ἀριθμοί A, del. A²
οβ. 1 ἀρτιοπέριττος ... ἀριθμός M et A² i. m.: om. A
4–5 alt. καὶ ... ἀρτιοπερίττου M: om. A
7 ἄλλην (Philop.)] om. AM

ξζ = Philop. ογ, 32ff.   ξη = Philop. οδ

ξθ = Philop. οε   ο = Philop. οζ

ξζ,1 = Nicom. VIII, 10.   ξη,1 = Nicom. VIII, 10.

ξθ,1 = Nicom. VIII, 10.   ο,1 = Nicom. VIII, 12

24 ὑποτέτακται scripsi: ἀποτέτακται AM
29 τὸν M: om. A
ξζ. 3–5 ἄρτιοι ... ἄρτιοι M: ἄρτιοι A
ξη. 1 ὥστε τὸ ὅλον (Philop.)] ὥστε τὸν ὅλον AM: ὥστε καὶ τὸ
    ὅλον Nicomachus || alt. ὅλον M: ὅρον A

ἐστι· τὸ γὰρ ἥμισυ τῶν ς γ, τὰ δὲ γ οὐκέτι διαιρεῖται·
10 ὡσαύτως καὶ ὁ ι καὶ ὁ ιδ ἀρτιοπέριττοί εἰσιν. ὁ δὲ
ἀρτιοπέριττος ἐναντίος ἐστὶ τῷ ἀρτιάκις ἀρτίῳ, ὅτι
ὁ μὲν ἀρτιάκις ἄρτιος ἄχρι μονάδος δίχα διαιρεῖται
καὶ τὸ ἐλάχιστον αὐτοῦ, ὅ ἐστιν ἡ μονάς, ἀδιαίρετός
ἐστιν, ὁ δὲ ἀρτιοπέριττος μίαν μόνην διαίρεσιν ἐπι-
15 δέχεται καὶ τὸ μέγιστον αὐτοῦ ἐστι τὸ ἀδιαίρετον.
ταῦτα μὲν περὶ τοῦ ἀρτιοπερίττου. λοιπὸν εἴπωμεν
τὴν γένεσιν αὐτοῦ. ἐκτίθει τοὺς ἀπὸ μονάδος περιτ-
τοὺς καὶ τούτους διπλασίαζε, καὶ οἱ διπλασιαζόμενοι
ἀρτιοπέριττοί εἰσιν. ἐκτιθέσθωσαν οὖν οἱ περιττοὶ
20 πάντες, ἐάσθω δὲ ἡ μονὰς ὡς ἀρχὴ καὶ μὴ οὖσα ἀρι-
θμός, οὐκοῦν ἀπὸ τριάδος εἰλήφθωσαν γ, ε, ζ, θ, ια,
ιγ, ιε, ιζ, ιθ, κα· διπλασίασον τούτους, καὶ γίνονται
οἱ ἀρτιοπέριττοι, ὡς ὑποτέτακται· ς, ι, ιδ, ιη, κβ,
κς, λ, λδ, λη, μβ. οὕτω μὲν οὖν γίνονται οἱ ἀρτιοπέ-
25 ριττοι· εὑρίσκονται δὲ ἐν τῷ χύματι πέμπτοι μὲν ἀπ'
ἀλλήλων ἀεί· ἀπὸ γὰρ τοῦ ς ἕως τοῦ ι, ἀριθμοὶ
εὑρίσκονται, ς γὰρ καὶ ζ καὶ η καὶ θ καὶ ι, καὶ γίνονται
ε· καὶ πάλιν ἀπὸ τοῦ ι ἕως τοῦ ιδ ε εὑρίσκονται, καὶ
ἀπὸ τούτου ἕως τοῦ ιη. ὑπερέχουσι δὲ καὶ τετράδι·
30 ὁ γὰρ ι τοῦ ς τετράδι ὑπερέχει, καὶ ὁ ιδ τοῦ ι, καὶ
ἐφεξῆς ὁμοίως. τρεῖς δὲ ἐν τῷ μέσῳ αὐτῶν εἰσιν, οὓς
ὑπερβαίνουσιν, οἷον μεταξὺ τοῦ ς καὶ τοῦ ι γ εἰσὶν
ἀριθμοὶ ὁ ζ καὶ ὁ η καὶ ὁ θ, καὶ μεταξὺ τοῦ ι καὶ τοῦ
ιδ τρεῖς, ὁ ια καὶ ὁ ιβ καὶ ὁ ιγ. ἓν μὲν τοῦτο παρακο-
35 λούθημα, ἔστι δὲ καὶ ἄλλο· ἰστέον ὅτι ἐπὶ μὲν τῶν
ἀρτιάκις ἀρτίων καὶ τὸ μέρος καὶ ἡ δύναμις ἄρτια
ἦσαν· οἷον τοῦ λβ μέρος ἦν τὸ δ, δύναμις δὲ ὁ η ἀρι-
θμός, δ^{κις} γὰρ η· ἀλλὰ καὶ τὸ τέταρτον ἄρτιον, ἀπὸ
γὰρ τοῦ δ τὸ δ^{ον} παρήχθη, καὶ ὁ η δὲ ἄρτιος, καὶ
40 ἐπὶ πάντων τῶν μερῶν ὁμοίως εὑρήσεις τοῦτο. ἐπὶ
μέντοι τοῦ ἀρτιοπερίττου οὐκέτι, ἀλλ' ἀντιπεπονθό-
τως πάντως ἔχουσι· καὶ ἐὰν τὸ μέρος ᾖ ἄρτιον, ἡ
δύναμίς ἐστι περιττὴ καὶ τὸ ἀνάπαλιν δηλονότι. οἷον
ὁ ιδ ἔχει μέρος τὸ ἥμισυ καὶ τὸν ζ ⟨δύναμιν⟩, ἀλλὰ
45 τὸ μὲν ἥμισυ ἄρτιον (ἀπὸ γὰρ τοῦ β τὸ ἥμισυ γέγο-
νεν), ὁ δὲ ζ ἀριθμός ἐστι περιττός. καὶ καθόλου ἐστὶν
εὑρεῖν τοῦτο, ὅθεν, ὥς φησι, διὰ τοῦτο τάχα ἐκλήθη
ἀρτιοπέριττος, ὅτι μετὰ τὴν πρώτην διαίρεσιν ἄτμη-
τος μένει καὶ τὸ ἐκ τοῦ ἡμίσεος αὐτοῦ μέρος οὐκέτι
50 ἐπιδέχεται διαίρεσιν. κἀκεῖνο δὲ παρέπεται τοῖς ἀρτι-
οπερίττοις· δεῖ εἰδέναι ὅτι τετράδι μείζους εἰσὶ τῶν
πρὸ αὐτῶν, οἷόν ἐστιν ὁ ς ἀρτιοπέριττος, μετ' αὐτὸν
ὁ ι· οὗτος τοίνυν ὁ ι τετράδι μείζων αὐτοῦ· ὡσαύτως
καὶ ὁ ιδ τοῦ ι. προστίθεμεν δὲ τὸν πρὸ αὐτοῦ καὶ

ἐγγύς· ἐπειδὴ μείζων μὲν ὁ ιδ τοῦ ς, ἀλλ' ἴσως οὐχ 55
ὑπερέχει αὐτοῦ δ, ἐπειδὴ οὐ πλησίον ὁ ιδ τοῦ ς· ἐστι
γὰρ ἐν μέσῳ ὁ ι. ὁ ι οὖν μείζων ἐγγὺς τοῦ ς, καὶ διὰ
τοῦτο καὶ δ ὑπερέχει. καὶ ὁ ιδ μείζων ἐγγὺς τοῦ ι,
ὅθεν καὶ δ ὑπερέχει. διὰ τί δὲ τετράδι ὑπερέχουσιν 60
ἀλλήλων; ἢ διότι οἱ περιττοὶ δυάδι ὑπερέχουσιν
ἀλλήλων, οἷον ὁ ε τοῦ γ δυάδι ὑπερέχει καὶ ὁ ζ τοῦ ε
καὶ ὁ θ τοῦ ζ καὶ ὁ ια τοῦ θ καὶ τοῦτο ἐφεξῆς· εἰ οὖν
οἱ περιττοὶ δυάδι ἀλλήλων ὑπερέχουσι, διπλασια-
ζόμενοι δὲ οἱ περιττοὶ ποιοῦσι τοὺς ἀρτιοπερίττους· 65
διπλασιασθήσεται δὲ ἄρα ἡ δυάς, διπλασιαζομένη 65
δὲ ποιεῖ τὸν δ ἀριθμόν· καλῶς ἄρα τετράδι ὑπερέχου-
σιν ἀλλήλων. ὑπάρχει δὲ καὶ ἄλλο παρακολούθημα·
ἰστέον ὅτι ὡς εἴρηται ἐπὶ τῶν ἀρτιάκις ἀρτίων, εἰ
μὲν περιττὸν σύστημα λάβωμεν ἀρτίων, εἷς μέσος 70
εὑρίσκεται καὶ τὸ ὑπὸ τῶν ἄκρων ἴσον τῷ ὑπὸ τῶν 70
μέσων τυγχάνει· ἐνταῦθα τοίνυν εἰ μὲν περιττὸν χύμα
λάβωμεν τῶν ἀρτιοπερίττων, ὁ μέσος τῶν ἄκρων
ἥμισυς ἔσται· οὐ γὰρ ἴσος αὐτοῖς. οἷον ἐπὶ παραδεί-
γματος ἐκκείσθωσαν κατὰ περιττὸν χύμα ἀρτιοπέριτ-
τοι ὡς ὑποτέτακται· ς, ι, ιδ, ιη, κβ· ἐνταῦθα τοίνυν ὁ 75
μέσος ἐστὶν ὁ ιδ· σύνθες οὖν τοὺς ἄκρους, ὅ ἐστι τὸν
ς καὶ τὸν κβ, καὶ γίνονται κη· ἥμισυς οὖν τούνων ⟨ὁ⟩
μέσος εὑρίσκεται· ἥμισυ γὰρ τῶν κη ιδ. ὁμοίως καὶ
ἐπὶ τῶν παρ' ἑκάτερα ἄκρων, οἷον τοῦ ι καὶ τοῦ ιη·
ι γὰρ καὶ ιη κη, ἥμισυ τούτων ιδ. ταῦτα μὲν οὖν συμ- 80
βαίνει εἰ περισσαί εἰσιν αἱ ἐκθέσεις, εἰ δὲ ἄρτιαι, δύο
μέσοι εὑρεθήσονται καὶ οὐκέτι οἱ μέσοι τῶν ἄκρων
ἡμίσεις ἔσονται, ἀλλὰ ἴσοι. οἷον ὑποδείγματος χάριν
πάλιν ἐκκείσθωσαν ἀρτιοπέριττοι κατὰ ἄρτιον χύμα·
ς, ι, ιδ, ιη, κβ, κς· ἐνταῦθά εἰσι δύο μέσοι, ὁ ιδ καὶ ὁ 85
ιη· οὐκοῦν οὗτοι τοῖς ἄκροις συντιθεμένοις ἴσοι ἔσον-
ται· σύνθες γὰρ τοὺς ἄκρους τὸν ς καὶ τὸν κς, γίνονται
λβ· σύνθες δὲ καὶ τοὺς μέσους, καὶ γίνονται λβ· ιδ γὰρ
καὶ ιη ποιοῦσι λβ. ὡσαύτως καὶ ἐπὶ τῶν παρ' ἑκάτερα
ἄκρων· ι γὰρ καὶ κβ λβ, ἀλλὰ καὶ ιδ καὶ ιη λβ, ὥστε 90
τὸ ὑπὸ τῶν ἄκρων ἴσον τῷ ὑπὸ τῶν μέσων, ὥστε
ἐπὶ τῶν ἀρτίων ἐκθέσεων κοινωνία τίς ἐστι τῶν τε
ἀρτιοπερίττων καὶ τῶν ἀρτιάκις ἀρτίων, ὅτι κἀκεῖ
τὸ ὑπὸ τῶν ἄκρων ἴσον τῷ ὑπὸ τῶν μέσων καὶ ἐν-
ταῦθα δέ· ἀλλὰ διαφέρουσιν ὅτι ἐκεῖ μὲν πολλαπλα- 95
σιάζοντες τοῦτο ἐποιοῦμεν, οἷον ὀκτάκις ις καὶ δὶς ξδ,
ἐνταῦθα δὲ συντίθεμεν· οὐ γὰρ ποιοῦμεν ἑξάκις κς,

21 ια M: ιδ A
22 ιζ M: ις A ‖ κα M: κβ A
24 λ, λδ M: λ, λβ, λδ A
26 ἀριθμοὶ M: ἀριθμοῦ A
37 τὸ M: τὰ A (ut vid.)
38 δ^{κις} (Philop.)] τέταρτον AM
44 τὸν scripsi: τὸ AM ‖ δύναμιν scripsi: om. AM
45 τοῦ M: τῶν A
49 ἡμίσεος M: ἡμίσεως A
54 ιδ fec. M² (ut vid.): δ AM

55 ἴσως AM: ὅμως Philop.
67–68 ὑπάρχει (ὑπάρχει (Philop.)] ὑπερέχει A) δὲ καὶ ἄλλο
παρακολούθημα· ἰστέον ὅτι ὡς εἴρηται ἐπὶ τῶν A: om. M
69 et 72 λάβωμεν M: λάβομεν A
70 τῷ M: τὸ A
73 ἐπὶ M: ἐστί A
74–75 ἀρτιοπέριττοι ὡς (Philop.)] ἀρτιοπερίττοις AM
75 ιη M: ιχη A ‖ ὁ ιδ et M² s. v. (ut vid.): om. M
77 ὁ (Philop.)] om. AM
85 ιη M: ιβη A
91 ὥστε (Philop.)] ἔν τε AM
94 alt. ὑπὸ M: ἀπὸ A

ἀλλὰ τὰς ϛ προστίθεμεν ταῖς κϛ. ταῦτά ἐστιν ἃ βούλε-
ται εἰπεῖν περὶ τοῦ ἀρτιοπερίττου. θᾶττον οὖν ἀνα-
100 γνῶμεν τὴν λέξιν, πάντα γὰρ τὰ μέλλοντα λέγεσθαι
σαφῶς τεθεώρηται.

ογ. ὁ τῷ γένει καὶ αὐτὸς ἄρτιος. κοινῶς γὰρ τὰ τρία
εἴδη ἄρτια καλοῦνται, καὶ γὰρ ὁ ἀρτιάκις ἄρτιος, ὁ
ἀρτιοπέριττος καὶ ὁ περισσάρτιος.

οδ. συμβέβηκε δὲ αὐτῷ. ἰδοὺ παρακολούθημα ὅτι
καὶ ἐναντίως ἔχει τὸ μέρος τῇ δυνάμει, καὶ εἰ μὲν τὸ
μέρος ἄρτιόν ἐστιν, ἡ δύναμις περιττή ἐστιν, εἰ δὲ ἡ
δύναμις ἀρτία, τὸ μέρος περιττόν, οἷον ἐπὶ τοῦ ιη·
5 τὸ μὲν ἥμισυ μέρος ἄρτιον, ὁ δὲ θ περιττός· καὶ πάλιν
τὸ μὲν τρίτον μέρος περιττόν, ὁ δὲ ϛ ἄρτιος.

οε. γεννᾶται δὲ καὶ οὗτος. ἐντεῦθεν τὴν γένεσιν αὐτοῦ
παραδίδωσιν. | οἱ μείζονες ἀεὶ τῶν ἐγγύς. ὁρᾷς ἀντὶ
τοῦ ὁ ι τετράδι τοῦ πλησίον αὐτοῦ, τοῦ ϛ, ὑπερέχει·
καὶ ὁ ιδ τοῦ ι, καὶ ἐπὶ τῶν λοιπῶν ὁμοίως.

οϛ. γνώμονες αὐτῶν. γνώμονας καλοῦμεν τοὺς με-
τροῦντας ἀριθμούς· ἀμέλει ἕως τῆς νῦν πᾶν τὸ με-
τροῦν γνώμονα προσαγορεύομεν. | ἐναντιοπαθεῖς δὲ
λέγονται ὅτι, φησίν, ἐναντίος ὁ ἀρτιοπέριττος τῷ
5 ἀρτιάκις ἀρτίῳ.

οζ. ὑποδιπλάσιον τὸ μέσον. ἀντὶ τοῦ ἥμισυ τὸ μέσον
τῶν ἄκρων ἐπὶ τῶν περιττῶν ἐκθέσεων· ἐπὶ δὲ τῶν
ἀρτίων ἐφ' ὧν καὶ δύο οἱ μέσοι, ἴσον τὸ ὑπὸ τῶν
ἄκρων τῷ ὑπὸ τῶν μέσων.

οη. περισσάρτιος δέ ἐστιν ἀριθμός. διαλεχθεὶς περὶ
τοῦ ἀρτιοπερίττου, νῦν περὶ τοῦ περισσαρτίου δια-
λέγεται καὶ φησιν ὅτι ὁ περισσάρτιος ἀμφοτέροις
κοινωνεῖ καὶ ἀμφοτέρων διαφέρει· τῷ μὲν γὰρ ἀρτιά-

κις ἀρτίῳ κοινωνεῖ, καθὸ καὶ οὗτος πλείους διαιρέσεις 5
ἐπιδέχεται, εἰ καὶ μὴ ἄχρι μονάδος, τῷ δὲ ἀρτιοπερίτ-
τῳ ὅτι κἂν πλείους ὑποδέχηται διαιρέσεις, τελευτᾷ
πρὸ μονάδος εἰς ἀδιαίρετον. γίνεται δὲ οὕτως· ἐκθοῦ
τὸ χύμα τῶν περιττῶν πάντων καὶ τῶν ἀρτιάκις
ἀρτίων καὶ πολλαπλασίασον περιττοὺς πρὸς ἀρτιά- 10
κις ἀρτίους ἢ ἀρτιάκις ἀρτίους πρὸς περιττούς, ταὐ-
τὸν γάρ ἐστι, ⟨καὶ⟩ σχήσεις περισσαρτίους· οἷον
ὑποδείγματος χάριν ἐκκείσθωσαν περιττοὶ γ, ε, ζ, θ,
ια, ιγ, ιε, ἐκκείσθωσαν δὲ καὶ ἀρτιάκις ἄρτιοι κατὰ
τάξιν δ, η, ιϛ, λβ, ξδ, ρκη, σνϛ· πολλαπλασίασον 15
τοίνυν περιττὸν ἐπὶ ἀρτιάκις ἀρτίους καὶ ποιήσεις
περισσαρτίους. οἷον τὸν γ ἐπὶ τὸν δ πολλαπλασία-
σον, γίνονται ιβ· ὁ ιβ τοίνυν περισσάρτιός ἐστι, δέ-
χεται γὰρ πλείους διαιρέσεις· ἥμισυ γὰρ τούτων ϛ,
καὶ τούτων ἥμισυ γ, τὰ δὲ γ ἀδιαίρετα. ὡσαύτως 20
καὶ ἐπὶ τὸν ἐφεξῆς ἀρτιάκις ἄρτιον πολλαπλασίασον,
τὸν η, καὶ ποιήσεις περισσαρτίους, τρὶς γὰρ η κδ· ὁ
κδ τοίνυν περισσάρτιος, ὃς πλείους διαιρέσεις ἐπιδέχε-
ται ἄχρι τριάδος. ὡσαύτως καὶ ἐπὶ τῶν λοιπῶν·
ποιεῖς γὰρ τρὶς ιϛ, μη γίνονται, καὶ ἔστιν οὗτος πε- 25
ρισσάρτιος, καὶ τρὶς λβ γίνονται ϛϛ, καὶ τρὶς ξδ γί-
νονται ρϙβ, καὶ ἐπὶ πάντων ὁμοίως. αὕτη μὲν ἡ γέ-
νεσις τοῦ περισσαρτίου. παρακολουθεῖ δὲ αὐτῷ τὸ
καὶ ἔχειν μέρη καὶ δυνάμεις ἐναντιογενεῖς καὶ ὁμοιογε-
νεῖς· οἷον ὁ κδ ἐστὶ περισσάρτιος· τούτου οὖν εἰ μὲν 30
λάβωμεν τὸ τρίτον καὶ τὸν η ἀνομογενῆ ἔσονται· τὸ
μὲν γὰρ τρίτον περιττόν, ὁ δὲ η ἄρτιος· εἰ δὲ λάβωμεν
τὸ δ ⟨καὶ τὸν ϛ⟩ ὁμογενὲς τὸ μέρος τῇ δυνάμει, καὶ
γὰρ καὶ ὁ ϛ ἄρτιος καὶ τὸ δ ἄρτιον. ἐπὶ δὲ τοῦ ἀρτιο-
περίττου ἀεὶ τὸ μέρος ἐναντίον τῇ δυνάμει. εἰ δὲ καὶ 35
ἄλλο παρακολουθεῖ αὐτῷ, ἀναγνῶμεν τὴν λέξιν καὶ
εὑρήσομεν.

οθ. τὸ τρίτον εἶδος τοῦ ἀρτίου. τρία γὰρ εἴδη τοῦ
ἀρτίου, ὧν τὸ τρίτον ὁ περισσάρτιος ἦν.

π. ἔστι δὲ ὅταν ἀριθμός. λείπει περισσάρτιος. ἀντὶ
τοῦ περισσάρτιος δὲ τότ' ἐστὶν ὅταν ἄρτιός τις ἀρι-
θμὸς εἰς δύο ἴσα διαιρεθεὶς ἔχῃ πάλιν τὰ διαιρούμενα

ογ = Philop. π	οδ = Philop. πα οε = Philop. πδ
οϛ = Philop. πε, πζ	οζ = Philop. πη
οη = Philop. πθ	
ογ,1 = Nicom. IX, 1.	
οδ,1 = Nicom. IX, 2.	οε,1 = Nicom. IX, 4.
2 = Nicom. IX, 4.	οϛ,1 = Nicom. IX, 4.
οϛ,3 cf. Nicom. IX, 6.	οζ,1 = Nicom. IX, 6.
οη,1 = Nicom. X, 1.	

οθ = Philop. ϙ	π = Philop. ϙα, ϙβ
οθ,1 = Nicom. X, 1.	π,1 = Nicom. X, 2.

ογ. 2 γὰρ scripsi: γ AM (Philop. hab. καὶ γὰρ ὁ ἀρτιάκις ἄρτιος
    ἄρτιός ἐστι καὶ ὁ ἀρτιοπέριττος καὶ ὁ περισσάρτιος).
οδ. 3 ἄρτιόν ἐστιν A: ἄρτιος ἢ M
οϛ. 3 προσαγορεύομεν M² s. v.: καλοῦμεν AM
οζ. 4 τὸ M: τὸ A
οη. 4 ἀμφοτέρων (Philop.)] ἀμφοτέροις AM

6 ἐπιδέχεται A: ὑποδέχεται M
7 τελευτᾷ A: τελευτῆ M
8 πρὸ M: πρὸς A
12 καὶ scripsi: om. AM || σχήσεις (Philop.)] σχέσεις AM
18 ὁ M: οἱ A || ιβ A: ι δύο M || περισσάρτιός ἐστι M: περισ-
    σάρτιοί εἰσιν A
21 τὸν scripsi: τῶν AM
22 περισσάρτιον M: περισσαρτίους A || τρὶς M: τρεῖς A
31 λάβωμεν M (ut vid.): λάβομεν A || τὸν scripsi: τὸ AM
32 λάβωμεν M: λάβομεν A
33 καὶ τὸν ϛ scripsi: om. AM
34 pr. καὶ M: δὲ A
π. 1–3 ἀριθμός … ἀριθμός M: ἀριθμός A
2 ἄρτιός τις (Philop.)] ἀρτιοπέριττος M

δυνάμενα διαιρεθῆναι, εἰ καὶ μὴ ἄχρι μονάδος. | καὶ
5 ἐπὶ πλεῖον τὸν διχασμὸν ἐπιδεχόμενος. ὅτι, φησίν, οὐ
μόνον δύο διαιρέσεις ἐπιδέχονται, ἀλλὰ καὶ πλείους,
εἰ καὶ μὴ ἄχρι μονάδος· οἷον ὁ ϙς πολλὰς διαιρέσεις
ἐπιδέχεται· ἥμισυ γὰρ μη, καὶ τούτων κδ, καὶ τούτων
ιβ, καὶ τούτων ϛ, καὶ τούτων γ· ἰδοὺ ε διαιρέσεις ἀνε-
10 δέξατο.

πα. **συμβέβηκε δὲ αὐτῷ μόνῳ ὑφ' ἕν.** παρακολού-
θημα γλαφυρὸν λέγει, ἀλλὰ δεῖ αὐτῷ παρακολουθῆ-
σαι. φησὶν ὅτι ἐπὶ τοῦ ἀρτιάκις ἀρτίου, ἐπὶ μὲν τῶν
περιττῶν ἐκθέσεων τὸ ὑπὸ τῶν ἄκρων ἴσον ἦν τῷ
5 ἀπὸ τοῦ μέσου, ἐπὶ δὲ τῶν ἀρτίων τὸ ὑπὸ τῶν ἄκρων
ἴσον τῷ ὑπὸ τῶν μέσων· ταῦτα ἐπὶ τοῦ ἀρτιάκις
ἀρτίου. ἐπὶ δὲ τοῦ ἀρτιοπερίττου, ἐπὶ μὲν τῶν περιτ-
τῶν ἐκθέσεων ὁ μέσος τῶν ἄκρων ὑποδιπλάσιος ἦν,
ἐπὶ δὲ τῶν ἀρτίων ἴσοι οἱ μέσοι συντιθέμενοι τοῖς
10 ἄκροις συντιθεμένοις. ταῦτα μὲν ἐπ' ἐκείνων. τῷ δὲ
περισσαρτίῳ ὑφ' ἓν τὰ ἐκείνων ἀντὶ τοῦ τὰ εἴδη συμ-
βέβηκε· καὶ γὰρ καὶ τὰ ὑπὸ τῶν ἄκρων ἴσα τῷ ὑπὸ
τῶν μέσων καὶ τῷ ἀπὸ τοῦ μέσου, εἰ περιτταὶ αἱ
ἐκθέσεις ὥσπερ ἐπὶ τῶν ἀρτιάκις ἀρτίων· καὶ ὁ μέσος
15 δὲ ἥμισυς τῶν ἄκρων ὡς ἐπὶ τοῦ ἀρτιοπερίττου, ἀλλὰ
κατ' ἄλλο καὶ ἄλλο. ἔσται δὲ σαφὲς ὃ λέγω, εἰ ἀνα-
μνησθῶμεν τῆς γενέσεως τοῦ περισσαρτίου. εἰρήκαμεν
ὅτι ἐκκείσθωσαν οἱ περιττοὶ ἐξ ἀρχῆς καὶ οἱ ἀρτιάκις
ἄρτιοι καὶ πρὸς ἀλλήλους πολλαπλασιαζόμενοι ποιή-
20 σουσι τοὺς περισσαρτίους. οὐκοῦν οἱ μὲν κατὰ μῆκος
στίχοι κοινωνοῦσι τῷ ἀρτιάκις ἀρτίῳ, ἡ δὲ ἀκροστι-
χὶς τῶν κατὰ πλάτος ἀριθμῶν τῷ ἀρτιοπερίττῳ
κοινωνεῖ. ἵνα δὲ σαφὲς ᾖ τὸ λεγόμενον, ἐκθώμεθα τούς
τε περιττοὺς καὶ τοὺς ἀρτιάκις ἀρτίους καὶ ποιήσο-
25 μεν στίχους περισσαρτίων καὶ εὑρίσκομεν τὸ ζητού-
μενον· γ, ε, ζ, θ, ια, ιγ, ιε· δ, η, ιϛ, λβ, ξδ, ρκη, σνϛ·
ἰδοὺ οἵ τε ἀρτιάκις ἄρτιοι καὶ οἱ περιττοί· πολλαπλα-
σιαζέσθω οὖν ὁ γ ἐπὶ πάντας τοὺς ἀρτιάκις ἀρτίους
καὶ ποιείτω τέως ἕνα στίχον περισσαρτίων· ιβ, κδ,
30 μη, ϙϛ, ρϙβ, τπδ, ψξη. πάλιν ἐφεξῆς πέντε πρὸς τοὺς
ἀρτιάκις ἀρτίους πολλαπλασιαζέσθω καὶ ποιείτω
ἄλλον στίχον περισσαρτίων· κ, μ, π, ρξ, τκ, χμ, ͵ασπ.

πα = Philop. ϙγ–ϙε

4–5 = Nicom. X, 2.

πα,ι = Nicom. X, 4.

5 πλεῖον AM: πλέον Nicom.
πα. 3 μὲν τῶν M: τῆς A
4 τῷ (Philop.)] AM
6 ἴσον τῷ ὑπὸ τῶν μέσων A: τῷ ὑπὸ τῶν μέσων ἴσον M (τοῖς pro τῷ fec. M² s. v., P²)
11 εἴδη M: ἤδη A
12 τὰ fec. M² (ut vid.): τὸ AM || ἴσα fec. M²: ἴσον AM
12–13 τῷ ὑπὸ τῶν μέσων καὶ τῷ ἀπὸ τοῦ μέσου AM: τῷ ἀπὸ τοῦ μέσου M² (et del. τῷ ὑπὸ τῶν μέσων καὶ)
16 δὲ M: om. A
21 δὲ M: om. A
29–32 περισσαρτίων ... περισσαρτίων M: περισσαρτίων A

ὁμοίως πάλιν ὁ ἐφεξῆς ζ πολλαπλασιαζέσθω πρὸς
τοὺς ἀρτιάκις ἀρτίους καὶ ποιείτω ἄλλον στίχον
περισσαρτίων· κη, νϛ, ριβ, σκδ, υμη, ωϙϛ, ͵αψϙβ. 35
πάλιν ὁ ἐφεξῆς θ πρὸς τοὺς ἀρτιάκις ἀρτίους πολλα-
πλασιαζόμενος ποιείτω ἕτερον στίχον περισσαρτίων·
λς, οβ, σπη, φος, ͵αρνβ, ͵βτδ. ὡσαύτως καὶ ἐπὶ
τῶν λοιπῶν, ἀλλὰ ἀρκέσει ἕνεκεν παραδείγματος· εἰ
δοκεῖ μέν, ἅμα τοὺς στίχους τῶν περισσαρτίων ἐκθώ- 40
μεθα· εὑρήσεις τοίνυν ἐπὶ τῶν στίχων κοινωνίαν πρὸς
τὸν ἀρτιάκις ἄρτιον, ἐπὶ δὲ τῆς ἀκροστιχίδος πρὸς
τὸν ἀρτιοπέριττον· οἷον ἴδωμεν ἐπὶ τῶν στίχων τὴν
κοινωνίαν· ἐπὶ τοῦ πρώτου στίχου ἄκροι εἰσὶν ὁ ιβ
καὶ ὁ ψξη· πολλαπλασίασον τοίνυν αὐτούς, ὥσπερ 45
καὶ ἐπὶ τοῦ ἀρτιάκις ἀρτίου ἐποιοῦμεν (καὶ γὰρ ἐκεῖ
ἐπολλαπλασιάζομεν)· γίνεται τοίνυν δωδεκάκις ψξη,
͵θσις· οὗτος τοίνυν ὁ ὑπὸ τῶν ἄκρων ἐστί, μέσος δὲ
εἷς ἔστιν ὁ ϙς, ἐπειδὴ περιττὴ ἡ ἔκθεσις· ὁ οὖν ὑπὸ
τῶν ἄκρων ἴσος τῷ ἀπὸ τοῦ μέσου, ὁ ϙς· ὥσπερ 50
γὰρ αἱ ιβ ἐπὶ τὰς ψξη πολλαπλασιασθεῖσαι ποιοῦσι
͵θσις, οὕτω καὶ ὁ ϙς ἐφ' ἑαυτὸν πολλαπλασιασθεὶς
ποιεῖ ⟨͵θσις⟩. ὡσαύτως καὶ ἐπὶ τῶν παρ' ἑκάτερα·
πάλιν γὰρ ὁ ὑπὸ τῶν ἄκρων, τοῦ τε κδ καὶ τοῦ τπδ,
ἴσος ἐστὶ τῷ ἀπὸ τοῦ μέσου, τοῦ ϙϛ· πολλαπλασια- 55
ζόμεναι γὰρ αἱ κδ ἐπὶ τὰς τπδ ποιοῦσι ͵θσις, ἀλλὰ
καὶ ὁ ϙϛ ἐφ' ἑαυτὸν πολλαπλασιασθεὶς ποιεῖ ͵θσις. εἰ
δὲ ἀρτίας ἐκθέσεις λάβῃς, πάλιν εὑρήσεις ὅτι τὸ ὑπὸ
τῶν ἄκρων ἴσον τῷ ὑπὸ τῶν μέσων. ἰδοὺ τοίνυν ὑπὸ
ἐκοινώνησε κατὰ τοῦτο τῷ ἀρτιάκις ἀρτίῳ. κατὰ τὸν 60
αὐτὸν δὲ τρόπον καὶ ἐπὶ τοῦ δευτέρου στίχου εὑρή-
σεις τὸ ὑπὸ τῶν ἄκρων, τῶν κ καὶ τῶν ͵ασπ, ἴσον
τῷ ἀπὸ τοῦ μέσου, τοῦ ρξ· αἱ γὰρ κ ἐπὶ τὰς ͵ασπ
πολλαπλασιαζόμεναι ποιοῦσι μυριάδας β, ͵εχ, ἀλλὰ
καὶ αἱ ρξ ἐφ' ἑαυτὰς πολλαπλασιαζόμεναι ποιοῦσι 65
τὰς αὐτὰς β μυριάδας ͵εχ. ὡσαύτως καὶ τῶν παρ'
ἑκάτερα ἄκρων τὸ ὑπὸ τῶν μ καὶ τῶν χμ ἴσον τῷ
ἀπὸ τοῦ μέσου, τοῦ ρξ· πάλιν γὰρ γίνονται μυριάδες
β, ͵εχ· ὁμοίως καὶ τὸ ὑπὸ τῶν π καὶ τῶν τκ ἴσον τῷ
ἀπὸ τοῦ μέσου τοῦ ρξ. κατὰ τὸν αὐτὸν δὲ τρόπον εὑρήσεις καὶ 70
ἐπὶ τῶν λοιπῶν στίχων, ὥστε τέως ἐδείχθη ἡ πρὸς
τὸν ἀρτιάκις ἄρτιον κοινωνία. ἐὰν δὲ καὶ ἀρτίας ποιή-
σῃς τὰς ἐκθέσεις, εὑρήσεις τὸ ὑπὸ τῶν ἄκρων ἴσον τῷ
ὑπὸ τῶν μέσων. ἔλθωμεν λοιπὸν ἐπὶ τὴν ἀκροστιχίδα
καὶ πάντως εὑρήσομεν τὴν πρὸς τὸν περισσάρτιον 75

33 ὁμοίως M: ὁμοίως δέ A
35 νϛ M: νδ A
37 ἕτερον M: τὸν ἕτερον A
50 ἴσος M: ἴσον A || τῷ (Philop.)] τὸ AM
53 ͵θσις (Philop.)] om. AM (cf. n. ad loc.)
55 ἴσος M: ἴσον A || τῷ (Philop.)] τὸ AM
56 ͵θσις (σ s. v.) M²: ͵θις A
58 ἀρτίας M: ἀρτίωνας A || λάβῃς M: λάβεις A
64–65 πολλαπλασιαζόμεναι ... πολλαπλασιαζόμεναι M: πολ-
λαπλασιαζόμεναι A
71 στίχων (Philop.)] στοιχείων AM
72–73 ποιήσῃς M: ποιήσεις A
74 ὑπὸ M: ἀπὸ A

κοινωνίαν ἐπὶ τοῦ ἀρτιοπερίττου, ὁ μέσος ἥμισυς ἦν
τῶν ἄκρων, εἰ περιτταὶ αἱ ἐκθέσεις, εἰ δὲ ἄρτιαι, οἱ
μέσοι τοῖς ἄκροις ἴσοι· εὑρήσεις οὖν τοῦτο· ἐνταῦθα
γὰρ ἐπὶ τοῦ προκειμένου παραδείγματος ἄκροι εἰσὶν
80 ἐπὶ τῆς ἀκροστιχίδος ὁ ιβ καὶ ὁ λς· σύνθες τούτους
(ἐπὶ τοῦ ἀρτιοπερίττου σύνθεσις ἐλαμβάνετο ὡς
ἐδείξαμεν καὶ οὐ πολλαπλασιασμός), γίνονται μη·
σύνθες καὶ τοὺς μέσους τόν τε κ καὶ τὸν κη, γίνονται
μη· ὁρᾷς ὅτι ὁ ὑπὸ τῶν ἄκρων ἴσος τῷ ὑπὸ τῶν μέ-
85 σων. εἰ δὲ περιττὰς ἐκθέσεις λάβῃς, πάντως ὁ μέσος
ἥμισυς εὑρεθήσεται τῶν ἄκρων. καὶ ἐπὶ τῶν παρ'
ἑκάτερα τὰ αὐτὰ παρακολουθήσει. δέδεικται ἄρα
πῶς ἐν τῷ περισσαρτίῳ καὶ τὰ τοῦ ἀρτιάκις ἀρτίου
συμβαίνοντα καὶ τὰ τοῦ ἀρτιοπερίττου.

πβ. **καὶ πάλιν ὁ μηδετέρῳ.** τὰ μὲν γὰρ τῶν ἄκρων
καὶ τῶν μέσων συμβέβηκεν αὐτῷ, ὥσπερ καὶ ἐπ' ἐκεί-
νων· πάλιν δὲ οὐδετέρῳ αὐτῶν κοινωνεῖ· τῷ μὲν ἀρ-
τιάκις ἀρτίῳ οὕτως· ὅτι ἐκεῖνος μὲν ἄχρι μονάδος
5 διαιρεῖται, οὗτος δὲ οὔ· τῷ δὲ ἀρτιοπερίττῳ οὕτως·
ὅτι ἐκεῖνος μὲν μίαν τομὴν ἐπεδέχετο, οὗτος δὲ οὔ,
ἀλλὰ καὶ πλείους. | **γεννᾶται δὲ καὶ οὗτος.** τὴν γένε-
σιν λέγει· ἤδη δὲ σαφῶς πάντα εἰρήκαμεν καὶ οὐδε-
μιᾶς χρῄζομεν ἄχρι τοῦ τέλους τοῦ περισσαρτίου
10 ἐξηγήσεως, ἀλλ' ἐκεῖνο μόνον εἴπωμεν ἔξωθεν ὅτι οἱ
τῆς ἀκροστιχίδος ἀλλήλων ὀγδοάδι ὑπερέχουσιν,
ἐπειδὴ πάντες οἱ τῆς ἀκροστιχίδος γίνονται τῶν πε-
ριττῶν ἐπὶ δ πολλαπλασιαζομένων· δὶς δὲ δ γίνονται
η· διὰ τοῦτο ἄρα ὀγδοάδι ὑπερέχουσιν ἀλλήλων.

πγ. **περὶ τοῦ περισσοῦ.** εἰρηκὼς τὰ τρία εἴδη τοῦ
ἀρτίου νῦν μέτεισιν ἐπὶ τὰ τοῦ περιττοῦ, καὶ λέγει
ὅτι τρία ἐστὶ καὶ αὐτά· ἓν μὲν τὸ πρῶτον καὶ ἀσύνθε-
τον, ἕτερον δὲ τὸ δεύτερον καὶ σύνθετον, καὶ τρίτον,
5 ὃ πρὸς μὲν ἑαυτὸ σύνθετόν ἐστι πρὸς δὲ ἄλλο ἀσύνθε-
τον. οἷον τί λέγω; πρῶτον καὶ ἀσύνθετόν ἐστι τὸ
ὑπὸ μονάδος μόνης μετρούμενον κοινῷ μέτρῳ, οἷον ὁ

γ πρῶτος καὶ ἀσύνθετος, ἀλλὰ καὶ ὁ ε καὶ ὁ ζ καὶ ὁ
ια καὶ ὁ ιγ καὶ ὁ ιζ καὶ ἁπλῶς πάντες οἱ ὑπὸ μόνης
μονάδος μετρούμενοι πρῶτοι καὶ ἀσύνθετοί εἰσιν. 10
ὅσοι δὲ καὶ ὑπὸ τῆς μονάδος μετροῦνται καὶ ὑπὸ
ἄλλου δὲ δεύτεροί εἰσι καὶ σύνθετοι, ὥσπερ ὁ θ καὶ ὁ
ιε καὶ ὁ κα καὶ οἱ τοιοῦτοι· ὁ γὰρ θ μετρούμενος καὶ
ὑπὸ μονάδος καὶ ὑπὸ ἄλλου μετρεῖται, καὶ γὰρ καὶ
ὑπὸ τοῦ γ· τρὶς γὰρ τρεῖς θ· ὡσαύτως καὶ ὁ ιε καὶ οἱ 15
λοιποί. λέγονται οὕτως ἐκεῖνοι μὲν πρῶτοι καὶ ἀσύν-
θετοι, ἐπειδὴ ὑπὸ μόνης τὴν μονάδος μετροῦνται,
ἐπεὶ οὐκ ἔχουσιν ἄλλο τι τὸ συντιθὲν αὐτοὺς ἢ με-
τροῦν· οὗτοι δὲ δεύτεροι καὶ σύνθετοι λέγονται,
ἐπειδὴ οἱ πρῶτοι καὶ ἀσύνθετοι αὐτοὺς συντιθέασι 20
καὶ μετροῦσιν, οἷον ὁ θ ὑπὸ τοῦ γ μετρεῖται, ὁ γ
πρῶτος καὶ ἀσύνθετος· ὡσαύτως καὶ ὁ ιε ὑπὸ τοῦ γ
καὶ ε μετρεῖται, ἀλλὰ καὶ ὁ γ πρῶτος καὶ ἀσύνθετος
καὶ ὁ ε, ὥστε εἰς τοὺς πρώτους καὶ ἀσυνθέτους ἀνα-
λύονται· εἰς ὃ δέ τι ἀναλύεται, ἐκεῖνο πρῶτον καὶ 25
ἀρχοειδέστερόν ἐστι· τὸ γὰρ διαλυτὸν εἰς τι πρῶτον
ἀναλύεται. ταῦτα καὶ περὶ τοῦ δευτέρου εἴδους. τρί-
τον δέ ἐστιν ὃ αὐτὸ μὲν πρὸς ἑαυτὸ σύνθετόν ἐστι,
πρὸς δὲ ἄλλο ἀσύνθετον· οἷον ὁ θ πρὸς ἑαυτὸν δεύτε-
ρος καὶ σύνθετός ἐστι· τρὶς γὰρ γ θ· πρὸς δὲ τὸν κε 30
ἀσύνθετος· ἐξ ὧν γὰρ ὁ θ μετρεῖται οὐκέτι ὁ κε, καὶ
πάλιν ἐξ ὧν ὁ κε οὐκέτι ὁ θ· ὁ μὲν γὰρ θ ὑπὸ τοῦ γ
μετρεῖται· τρὶς γὰρ τρεῖς θ· ὁ δὲ κε ὑπὸ τοῦ ε· πεντά-
κις γὰρ ε κε, ἀλλ' οὐδὲ ἐν τῷ θ ἔστι ε οὐδὲ ἐν τῷ κε γ.
ταῦτά ἐστιν ἃ βούλεται διὰ τούτων εἰπεῖν. ἀναγνῶ- 35
μεν οὖν τὴν λέξιν καὶ κατὰ ταύτην ἐκθώμεθα τὴν
γένεσιν τούτων τῶν ἀριθμῶν πῶς οἷόν τέ ἐστιν
ἐπιστημονικῶς θηρᾶν αὐτοὺς πάντας. | **καθ' ὑποδιαί-
ρεσιν διακεκριμένου.** καὶ γὰρ καὶ κατὰ τὴν διαίρεσιν
διαφέρει ὁ περιττὸς τοῦ ἀρτίου, εἴ γε τοῦ ἀριθμοῦ τὸ 40
μὲν ἄρτιον τὸ δὲ περιττόν, καὶ καθ' ὑποδιαίρεσιν, εἴ
γε καὶ τὰ εἴδη τῶν εἰδῶν διαφέρει· οὐδὲν γὰρ εἶδος
τοῦ περιττοῦ εἴδει τινὶ τοῦ ἀρτίου κοινωνεῖ.

πδ. **ἔτι καὶ ἑτερώνυμον ἢ ἑτερώνυμα.** ἑτερώνυμον μὲν
ἔχουσιν οἱ γινόμενοι τῆς πλευρᾶς ἐφ' ἑαυτῆς πολλα-
πλασιαζομένης, οἷον ὁ ἓν γάρ ἐστιν ἑτερώνυμον·
τρὶς γὰρ γ θ· ὁ γοῦν ἐφ' ἑαυτοῦ πολλαπλασιαζόμε-
νος ποιεῖ τὸν θ. ἑτερώνυμα δὲ οἱ ἔχοντες τὸν πολλα- 5
πλασιασμόν· οἷον ὁ ιε· ὁ γὰρ γ ἐπὶ τὸν ε πολλαπλα-
σιασθεὶς ἐποίησε τὸν ιε· ἑτερώνυμα οὖν ἔχει οὗτος.

πβ = Philop. ϙε, 62 ff.   πγ = Philop. ϙς, ϙζ

πβ,1 = Nicom. X, 4.   7 = Nicom. X, 6.

πγ,1 = Nicom. XI, 1.

76 ἀρτιοπερίττου A et M² s. v.: περισσαρτίου M
78 ἄκροις M: om. A
83 κη M: κβ A
84 ὁ M: τὸ A ‖ ἴσος M: ἴσον A
85 λάβῃς M: λάβεις A
πβ. 1 ὁ M: ὁ A: & Nicom.
4 ἐκείνων M: ἐκεῖνο A
6 ἐπεδέχετο M: ἐπιδέχετο A
7 pr. καὶ A: om. M ‖ alt. καὶ AM et Nicom. P: om. Nicom.
11 τῆς A² (ex corr.), et M: τοῖς A ‖ ἀλλήλων M: om. A
πγ. 1 περὶ τοῦ περισσοῦ i. m. M² et Nicom. GmH: τοῦ δὲ
    περιττοῦ ἀριθμοῦ AM
5 ἑαυτὸ A: ἑαυτὸν M

πδ = Philop. ϙη

38–39 = Nicom. XI, 1.   πδ,1 = Nicom. XII, 1.

8–9 καὶ ια scripsi: ὁ ια M: καὶ ὁ ιβ A (ut vid.)
13 ιε A: ι M
23 καὶ ε M (s. v.) et A
28 ὁ αὐτὸ M: ὁ αὐτὸς A ‖ ἑαυτὸ A: ἑαυτὸν M
29–30 δεύτερος scripsi: βˢ (ut vid.) M: β' A
πδ. 2 ἐφ' ἑαυτῆς (Philop.)] ὑφ' ἑαυτὴν AM

πε. ἀλλὰ πάντως ἐκεῖνον ἢ ἐκείνους. ἐκεῖνον μὲν ὡς
τὸν γ ἐπὶ τοῦ θ· εἷς γάρ ἐστιν ὁ γ καὶ ἐφ' ἑαυτὸν
πολλαπλασιασθεὶς ἐποίησε τὸν θ· ἐκείνους δὲ ὡς ὁ γ
καὶ ὁ ε ἐπὶ τοῦ ιε· τρὶς γὰρ ε ιε. | ἐξηλλαγμένως καὶ
5 οἰκειότερον. ἐπειδὴ μετὰ τὸ καὶ τούτους τῷ κοινῷ
τῆς μονάδος μέτρῳ μετρεῖσθαι, μετροῦνται καὶ ὑπὸ
ἀλλήλων.

πϛ. ἡ δὲ τούτων γένεσις καλεῖται ὑπὸ Ἐρατοσθένους κόσκι-
νον. ἐντεῦθεν λοιπὸν τὴν γένεσιν ἐκτίθεται τῶν τριῶν
διὰ μιᾶς μεθόδου, ἐπεὶ οὖν ὥσπερ καρπὸν καὶ ἄχυρον
διακρίνει ἀπ' ἀλλήλων καὶ ψάμμον τὸ κόσκινον, οὕτω
5 κἀνταῦθα ὑπὸ μίαν μέθοδον ἀνάγονται τὰ τρία καὶ
διακρίνομεν αὐτὰ ὡς μέλλομεν λέγειν· διὰ τοῦτο κό-
σκινον φαμὲν τὴν γένεσιν. ἔστιν οὖν ἡ γένεσις αὐτῶν
τοιαύτη. ἐκτίθει τοὺς ἀπὸ τριάδος περιττοὺς ἐν στίχῳ
καὶ ἔκτεινον ἐπὶ πολύ, ἵνα τῷ πλήθει θηράσῃς τὰ γ
10 εἴδη· καὶ ὁ μὲν γ εὐθὺς ἐφ' ἑαυτὸν πολλαπλασιαζέσθω
καὶ ποιείτω τὸν θ. εἶτα ἐπὶ τὸν ἐφεξῆς τὸν ε καὶ με-
τρείτω τὸν ιε, εἶτα ἐπὶ τὸν ζ καὶ μετρείτω τὸν κα.
καὶ οὕτως ἕως οὗ βούλει τὸν στίχον εἶναι· εἶτα μετὰ
τὸ πληρῶσαι, πάλιν τὸν ε τὸν ἐφεξῆς τοῦ γ ἄρξαι
15 μετρικῶς λαμβάνειν, εἶτα πάλιν πληρώσας τὸν στί-
χον, τὸν ζ. καὶ πάλιν πληρώσας, τὸν θ· καὶ τοῦτο
ἐφεξῆς. καὶ εὑρήσεις πάντως τὰ τρία εἴδη· ἢ γὰρ
μετρηθήσεταί τις ὑπὸ δύο ἢ οὐ μετρηθήσεται ὑπὸ
δύο, ἀλλὰ ὑπὸ ἑνός, ἢ οὐδὲ ὅλως τις μετρηθήσεται.
20 καὶ οἱ μὲν μετρούμενοι ὑπὸ πλειόνων πάντως δεύτε-
ροι καὶ σύνθετοί εἰσιν, οἱ δὲ μὴ μετρούμενοι ὅλως
πρῶτοι καὶ ἀσύνθετοι, οἱ δὲ ἅπαξ μετρούμενοι πρὸς
μὲν ἑαυτοὺς σύνθετοι, πρὸς δὲ ἀλλήλους ἀσύνθετοι.
καὶ ἵνα σαφὴς σοι γένηται ἡ εὕρεσις αὐτῶν τοῖς με-
25 τρουμένοις τοὺς ὑφ' ὧν μετροῦνται ἐπάνω προστίθει,
καὶ ἐκ τούτου ὅσοι εὑρεθῶσι μηδὲ ὅλως δεξάμενοι
προσθήκην δῆλοι ἔσονται ὡς πρῶτοι ὄντες καὶ
ἀσύνθετοι, οἱ δὲ δύο ἔχοντες προσθήκας δεύτεροι καὶ
σύνθετοι εὑρεθήσονται, οἱ δὲ μίαν πρὸς μὲν ἑαυτοὺς
30 σύνθετοι, πρὸς δὲ ἀλλήλους ἀσύνθετοι. τάξει δέ τινι

προέρχεται ἡ γένεσις αὐτῶν· ὁ γὰρ γ ἑαυτὸν πολλα-
πλασιάζων ποιεῖ τὸν θ, δύο ἔχων ἐν μέσῳ ἀριθμούς,
τὸν ε καὶ τὸν ζ· ὡσαύτως δὲ τὸν ιε μετρεῖ· τρὶς γὰρ ε
ιε· δύο ἔχων ἐν τῷ μέσῳ ἀριθμούς, τὸν ια καὶ τὸν ιγ·
καὶ πάλιν τὸν κα μετρεῖ κατὰ τὸν ζ, δύο ἔχων ἐν 35
μέσῳ, τὸν ιζ καὶ ιθ· καὶ τοῦτο ἐφεξῆς εὑρήσεις, ὅτι ὁ
ε μὲν κατὰ τὸν γ τὸν ιε μετρεῖ, τέσσαρας ἐν τῷ μέσῳ
ἔχων ἀριθμούς, τὸν ζ καὶ τὸν θ καὶ τὸν ια καὶ τὸν ιγ·
πάλιν δὲ τὸν κε μετρεῖ ἐφ' ἑαυτὸν πολλαπλασιαζό-
μενος, τέσσαρας ἐν τῷ μέσῳ ἔχων, τὸν ιζ, τὸν ιθ, τὸν 40
κα, τὸν κγ· καὶ ἐφεξῆς οὕτως. ὁ δὲ ζ πάλιν τῇ αὐτῇ
τάξει μετρήσει, ϛ ἔχων ἐν τῷ μέσῳ, ὁ δὲ θ η, καὶ ἁ-
πλῶς ἡ μέθοδος τῆς τάξεώς ἐστι τοιαύτη. κατὰ τὴν
τάξιν τῶν ἀρτίων πάντως ὁ ἀριθμὸς τῶν μέσων
εὑρίσκεται, οἷον πρῶτος ἄρτιος ὁ β· διὰ τοῦτο οὖν 45
ὁ γ πρῶτος ὢν τῶν περιττῶν, δύο ἔχει τοὺς μέσους·
πάλιν ὁ δ δεύτερος ἄρτιος· διὰ τοῦτο οὖν ὁ ε δεύτερος
ὢν περιττός, τέσσαρας ἔχει τοὺς μέσους· ὡσαύτως
τρίτος ἄρτιος ὁ ϛ· διὰ τοῦτο ὁ ζ τρίτος ὢν περιττός,
ϛ ἔχει τοὺς μέσους. καὶ ἐπὶ τῶν λοιπῶν πάντων ἡ 50
αὐτὴ τάξις εὑρεθήσεται. ἔστι δὲ καὶ ἄλλως εὑρεῖν τὴν
τάξιν· τὰς χώρας γὰρ διπλασιάζουσι καὶ ὅσος ὁ δι-
πλασιασμός, τοσοῦτοι οἱ μέσοι, οἷον ὁ γ τὴν πρώ-
την χώραν ἔχει· οὐκοῦν δὶς μία, τί ἐστι; δύο· διὰ
τοῦτο οὖν ὁ γ δύο μέσους ἔχει· εἶτα ὁ ε τὴν β ἔχει 55
χώραν, οὐκοῦν δὶς δύο γίνεται δ, διὰ τοῦτο τέσσα-
ρας ἔχει μέσους· ὁ ζ τρίτην ἔχει χώραν, δὶς οὖν γ ϛ·
οὐκοῦν διὰ τοῦτο οὗτος ἔχει ϛ· καὶ ἐπὶ τῶν ἄλλων
εὑρήσεις ταύτην τὴν τάξιν. ἐπεὶ τοίνυν ἡ τῆς μεθό-
δου παραδέδοται, ἐκθέμεθα καὶ παραδείγματα, ἀλλὰ 60
ἐπὶ μῆκος τῆς τετράδος ἵνα μείζων ὁ στίχος γένηται·

$$\gamma,\ \varepsilon,\ \zeta,\ \frac{\gamma}{\theta},\ \iota\alpha,\ \iota\gamma,\ \frac{\gamma,\varepsilon}{\iota\varepsilon},\ \iota\zeta,\ \iota\theta,\ \frac{\gamma,\zeta}{\kappa\alpha},\ \kappa\gamma,\ \frac{\varepsilon}{\kappa\varepsilon},\ \frac{\gamma}{\kappa\zeta},\ \kappa\theta,\ \lambda\alpha,$$

$$\frac{\gamma}{\lambda\gamma},\ \frac{\varepsilon,\zeta}{\lambda\varepsilon},\ \lambda\zeta,\ \frac{\gamma}{\lambda\theta},\ \mu\alpha,\ \mu\gamma,\ \frac{\gamma}{\mu\varepsilon},\ \mu\zeta,\ \frac{\zeta}{\mu\theta},\ \frac{\gamma}{\nu\alpha}\cdot \text{ ἰδοὺ τοίνυν}$$

οἱ μὲν μὴ ἔχοντες ἄνω τὰ μέτρα πρῶτοι καὶ ἀσύνθετοί
εἰσιν, οἱ δὲ β ἔχοντες ἐπάνω δεύτεροι καὶ σύνθετοι, 65
οἱ δ' ἐν πρὸς ἀλλήλους μὲν ἀσύνθετοι πρὸς δὲ ἑαυτοὺς
σύνθετοι. ἀλλ' οὖν ἰστέον ὅτι, ἐπειδὴ μὴ ἔστι χάρτης

πε =   πϛ = Philop. ρ

πε,1 = Nicom. XII, 1.   4-5 = Nicom. XII, 1.

πϛ,1-2 = Nicom. XIII, 2.

πε. 1 pr. ἐκεῖνον AM: ἢ ἐκεῖνον Nicom. (et
cf. lin. 3): ἐκείνου AM || ἐκείνους Nicom.
2 τὸν A: om. M
3 ἐκείνους A: ἐκεῖνα A
5 οἰκειότερον AM: ἰδιαίτερον Nicom. || τῷ κοινῷ M: κοινῆς (ut
vid.) A
6 μετρεῖσθαι A: μετρεῖται M || ὑπὸ A: ἀπὸ M
7 ἀλλήλων M: ἄλλων A
πϛ. 1-2 καλεῖται ... κόσκινον AM: ὑπὸ Ἐρατοσθένους καλεῖται
κόσκινον Nicom.
2 λοιπὸν A: λοιπῶν M
16 τοῦτο M: οὕτως A
23 et 30 ἀλλήλους (Philop.)] ἄλλους AM

35 κα μετρεῖ scripsi: καταμετερεῖν AM
36 ὅτι A et (τι fec. M² ut vid.) M
36-37 ὁ ε scripsi: οὗτος AM
45 ὁ β A et M² i. m. (ὁ δύο): ὁ δεύτερος M
48 περιττός M: περιττοὺς A
62 $\frac{\gamma}{\theta}$ scripsi: $\frac{\gamma,\gamma}{\theta}$: θ A || $\frac{\gamma,\varepsilon}{\iota\varepsilon}$ scripsi: ιε AM || $\frac{\gamma,\zeta}{\kappa\alpha}$ M: κα
A || $\frac{\varepsilon}{\kappa\varepsilon}$ scripsi: $\frac{\varepsilon,\varepsilon}{\kappa\varepsilon}$ M: κε A || $\frac{\gamma}{\kappa\zeta}$ scripsi: $\frac{\gamma,\theta}{\kappa\zeta}$ M: κζ A
63 $\frac{\gamma}{\lambda\gamma}$ scripsi: $\frac{\gamma,\iota\alpha}{\lambda\gamma}$ M: λγ A || $\frac{\varepsilon,\zeta}{\lambda\varepsilon}$ M: λε A || $\frac{\gamma}{\lambda\theta}$ scripsi:
$\frac{\gamma,\iota\gamma}{\lambda\theta}$ M: λθ A || $\frac{\gamma}{\mu\varepsilon}$ M: με A || $\frac{\zeta}{\mu\theta}$ scripsi:
$\frac{\zeta,\zeta}{\mu\theta}$ M: μθ A || $\frac{\gamma}{\nu\alpha}$ scripsi να AM
66 ἀλλήλους (Philop.)] ἄλλους AM

ὁ ὀφείλων ἐπ' ἄπειρον στίχον ἀριθμῶν διέχεσθαι,
δοκεῖ ψεύδεσθαι τὸ λέγον, ὅτι ὁ ἓν μέτρον ἔχων ἀρι-
70 θμὸς πρὸς μὲν ἑαυτὸν σύνθετός ἐστι πρὸς δὲ ἄλλον
ἀσύνθετος· ἰδοὺ γὰρ ἐν τῷ ἐκτεθέντι ὑφ' ἡμῶν παρα-
δείγματι ὁ κζ ἓν μέτρον ἔχει τὸ τοῦ γ· ὡσαύτως καὶ
ὁ λθ καὶ ὅμως οὐκ εἰσὶ πρὸς ἀλλήλους ἀσύνθετοι,
πρὸς δὲ ἑαυτοὺς σύνθετοι· ἀμφότεροι γὰρ ὑπὸ τοῦ γ
75 μετροῦνται. χρὴ οὖν εἰδέναι ὅτι εἰ ἦν δυνατὸν μείζονα
στίχον ποιῆσαι, εἶχε καὶ ὁ κζ δέξασθαι ἄλλο μέτρον
τὸ τοῦ θ, ὅτε τὸν θ ἐμέλλομεν ποιεῖν· ἐννάκις γὰρ
τρεῖς κζ. καὶ ὁ λθ δὲ ὡσαύτως ἄλλο μέτρον δέξαιτο
ἂν τὸ τοῦ ιγ, εἴ γε ἦμεν λαβόντες τὸν ιγ· τρισκαιδε-
80 κάκις γὰρ τρεῖς λθ. ἐπεὶ οὖν διὰ τοῦτο οὐ δυνάμεθα
ὅσον ἐκ τούτου ἀποφήνασθαι καὶ εἰπεῖν ἔστι καθόλου
ἐπὶ τῆς ἐκθέσεως τῶν περιττῶν· οἱ μὲν ἑαυτοὺς πολ-
λαπλασιάζοντες, ποιοῦσι πρὸς μὲν ἑαυτοὺς συνθέ-
τους πρὸς δὲ ἀλλήλους ἀσυνθέτους, οἷον ὁ θ καὶ ὁ κε·
85 πρὸς μὲν ἀλλήλους ἀσύνθετοι, πρὸς δὲ ἑαυτοὺς σύν-
θετοι, ἐπειδὴ τὸν μὲν θ ὁ γ πολλαπλασιασθεὶς ἐποίησε,
τὸν δὲ κε ὁ ε· ὡσαύτως καὶ ὁ κε καὶ ὁ μθ, ἐπειδὴ τὸν
μὲν κε ὁ ε ἐποίησεν ἐφ' ἑαυτὸν πολλαπλασιασθείς,
τὸν δὲ μθ ὁ ζ. οἱ δὲ γενόμενοι ἐκ τῶν ἑαυτοὺς πολλα-
90 πλασιαζόντων οὗτοι δεύτεροι καὶ σύνθετοί εἰσι· ταῦ-
τα μὲν περὶ τῆς μεθόδου ταύτης. ἰστέον δὲ ὅτι ἔστι
μέθοδος ὥστε εὑρίσκειν σε τοὺς πρὸς μὲν ἑαυτοὺς
συνθέτους πρὸς δὲ ἀλλήλους ἀσυνθέτους, οἷον τέως
ὡς ἐπὶ μὲν τῶν τετραγώνων περιττῶν δηλονότι
95 γυμνάσωμεν· λαβὲ πρώτους καὶ ἀσυνθέτους ἀριθ-
μούς, οἷον τὸν γ καὶ τὸν ε, πολλαπλασίασον τούτους
ἐφ' ἑαυτούς, καὶ γίνονται θ (τρὶς τρία) καὶ κε (πεντά-
κις ε). ἰδοὺ οὗτοι οἱ γενόμενοι τετράγωνοι πρὸς ἀλλή-
λους μὲν ἀσύνθετοί εἰσι πρὸς δὲ ἑαυτοὺς σύνθετοι,
100 ὡσαύτως ἐπ' ἄπειρον· τὸν μὲν ἐκ τοῦ θ προϊόντα ἐπὶ
τὸν γ πολλαπλασίαζε, τὸν δὲ ἐκ τοῦ κε ἐπὶ τὸν ε, καὶ
πάντας ποιήσεις πρὸς μὲν ἑαυτοὺς συνθέτους πρὸς
δὲ ἀλλήλους ἀσυνθέτους, οἷον πάλιν ποίησον τρὶς
θ κζ, ἀλλὰ καὶ πεντάκις κε ρκε· ὁ ἄρα κζ καὶ ὁ ρκε
105 πρὸς μὲν ἀλλήλους εἰσὶν ἀσύνθετοι, πρὸς δὲ ἑαυτοὺς
σύνθετοι· καὶ πάλιν ποίησον τρὶς κζ, γίνονται πα,
καὶ πεντάκις ρκε γίνονται χκε· οἱ ἄρα πα καὶ χκε πρὸς
ἀλλήλους μὲν ἀσύνθετοι πρὸς δὲ ἑαυτοὺς σύνθετοι.
καὶ ἐφεξῆς τοῦτο ποιῶν εὑρήσεις τοὺς γινομένους
110 πάντας τοιούτους. οὐ μόνον δὲ ἐπὶ τῶν τετραγώνων
ἐστὶ τοῦτο, ἀλλὰ καὶ ἐπὶ τῶν ἑτερομηκῶν (καὶ αὐτὸς
μὲν ἔχει προϊὼν εἰπεῖν ὅτι ἑτερομήκεις καὶ προμήκεις

διαφέρουσιν· ἑτερομήκεις μὲν γάρ εἰσιν οἱ μονάδι μόνῃ
διαφέροντες, οἷον ὁ δ καὶ ὁ γ, ὁ ε καὶ ὁ ς, καὶ οἱ τοιοῦ-
τοι· προμήκεις δὲ οἱ δυάδι ἢ καὶ τριάδι καὶ τετράδι 115
καὶ πλείονι ἀριθμῷ, οἷον ὁ γ καὶ ὁ ε ἢ ὁ γ καὶ ὁ ς).
ἐὰν τοίνυν λάβῃς ἀριθμοὺς τέσσαρας πρὸς ἀλλήλους
πρώτους καὶ ἀσυνθέτους καὶ πολλαπλασιάσῃς τοὺς
δύο καὶ πάλιν τοὺς δύο καὶ ἀπὸ τῶν μειζόνων ἄχρι
τοσούτου ἀφαιρήσῃς ἄχρις οὗ μηκέτι ἔστι τοῦ μεί- 120
ζονος ἀφελεῖν, καταντήσεις εἰς ⟨μονάδα⟩ τὸ κοινὸν
αὐτῶν μέτρον. τοσαῦτα καὶ περὶ τούτου. ἀναγινω-
σκέσθω λοιπὸν ἡ λέξις, καὶ εἴ που τί ἐστιν ἐν αὐτῇ
ἀσαφές, ἐξηγήσεως ἀξιούσθω.

πζ. **ἀρξάμενος ἀπὸ τοῦ πρωτίστου.** τουτέστιν ἀπὸ
τοῦ γ, **τοὺς δύο μέσους διαλείποντας,** τόν τε ε καὶ
τὸν ζ, ὅταν ἐφ' ἑαυτὸν πολλαπλασιαζόμενος τὸν
θ μετρεῖ· εἰ δὲ τὸν ιε ἐπὶ τὸν ε πολλαπλασιάζομεν, τὸν
ια καὶ τὸν ιγ μέσους ἔχει· καὶ ἐφεξῆς ὡς εἴρηται ἐν τῇ 5
μεθόδῳ ἄχρις οὗ μετρεῖ δύο μέσους εὑρίσκεται ἔχων.

πη. **ἀλλὰ τὸν μὲν πρῶτον.** ἀντὶ τοῦ τὸν πρώτως ὑπὸ
τοῦ γ μετρούμενον, ὅ ἐστι τὸν θ. μὴ οὖν εἰκῇ μετρεί-
τωσαν, ἀλλὰ τὸν θ οὕτω κείμενον ὡς δύο μέσους
ὑπερβαίνειν, τόν τε ε καὶ τὸν ζ· μετρήσει ὁ κατὰ τὴν
τοῦ πρωτίστου ἐν τῷ στίχῳ κείμενος ποσότητα, ὅ 5
ἐστιν ὁ γ.

πθ. **κατὰ τὴν ἑαυτοῦ.** ἀντὶ τοῦ ἐφ' ἑαυτὴν πολλαπλα-
σιαζόμενος.

ϟ. **τρὶς γάρ.** ἀντὶ τοῦ τρὶς γὰρ τρεῖς θ γίνεται.

ϟα. **τὸν δὲ ἀπ' ἐκείνου.** ἀντὶ τοῦ τὸν ιε τὸν ὄντα
μετὰ τὸν θ διαλείποντα ⟨β⟩· διαλείπουσι γὰρ μέσοι

πζ = Philop. ρα	πη = Philop. ρβ	πθ = Philop. ρβ
ϟ = Philop. ρβ	ϟα = Philop. ργ	

πζ,1 = Nicom. XIII, 3.	2 = Nicom. XIII, 3.
πη,1 = Nicom. XIII, 3.	πθ,1 = Nicom. XIII, 3.
ϟ,1 = Nicom. XIII, 3.	ϟα,1 = Nicom. XIII, 3.

73 πρὸς ἀλλήλους A: πρὸς ἃ ἀλλήλους M
76 ποιῆσαι M: ποιεῖσαι A || εἶχε καὶ M: εἶχεν A
78 ἄλλο M: ἄλλῳ A || μέτρον M: μέτρῳ A
79 τὸ M: τῷ A
80 διὰ τοῦτο M: ἐκ τούτου (vel τούτου) A
81 ἔστι (Philop.)] ὅτι AM
89–90 πολλαπλασιαζόντων A: πλησιαζόντων M
92 εὑρίσκειν (ut vid.) AM: εὑρισκήν P: εὑρίσκεσθαι P² i. m. || σε M: τε A
93 ἀλλήλους scripsi: ἄλλους AM
110 πάντας A (ut vid.): πάντως M

113 μὲν γάρ A: γὰρ μὲν M
120 ἀφαιρήσῃς A: ἀφαιρήσεις M
121 μονάδα scripsi: om. AM
πζ. 1 πρωτίστου AM et Nicom. SH: πρώτου Nicom.
2 διαλείποντας AM, Nicom. C, Philop.: διαλείποντα Nicom. SH: παραλείποντας Nicom. (ex ci. Ast): παραλείποντα Nicom. GP
3 πολλαπλασιαζόμενος M: πολλαπλασιασάμενος A
4 μετρεῖ M: μετρῇ A
πη. 1 πρῶτον AM et Nicom. H: πρώτως Nicom. || alt. τὸν M: om. A
ϟ. 1 pr. τρὶς Nicom.: τρεῖς AM
ϟα. 1 ἀπ' Nicom.: ἐπ' AM (cf. etiam lin. 6)
2 β scripsi: om. AM

πάλιν δύο, ὁ ια καὶ ὁ ιγ· μετρήσει ὁ γ κατὰ τὴν πο-
σότητα τοῦ β^ου τεταγμένου ἀντὶ τοῦ κατὰ τὸν ε·
5 οὗτος γὰρ δεύτερος· ὁ γὰρ γ τὸν ιε κατὰ τὸν ε μετρεῖ·
πεντάκις γὰρ τρεῖς ιε. | τὸν δὲ πάλιν ἀπ' ἐκείνου. τὸν
δὲ κα τὸν μετὰ τὸν ιε διαλείποντα τοὺς β, τόν τε ιζ
καὶ τὸν ιθ, μετρήσει ὁ γ.

ϙβ. **κατὰ τὴν τοῦ γ^ου ἀριθμοῦ ποσότητα.** ἀντὶ τοῦ ζ·
τρίτος γὰρ ὁ ζ. ὁ οὖν γ κατὰ τὸν ζ μετρεῖ τὸν κα·
ἑπτάκις γὰρ τρεῖς κα.

ϙγ. **τὸν δὲ ἔτι περαιτέρω κείμενον.** ἀντὶ τοῦ τὸν δὲ
κζ τὸν μετὰ τὸν κα διαλείποντα β τόν τε κγ καὶ τὸν
κε μετρήσει ⟨ὁ γ⟩.

ϙδ. **κατὰ τὴν τοῦ τετάρτου ποσότητα.** ὅ ἐστι κατὰ
τὸν θ μετρεῖ· ἐννάκις γὰρ τρεῖς κζ.

ϙε. **ἔπειτα μετὰ τοῦτο ἀπ' ἄλλης ἀρχῆς.** μετὰ δὲ τὸ
πληρῶσαί σε ἕως οὗ θέλεις τὸν γ μέτελθε ἐπὶ τὸν ε
καὶ πάλιν ὡς ἀπ' ἄλλης ἀρχῆς αὐτῷ μέτρει διαλιμ-
πάνων δ.

ϙϛ. **ἀλλὰ τὸν μὲν α^ον.** ἀλλὰ τὸν μὲν ιε· πρῶτον γὰρ
τοῦτον ὁ ε μετρεῖ.

ϙβ = Philop. ρδ

ϙγ =   ϙδ =

ϙε = Philop. ρε   ϙϛ = Philop. ρε

---

6 = Nicom. XIII, 3.   ϙβ,1 = Nicom. XIII, 3.

ϙγ,1 = Nicom. XIII, 3.   ϙδ,1 = Nicom. XIII, 3.

ϙε,1 = Nicom. XIII, 4.   ϙϛ,1 = Nicom. XIII, 4.

---

4 β^ου (Philop.)] β AM
5 κατὰ (Philop.)] καὶ AM
6 τὸν ... ἐκείνου AM et Nicom. SH: τὸν δὲ περαιτέρω πάλιν Nicom.
7 τοὺς scripsi: τοῖς AM
7-8 τὸν et τὸν (Philop.)] τῷ et τῷ AM
ϙβ. 1 γ^ου Nicom.: γ AM || ἀριθμοῦ ποσότητα AM: τεταγμένου Nicom.: τεταγμένου ποσότητα Nicom. S
ϙγ. 1 τὸν ... κείμενον AM: inter περαιτέρω et κείμενον Nicom. hab. ὑπὲρ δύο || alt. δὲ M: om. A
2 τὸν μετὰ τὸν scripsi: τῷ μετὰ τῷ AM
3 ὁ γ scripsi (et cf. etiam ϙα, 8): om. AM
ϙδ. 1 τετάρτου A: δ M || ποσότητα AM: τεταγμένου Nicom. || ὅ ἐστι M: τουτέστι A
2 θ scripsi: κθ AM
ϙε. 1 ἔπειτα AM: ἐπ' εἶτα M² s. v. || τοῦτο AM et Nicom. H: τοῦτον (εἶτα μετὰ τοῦτον ἀπ' ἄλλης ἀρχῆς ἐπὶ κτλ.) Nicom.
3 μέτρει (Philop.)] μετρεῖ AM
4 δ A: δὲ M
ϙϛ. 1 α^ον M: α A

ϙζ. **κατὰ τὴν τοῦ πρώτου ποσότητα.** ἀντὶ τοῦ κατὰ
τὸν γ· τρὶς γὰρ ε ιε.

ϙη. **τὸν δὲ δεύτερον.** ἀντὶ τοῦ τὸν κε· τοῦτον γὰρ
μετρεῖ μετὰ τὸν ιε ἐφ' ἑαυτὸν πολλαπλασιαζόμενος·
πεντάκις γὰρ ε κε.

ϙθ. **τὸν δὲ τρίτον.** τὸν δὲ λε· τοῦτον γὰρ τρίτον μετὰ
τὸν κε μετρεῖ κατὰ τὸν γ ἀριθμὸν τῇ τάξει, ὅ ἐστι τὸν
ζ· ἑπτάκις γὰρ ε λε.

ρ. **πάλιν δὲ ἄνωθεν.** πληρώσας δὲ τοῦτον ἕως οὗ
θέλεις πάλιν ἄρξαι τοῦ τρίτου, ὅ ἐστι τοῦ ζ, καὶ ϛ
ὑπολιμπάνων μέτρει ὁμοίως ὡς προείρηται.

ρα. **ὥστε τὸ μὲν μετρεῖν διαδέξονται.** τὸ μὲν μέτρον
κατὰ τὴν τάξιν τῶν ἐν τῷ στίχῳ ἀριθμῶν γίνεται,
οἷον πρῶτος μετρεῖ ὁ πρῶτος ἐν τῷ στίχῳ ὅ ἐστιν ὁ
γ, δεύτερος δὲ ὁ ε, ἐπειδὴ δευτέραν τάξιν ἔχει, τρίτος
δὲ ὁ ζ, καὶ τέταρτος ὁ θ, καὶ πέμπτος ὁ ια, καὶ ἐφεξῆς 5
ὁμοίως. ἡ δὲ τάξις τῶν διαλειπόντων, ὡς εἴρηται,
κατὰ δύο τρόπους γίνεται ἢ κατὰ τὴν εὔτακτον τῶν
ἀρτίων ἐπ' ἄπειρον προκοπὴν ἢ κατὰ τὸν διπλασια-
σμὸν τῆς χώρας, καὶ ἤδη ἐν τῇ μεθόδῳ εἰρήκαμεν πῶς.

ρβ. **ἐὰν οὖν σημείοις τισίν.** αὐτὸς μὲν λέγει ὅτι ση-
μεῖόν τι ἐπάνω τῶν μετρουμένων ποιεῖ καὶ γνωρίσεις,
ποῖοι μὲν πρῶτοι καὶ ἀσύνθετοι ὅτι οἱ μηδὲ ὅλως
μετρούμενοι, ποῖοι δὲ οἱ δεύτεροι καὶ σύνθετοι οἱ ὑπὸ
β ἀριθμῶν μετρούμενοι, ποῖοι δὲ οἱ πρὸς ἑαυτοὺς μὲν 5
σύνθετοι πρὸς ἀλλήλους δὲ ἀσύνθετοι οἱ ἅπαξ. σὺ δὲ
αὐτὰ τὰ μέτρα ἐπάνω ἀποτίθεσο πρὸς πλείονα διά-
γνωσιν.

ϙζ = Philop. ρε   ϙη = Philop. ρε

ϙθ = Philop. ρε   ρ = Philop. ρε

ρα = Philop. ρϛ

ρβ = Philop. ρζ

ϙζ,1 = Nicom. XIII, 4.   ϙη,1 = Nicom. XIII, 4.

ϙθ,1 = Nicom. XIII, 4.   ρ,1 = Nicom. XIII, 5.

ρα,1 = Nicom. XIII, 6.

ρβ,1 = Nicom. XIII, 7.

ϙζ. 1 κατὰ...ποσότητα AM: κατὰ τὴν τοῦ ἐν τῷ στίχῳ πρώτου τεταγμένου ποσότητα Nicom.
ϙθ. 1 alt. δὲ M: om. A
ρα 4 δευτέραν M: δευτέρης A (ut vid.) || ἔχει (Philop.)] ἔχουσι AM
6 διαλειπόντων (Philop.)] διαλιπόντων AM
ρβ. 1 ἐὰν M: πᾶν A
4-5 ὑπὸ β ἀριθμῶν (Philop.)] δεύτεροι AM
6 ἀλλήλους scripsi: ἄλλους M: ἄλλα A || ἅπαξ, cf. n. ad loc.

ργ. ἓν μόνον μόριον. ἀντὶ τοῦ πρὸς ἑαυτούς μὲν σύνθετοι πρὸς δὲ ἀλλήλους ἀσύνθετοί εἰσι· μετὰ γὰρ τὸ κοινὸν μέτρον τῆς μονάδος καὶ ἄλλο ἓν μόνον ἑτερώνυμον ἕξουσιν, οἷον ὁ μὲν θ τὸ γ^{ον}, ὁ δὲ κε τὸ ε^{ον}.

ρδ. καὶ μὴ τῇ ἑαυτοῦ. ὁρᾷς ὅπως οὐκ ἀποφαίνεται ἐκ τοῦ ὑπὸ δύο μετρεῖσθαι ὡς εἰδὼς ὅτι οὐ πάντως χωρεῖ ὁ χάρτης τὸν στίχον ἐπὶ πλεῖον, ἀλλὰ ἐκ τοῦ αὐτὸν καθ' αὑτὸν μὴ πολλαπλασιάζεσθαι, ἀλλ' ὑπὸ
5 ἑνὸς καὶ ἑτέρου, οἷον ὁ ιε ὑπὸ ἑνὸς τοῦ γ καὶ ἄλλου τοῦ ε πολλαπλασιαζόμενος γίνεται, ὥστε δεύτερος καὶ σύνθετός ἐστιν, ἐπειδὴ οὐκ ἐποίησεν αὐτὸν ἀριθμὸς ἐφ' ἑαυτὸν πολλαπλασιασθείς, ἀλλ' ἐπὶ ἕτερον.

ρε. πῶς δὲ ἂν καὶ μέθοδον ἔχοιμεν. ἵνα μὴ ὡς οἱ ἰδιῶται λέγωμεν ὅτι "ἆρα οὗτός ἐστιν ὁ πρῶτος καὶ ἀσύνθετος ἀριθμὸς ἢ ἄλλος," μέθοδον παραδίδωσι δι' ἧς ὀφείλομεν εὑρίσκειν ἀφύκτοις λίνοις τούς τε
5 πρώτους καὶ ἀσυνθέτους καὶ τοὺς δευτέρους τε καὶ συνθέτους. καὶ λέγει ὅτι λάμβανε τοὺς ἀναδοθέντας ἀριθμούς· δῆλον οὖν ὅτι ἄνισοί εἰσι· πῶς γὰρ ἴσοι; οἱ γὰρ ἴσοι οὐδὲ διαφορὰν ἔχουσιν. εἰ οὖν ἄνισοί εἰσιν, ὁ μὲν μείζων ἐστὶν ὁ δὲ ἐλάττων· ἀφαιρεῖ τοίνυν ἀπὸ
10 τοῦ μείζονος τὸν ἐλάττονα καὶ τοῦτο ποιεῖ ἄχρις οὗ μηδέν ἐστι μηκέτι ἀφαιρήσειν· καὶ εἰ μὲν εἰς μονάδα καταντήσομεν, πάντως οἱ ἀναδοθέντες πρῶτοι καὶ ἀσύνθετοί εἰσιν, εἰ δὲ εἰς ἄλλον ἀριθμόν, πάντως δεύτεροι καὶ σύνθετοι. οἷον ὑποκείσθωσαν ἀριθμοὶ ὅ τε νγ
15 καὶ ὁ λα· λαβὲ τοῦ νγ λα, λοιπαὶ κβ· πάλιν τὰς κβ ἀφαίρησον ἀπὸ τοῦ λα, λοιπαὶ θ· τὰς θ πάλιν λαβὲ ἀπὸ τῶν κβ, λοιπαὶ ιγ· πάλιν ἀπὸ τῶν ιγ λαβὲ θ, λοιπαὶ δ· τούτων γ, λοιπὴ μονάς. οὐκοῦν ὁ νγ καὶ ὁ λα πρῶτοι καὶ ἀσύνθετοι καὶ τῷ ὄντι εἰσὶν οὗτοι.
20 ὑποκείσθωσαν δὲ ἕτεροι ἀριθμοί, ὁ κγ καὶ ὁ με· ἀφαιροῦμεν τῶν με κγ, λοιπαὶ κβ· τῶν κγ ἀφαιροῦμεν κβ, λοιπὴ α· ταύτην πάλιν ἀφαιρῶ τὴν μονάδα ἀπὸ τῶν κβ, ἅπαξ κα· λοιπὸν μένει μονάς· ὥστε ὁ κγ καὶ ὁ

με πρῶτοι καὶ ἀσύνθετοί εἰσι πρὸς ἀλλήλους. εἰ δὲ ἐκθώμεθα τὸν κα, εἰ τύχῃ, καὶ τὸν μθ, λαμβάνομεν 25 ἀπὸ τοῦ μθ κα, λοιπαὶ κη· ἀπὸ τῶν κη λαβὲ κα, λοιπαὶ ζ· πάλιν ἀπὸ τοῦ κα λαβὲ ζ, λοιπαὶ ιδ· ἀπὸ τῶν ιδ ἄφελε ζ, λοιπαὶ ζ· μένει ἄρα ζ, ὃς μέτρον ἐστὶ κοινὸν τοῦ κα καὶ τοῦ μθ. δεύτεροι ἄρα καὶ σύνθετοί εἰσιν· ὑπὸ γὰρ τοῦ ζ μετροῦνται ἀμφότεροι καὶ ὁ κα 30 καὶ ὁ μθ. εὑρίσκεις τοίνυν ἐκ τῆς μεθόδου ταύτης τὸ κοινὸν μέτρον καὶ οὐχ ἁπλῶς τοῦτο, ἀλλὰ τὸ μέγιστον· οὐ γὰρ τὸ ἐλάχιστον. ταῦτά ἐστιν ἃ βούλεται διὰ τούτων εἰπεῖν. σαφῆ δὲ τυγχάνει πάντα ἄχρι τοῦ τέλους αὐτῶν μηδεμιᾶς ἐξηγήσεως δεόμενα. 35

ρς. περὶ τῶν τοῦ ἀρτίου εἰδῶν κατὰ δευτέραν διαίρεσιν καὶ ἁπλῶς περὶ τελείων καὶ τῶν συγγενῶν. πάλιν δὲ ἄνωθεν. ἑτέραν διαίρεσιν τοῦ ἀρτίου θέλει παραδοῦναι. λέγει τοίνυν ὅτι τῶν ἀρτίων οἱ μέν εἰσιν ὑπερτελεῖς, 5 οἱ δὲ ἐλλιπεῖς, οἱ δὲ τέλειοι. καὶ ἐλλιπεῖς μὲν εἰσιν ὧν τὰ μέρη ἐλάττονα αὐτῶν· οἷον ὁ δ ἐλλιπής ἐστιν· ἔχει γὰρ μέρη ἥμισυ καὶ δ^{ον}. ἥμισυ μὲν β, δ^{ον} δὲ μία· β δὲ καὶ α γ· αἱ δὲ γ τῶν δ ἐλάττους. ὡσαύτως καὶ ὁ η ἐλλιπής· ἔχει γὰρ μέρη ἥμισυ, δ^{ον}, ὄγδοον· ἥμισυ μὲν δ, δ^{ον} δὲ β, ὄγδοον δὲ α· δ δὲ καὶ 10 β καὶ ἓν γίνονται ζ, αἱ δὲ ζ ἐλάττους τῶν η. ὡσαύτως δὲ καὶ ὁ ι καὶ ἁπλῶς οἱ τοιοῦτοι ἐλλιπεῖς εἰσιν. ὑπερτελεῖς δέ, ὧν τὰ μέρη πλείονας ἑαυτῶν ποιοῦσιν ἀριθμούς· οἷον ὁ ιβ ὑπερτελής ἐστι· τὰ γὰρ μέρη αὐτοῦ τὸν ις ποιεῖ, ὃς πλείων ἐστὶ τοῦ ιβ· ἔχει γὰρ ὁ ιβ 15 ἥμισυ ς, γ^{ον} δ, δ^{ον} γ, ς^{ον} β, δωδέκατον α. ς δὲ καὶ δ, γ, β, καὶ α γίνονται ις. ὡσαύτως καὶ ὁ κδ καὶ οἱ τοιοῦτοι πάντες ὑπερτελεῖς εἰσι. τέλειος δέ ἐστι τὸ τοῖς ἑαυτοῦ μέρεσιν ἴσος ὤν, οἷον ὁ ς τέλειός ἐστιν· ἔχει γὰρ μέρη ἥμισυ γ, τρίτον β, ἕκτον α· γ δὲ καὶ β 20 καὶ μία ς γίνονται. ὡσαύτως καὶ ὁ κη καὶ οἱ τοιοῦτοι. ἰστέον δὲ ὅτι οἱ μὲν ὑπερτέλειοι τοῖς ἑξαδακτύλοις καὶ τοῖς ὑπὲρ τὸ δέον ἔχουσιν ἄτακτον αὔξησιν ἐοίκασιν, οἱ δὲ ἐλλιπεῖς τοῖς τετραδακτύλοις καὶ τοῖς τέρασιν, οἱ δὲ τέλειοι τὸ σύμμετρον διώκουσι· πᾶσα γὰρ 25 κακία διττή ἐστιν, ἡ μὲν καθ' ὑπερβολήν, ἡ δὲ κατ' ἔλλειψιν. οὕτω γοῦν καὶ ἐπὶ τῶν ἀρετῶν, δικαιοσύνης μὲν κατὰ τὸ πλεονάζον κακία ἡ πλεονεξία, κατὰ τὸ ἐλλεῖπον δὲ μειονεξία· ἀνδρείας δὲ κατὰ τὸ πλεονάζον θρασύτης, καὶ δειλία κατὰ τὸ ἐλλεῖπον. ὡσαύτως καὶ 30 ἐπὶ σωφροσύνης ἀκολασία καὶ ἠλιθιότης καὶ ἐπὶ φρονήσεως πανουργία καὶ ἁπλότης. ὁ γοῦν τέλειος πέ-

---

ργ = Philop. ρθ ρδ = Philop. ρι ρε = Philop. ριγ

ργ,1 = Nicom. XIII, 8. ρδ,1 = Nicom. XIII, 8.

ρε,1 = Nicom. XIII, 10.

ργ. 1 ἑαυτούς (Philop.)] ἀλλήλους ΑΜ
2 ἀλλήλους (Philop.)] ἄλλους ΑΜ
4 τὸ γ^{ον} (Philop.)] τὸν γ ΑΜ || τὸ ε^{ον} (Philop.)] τὸν ε ΑΜ
ρδ. 1 τῇ ἑαυτοῦ Α: τῆς αὑτοῦ Μ
8 ἐπὶ Μ: ἔπιον Α
ρε. 2 ἆρα scripsi: ἄρα ΑΜ
4 λίνοις Α: om. Μ
5–6 τοὺς δευτέρους τε καὶ συνθέτους Α: τοὺς συνθέτους τε καὶ δευτέρους Μ
8 εἰ Α: οἱ Μ
13 εἰ Α: οἱ Μ
15 τοῦ scripsi: τὸν ΑΜ (ut vid.)
22 λοιπὴ Μ: λοιπαὶ Α
23 ἅπαξ κα (sc. κα^{κις}). cf. Nicom., p. 35, 13: ὁσάκις δυνατόν.

ρς = Philop. ριδ, ριε

ρς,1–2 = Nicom. XIV, 1.

ρς. 1–2 περὶ ... ἄνωθεν ΑΜ: περὶ τῶν τοῦ ἀρτίου εἰδῶν κατὰ δεύτερον (δευτέραν m) διαίρεσιν Nicom. Gm: πάλιν δὲ ἄνωθεν Nicom. (et cf. etiam Hoche ad loc.)
7, 9, et 10 δ^{ον} Μ (hab. τέταρτον): δ Α
27 δικαιοσύνης (Philop.)] δικαιοσύνη ΑΜ
28 κακία Μ: ἀδικία Α || alt. κατὰ Μ: καὶ Α

φεῦγε ταῦτα καὶ σύμμετρός ἐστιν· εἰσὶ δὲ οἱ μὲν ὑπερ-
τελεῖς καὶ ἐλλιπεῖς πάμπολλοι, οἱ δὲ τέλειοι ὀλίγοι·
35 καὶ οἱ μὲν ὑπερτελεῖς καὶ ἐλλιπεῖς πάμπολλοί εἰσιν
ὡς χείριστοι· τοὺς πλείους γὰρ κακίους ὁ Βίας εἶπεν.
οἱ δὲ τέλειοι ὡς κάλλιστοι ὀλίγοι· τὰ γὰρ καλὰ σπά-
νια. τοσοῦτον δὲ σπάνιοί εἰσιν ὅτι ἄχρι μὲν δεκάδος
ἀπὸ μονάδος εἷς ἐστιν, ὁ ς, ἀπὸ δὲ δεκάδος ἄχρι ἑκα-
40 τοντάδος ἄλλος εἷς, ὁ κη μόνος, ἀπὸ δὲ ἑκατοντάδος
ἄχρι χιλιάδος εἷς ὁ υος, καὶ ἀπὸ χιλιάδος ἕως μυριάδος
εἷς ὁ ͵ηρκη· ὁ μὲν πρῶτος τέλειος ὅ ἐστιν ὁ ς αὐτὸ
τοῦτο ἔχει τὸ ἑξ, ὁ δὲ δεύτερος ὅ ἐστιν ὁ κη εἰς η λήγει,
ὁ δὲ τρίτος πάλιν ὁ υος εἷς ς, ὁ δὲ τέταρτος ὁ ͵ηρκη
45 εἷς η. εὑρήσεις δὲ τοῦτο ἐφεξῆς φυλαττόμενον ἕνα παρ'
ἕνα λαμβάνων. | ἐπεὶ τοίνυν περὶ τούτων διελέχθη-
μεν, ἔλθωμεν λοιπὸν ἐπὶ τὴν μέθοδον τὴν εὑρίσκουσαν
ἀναγκαστικοῖς λίνοις τοὺς τελείους πάντας. ἔστι τοί-
νυν ἡ μέθοδος γλαφυρά τις οὖσα τοιαύτη· ἐκθοῦ ἀπὸ
50 μονάδος τοὺς ἀρτιάκις ἀρτίους ἕως οὗ βούλει καὶ
συντίθει τούτους ἕως οἵου βούλει ἀρτιάκις ἀρτίου.
καὶ εἰ μὲν ὁ ἀνελθὼν περιττὸς πρῶτος ᾖ καὶ ἀσύνθε-
τος, γίνωσκε ὅτι πάντως γενήσεται ὁ ἐξ αὐτοῦ τέλειος
πολυπλασιασθέντος ἐφ' ὃν ἐλήξαμεν ἀρτιάκις ἄρτιον.
55 εἰ δὲ μὴ ᾖ πρῶτος καὶ ἀσύνθετος, ἀλλὰ δεύτερος καὶ
σύνθετος, παρέρχου· ἀδύνατον γὰρ ἐξ αὐτοῦ γενέσθαι
τέλειον. ἵνα δὲ σαφὲς ᾖ τὸ λεγόμενον, ἐκκείσθω τὸ
χύμα τῶν ἀρτιάκις ἀρτίων ἀπὸ μονάδος ἕως οὗ βου-
λόμεθα· α, β, δ, η, ις, λβ, ξδ, ρκη, σνς, φιβ. ἔλθωμεν
60 τοίνυν ἄχρι τοῦ β συντιθέντες καὶ ἴδωμεν εἰ γίνεται
τέλειος. λάβωμεν οὖν α καὶ β, γίνονται γ· ὁ γ τοίνυν
πρῶτος καὶ ἀσύνθετός ἐστι, ποιήσει ἄρα τέλειον·
πολλαπλασίασον γὰρ αὐτὸν ἐφ' ὃν ἔληξας τῶν ἀρ-
τιάκις ἀρτίων· ἔληξας δὲ ἐπὶ τὸν β, τρὶς β ς, ὁ ς ἄρα
65 τέλειός ἐστιν. εἶτα ἔλθωμεν ἐπὶ τὸν δ· α, β, δ, γίνονται
ζ· ὁ ζ πρῶτος καὶ ἀσύνθετός ἐστιν· οὐκοῦν ποιήσει
πολλαπλασιασθεὶς πάλιν ἐφ' ὃν ἔληξας ὅ ἐστιν ἐπὶ
τὸν δ (εἰς ἐκεῖνον γὰρ ἔληξας), ἑπτάκις οὖν δ κη· ὁ κη
ἄρα τέλειός ἐστι. ὁμοίως καὶ ἐπὶ τῶν ἐφεξῆς· οἷον
70 ἔλθωμεν ἐπὶ τὸν ⟨η⟩· α, β, δ, η, γίνεται ιε· ὁ ιε δε
οὔκ ἐστι πρῶτος καὶ ἀσύνθετος· μετρεῖ γὰρ αὐτὸν ὁ
γ καὶ ὁ ε· οὐκ ἄρα ποιήσει τέλειον· πολλαπλασιασ-
θεὶς γὰρ ἐφ' ὃν ἔληξας ὅ ἐστιν ἐπὶ τὸν η ποιεῖ τὸν ρκ·
ὁ δὲ ρκ οὔκ ἐστι τέλειος, ἀλλ' ὑπερτέλειος. πάλιν λά-
75 βωμεν τὸν ις· α, β, δ, η, ις γίνονται λα· οὗτος πρῶτος
καὶ ἀσύνθετος· οὐκοῦν πολλαπλασιασθεὶς ἐπὶ τὸν ις
ποιήσει τέλειον· τριακοντάκις γὰρ ις καὶ ἅπαξ ις

γίνονται υος· ὁ δὲ υος τέλειός ἐστι. καὶ ἐπὶ τῶν λοι-
πῶν τῇ αὐτῇ μεθόδῳ προϊὼν θηράσεις πάντας τοὺς
τελείους καὶ οὐκ ἔστιν ὃς διαφεύξεταί σε, εἰ μέμνησαι 80
ὃ εἶπεν ἄνω, ὅτι ἀεὶ ὁ παρὰ μονάδα ἴσος ἀρτίῳ πε-
ριττός ἐστι, καὶ ἔφη ὅτι τοῦτο χρησιμεύει ἡμῖν εἰς τὴν
τῶν τελείων κατάληψιν. εἴπωμεν οὖν πῶς συμβάλ-
λεται, ἵνα μὴ ἀπὸ μονάδος συντιθεὶς τοὺς ἀρτιάκις
ἀρτίους κάμνῃς, μάλιστα εἰ ἄχρι πολλῶν ἀριθμῶν 85
ἀρτιάκις ἀρτίων θέλεις γυμνάσαι τοῦτο· λάμβανε τοῦ
ἀναδοθέντος σοι καθόλου ἀρτιάκις ἀρτίου μονάδα
⟨καὶ⟩ τήρει, εἰ ὁ καταληφθεὶς πρῶτος καὶ ἀσύνθετός
ἐστι, καὶ εἰ ἔστι πρῶτος καὶ ἀσύνθετος, πολλαπλα-
σίαζε αὐτὸν ἐπὶ τὸν πρὸ τοῦ ἀναδοθέντος σοι ἀρτιά- 90
κις ⟨ἀρτίου⟩ ἀριθμοῦ ἀρτιάκις ἄρτιον ἀριθμὸν καὶ
ποιήσεις τέλειον· οἷον ἀνεδόθη σοι ὁ λβ, λαβὲ μονάδα,
γίνεται λα· οὗτος πρῶτος καὶ ἀσύνθετός ἐστι· πολλα-
πλασίασον αὐτὸν ἐπὶ τὸν πρὸ τοῦ λβ ἀρτιάκις ἀρτί-
ου, ὅ ἐστιν ἐπὶ τὸν ις, γίνεται υος· ὁ ἄρα υος τέλειός 95
ἐστιν. εἰ δὲ μὴ ἔστιν ὁ μετὰ τὴν μονάδα πρῶτος καὶ
ἀσύνθετος, οὐ ποιήσει τέλειον· οἷον εἰ ἀναδοθῇ σοι ὁ
ις, λαμβάνεις τὴν μονάδα, γίνεται ιε· οὗτος δεύτερος
καὶ σύνθετός ἐστι. θαρρῶν οὖν τοῖς νεύροις τῆς ἀπο-
δείξεως προαναφαίνῃ καὶ προλέγεις ὅτι οὐ ποιήσει 100
τέλειον· πολλαπλασιασθεὶς γὰρ ἐπὶ τὸν πρὸ τοῦ ις
ἀρτιάκις ἄρτιον, τὸν η, ποιεῖ ρκ· ὁ δὲ ρκ οὔκ ἔστι
τέλειος, ἀλλ' ὑπερτέλειος. ταῦτά ἐστιν ἃ βούλεται διὰ
τούτων εἰπεῖν· παρέλθωμεν οὖν θᾶττον τὴν λέξιν,
σαφὴς γὰρ πᾶσα τυγχάνει. 105

ρζ. **οὔτε διαφοροῦσα.** ἀντὶ τοῦ οὔτε παρασύρουσα
ἕτερον ἀριθμὸν μὴ ὄντα τέλειον ὡς τέλειον, ἀλλὰ καὶ
τοὺς μὴ ὄντας τελείους οἶδε καὶ οὐκ ἀπατᾶται περὶ
ἀριθμούς, καὶ τοὺς τελείους ὡς τελείους παραλαμβά-
νει. 5

ρη. **καὶ τοῦτον ἀποφαινόμεθα ἐνεργείᾳ πρῶτον εἶναι.**
καλῶς τὸ ἐνεργείᾳ, ἐπειδὴ πρώτως ἡ μονὰς πᾶς
ἀριθμός ἐστι καὶ τέλειος καὶ τετράγωνος καὶ κύβος,
εἴ γε ἐξ αὐτῆς πάντες γίνονται· ἀλλ' οὐκ ἐνεργείᾳ
ἐστί, ἀλλὰ δυνάμει. 5

46 cf. Nicom. XVI, 4.

34 et 35 πάμπολλοι (Philop.)] πάμπολοι AM
38 τοσοῦτον δὲ M: om. A || σπάνιοί (Philop.)] σπάνια M: om. A
41 ἕως M: ἄχρι A
52 ᾖ (Philop.)] εἰ AM
54 πολυπλασιασθέντος M: πολλαπλασιασθέντος A
60 συντιθέντες scripsi: συντεθέντες AM || γίνεται A: γίνηται M (ut vid.)
70 pr. η (Philop.)] om. AM
74 ὑπερτέλειος M: ὑπερτελής A

ρζ = Philop. ρις   ρη = Philop. ριζ

ρζ,1 = Nicom. XVI, 4.   ρη,1 = Nicom. XVI, 4.

79 θηράσεις M: εὑρήσεις A
80-81 μέμνησαι ὃ scripsi: μεμνῆσθαι δὲ AM
81 παρὰ M: περὶ A
81-82 ἀρτίῳ περιττός (Philop.)] ἀρτιοπέριττος AM
85 κάμνῃς M: καὶ (in comp.) μὲν ᾖς A
88 pr. καὶ scripsi: om. AM || καταληφθεὶς AM et Philop. (καταλειφθεὶς[?])
90 πρὸ τοῦ M: τοῦ πρὸ A || σοι M: om. A
91 ἀρτίου (Philop.)] om. AM
ρζ. 1 οὔτε διαφοροῦσα Nicom. S: οὔτε ἀδιαφοροῦσα Nicom.: οὔτε διάφορον ποιοῦσα A: ἄτε διάφορον ποιοῦσα M
ρη. 1 ἀποφαινόμεθα AM: ἀποφαίνομαι Nicom.

ρθ. ἴση γὰρ τοῖς ἰδίοις μέρεσι κατὰ δύναμιν. ἰδοὺ τὸ κατὰ δύναμιν· ἅπαξ γὰρ ἐν μονὰς γίνεται. οἱ δὲ ἄλλοι πάντες τέλειοι κατ' ἐνέργειαν.

ρι. προτετεχνολογημένου δὲ ἡμῖν ἐν τοῖς ἄνω. ἐν τῇ ἀρχῇ εἰρήκαμεν ὅτι τοῦ ποσοῦ τὸ μὲν καθ' αὑτό ἐστι τὸ δὲ πρὸς ἕτερον· διδάξας τοίνυν περὶ τοῦ καθ' αὑτό ποσοῦ νῦν βούλεται περὶ τοῦ πρός τι ποσοῦ τοῦ πρὸς 5 ἕτερον ἔχοντος τὴν σχέσιν διαλεχθῆναι.

ρια. τοῦ πρός τι ποσοῦ. ἐπειδὴ τοῦ ποσοῦ τὸ μὲν αὐτὸ καθ' αὑτὸ λαμβάνεται τὸ δὲ ἐν σχέσει διαλαβὼν περὶ τοῦ αὐτὸ καθ' αὑτὸ λοιπὸν περὶ τοῦ ἐν σχέσει διαλέγεται. διαιρεῖ τοίνυν τὸ ἐν σχέσει οὕτως·

5

$$\text{τὸ ποσὸν τὸ ἐν σχέσει θεωρεῖται}$$

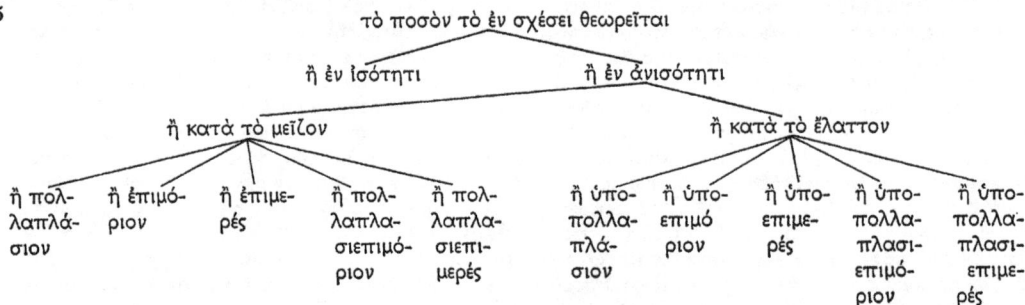

ἢ ἐν ἰσότητι — ἢ ἐν ἀνισότητι
ἢ κατὰ τὸ μεῖζον — ἢ κατὰ τὸ ἔλαττον
ἢ πολλαπλάσιον — ἢ ἐπιμόριον — ἢ ἐπιμερές — ἢ πολλαπλασιεπιμόριον — ἢ πολλαπλασιεπιμερές — ἢ ὑποπολλαπλάσιον — ἢ ὑποεπιμόριον — ἢ ὑποεπιμερές — ἢ ὑποπολλαπλασιεπιμόριον — ἢ ὑποπολλαπλασιεπιμερές

αὕτη ἡ τοῦ πρός ⟨τι κατὰ⟩ τὴν σχέσιν ποσοῦ διαίρε-
10 σις. ἡ μὲν οὖν ἰσότης ἀδιαίρετος μένει, οὐκ ἔστι γὰρ διαφορὰ τῶν ἴσων· οὐ γὰρ ὁ ι τῶν ι διαφέρει οὐδὲ ὁ η τῶν η ἢ ὁ ρ τῶν ρ. τῶν δὲ ἀνίσων ἡ διαφορὰ τυγχάνει· τὸ μὲν γὰρ μεῖζον τὸ δὲ ἔλαττον, ἀλλὰ τὸ μεῖζον ἢ πολλαπλάσιον τοῦ ἐλάττονος ὡς τὸ διπλά-
15 σιον ἢ τριπλάσιον ἢ τετραπλάσιον καὶ ἐφεξῆς· οὕτω φαμὲν τὸν η τοῦ δ μείζονα ὡς πολλαπλάσιον, διπλάσιος γάρ ἐστιν αὐτοῦ (δὶς γὰρ δ η)· ὡσαύτως καὶ τὸν ς τοῦ γ, διπλάσιος γὰρ αὐτοῦ· ἀλλὰ καὶ τὸν ιε τοῦ ε ὡς τριπλάσιον καὶ τὸν ις τοῦ δ ὡς τετραπλά-
20 σιον καὶ τὸν ιε τοῦ γ ὡς πενταπλάσιον καὶ ἐφεξῆς ὁμοίως. ἢ οὖν πολλαπλάσιός ἐστιν αὐτοῦ ἢ ἐπιμόριος. ἐπιμόριος δέ ἐστιν ὅταν ἔχῃ αὐτὸν καὶ μόριον

αὐτοῦ ἕν· οἷον ὁ γ τοῦ β ἐπιμόριός ἐστιν· ἔχει γὰρ αὐτὸν καὶ μόριον αὐτοῦ ἕν· ὁ γὰρ γ ἔχει τὸν β καὶ τὸ ἥμισυ αὐτοῦ, ὅ ἐστι τὴν α· δύο γὰρ καὶ μία γίνονται 25 γ· καὶ ἔστιν ἡμιόλιος οὗτος ὁ λόγος. ὡσαύτως δὲ καὶ ὁ ἐπίτριτος τοῦ ἐπιμορίου ἐστίν, οἷον ὁ δ τοῦ γ ἐπίτριτος· ἔχει γὰρ τὸν γ καὶ τὸ τρίτον αὐτοῦ. ὡσαύτως ἐστὶ καὶ ἐπιτέταρτος καὶ ἐπίπεμπτος, καὶ ἐπ' ἄπειρον οὕτως. ἐπιμερὴς δέ ἐστιν ὁ ἔχων τινὰ ἀριθμὸν καὶ 30 μέρη αὐτοῦ· οὐ γὰρ μέρος· οἷον ὁ ε τοῦ γ· ἔχει γὰρ τὸν γ καὶ β αὐτοῦ μέρη. πολλαπλασιεπιμόριος δέ ἐστιν ὁ ἐκ τούτων συγκείμενος, οἷον ὁ ις τοῦ ε· τριπλασίων γὰρ αὐτοῦ ἐστι μετὰ τοῦ καὶ ἓν μέρος ἔχειν· γ γὰρ ιε καὶ α γίνονται ις. πολλαπλασιεπιμερὴς δὲ ὁ 35 πολλαπλασιάζων τινὰ μετὰ τοῦ καὶ μέρη ἔχειν, οἷον

ὁ ιε τοῦ δ· τριπλασιάζει γὰρ αὐτὸν καὶ ἔχει τρία αὐτοῦ μέρη· τρὶς γὰρ δ ιβ καὶ τρεῖς ιε. οἱ δὲ ἐναντίοι τούτοις τοῦ ἐλάττονος τοῖς αὐτοῖς ὀνόμασι καλοῦνται τῆς ὑπὸ μόνης προθέσεως προστιθεμένης, ἐπειδὴ 40 ἐλάττους ὄντες ὑπὸ τούτοις εἰσίν· οἷον ὁ ς τοῦ β πολλαπλάσιός ἐστι, τριπλάσιος γάρ, οὐκοῦν ὁ β ὑποπολλαπλάσιος καλεῖται. πάλιν ὁ γ τοῦ β ἐπιμόριος γενικῶς, ἰδικῶς δὲ ἡμιόλιος· ὡσαύτως ὁ δ τοῦ γ ἐπιμόριος κοινῶς, ἰδικῶς δὲ ⟨ἐπίτριτός ἐστιν· οὐκοῦν ὁ 45 καὶ ὁ β τοῦ γ κοινῶς μὲν ὑποεπιμόριος, ἰδικῶς δὲ ὑφημιόλιός ἐστι, ὡσαύτως δὲ ὁ γ τοῦ δ κοινῶς μὲν ὑποεπιμόριος, ἰδικῶς δὲ⟩ ὑποεπίτριτός ἐστι. πάλιν ὁ ε τοῦ γ ἐπιμερής ἐστιν· ἔχει γὰρ τὸν γ καὶ β αὐτοῦ· οὐκοῦν ὁ γ τοῦ ε ὑποεπιμερής ἐστι. πάλιν ὁ ις τοῦ ε ὑπο- 50 πολλαπλασιεπιμόριός ἐστιν· οὐκοῦν ὁ ε τοῦ ις ὑποπολλαπλασιεπιμόριός ἐστι. πάλιν ὁ ιε τοῦ δ πολλαπλασιεπιμερής· οὐκοῦν ὁ δ τοῦ ιε ὑποπολλαπλασιεπιμερής. τοσαῦτα περὶ τῆς διαιρέσεως. γλαφυρῶς δὲ καὶ ⟨διὰ⟩ διαγράμματος καὶ διὰ προστάγματος δείξει 55 ὅτι οὐκ ἂν ἐξ ἄλλου γένοιτο ἡ ἀνισότης, εἰ μὴ ἐκ τῆς ἰσότητος· ὥσπερ γὰρ τῇ ὕλῃ τὸ εἶδος χαρίζεται τὸν κόσμον οὕτω καὶ τῇ ἀνισότητι ἐκ τῆς ἰσότητός ἐστιν

ρθ = Philop. ρκα	ρι = Philop. ρκβ
ρια = Philop. ρκγ	
ρθ,1 = Nicom. XVI, 10.	ρι,1 = Nicom. XVII, 1.
ρια,1 = Nicom. XVII, 2.	

ρι. 1 προτετεχνολογημένου Nicom: προτεχνολογημένου A: προτεχνολογουμένου Nicom. S: προτεχνολογησαμένου M ‖ δὲ A: om. M ‖ ἐν τοῖς ἄνω AM et Nicom. CSH: ἐν τοῖς ἄνωθεν add. Nicom. P: om. Nicom.
ρια. 1 τι AM: τι τοίνυν Nicom.
5–8 hab. in marg. M: om. A
9 τι κατὰ scripsi (et cf. Philop.): om. AM
10 οὐκ ἔστι M: οὐκέτι A

31 μέρος, cf. n. ad loc.
35 γίνονται M: γίνον A
44 ἰδικῶς (Philop.)] ἰδικώτερον AM
45–48 ἰδικῶς δὲ ... ἰδικῶς δὲ scripsi: ἰδίως δὲ AM
54 τοσαῦτα M: τοιαῦτα A
55 pr. διὰ (Philop.)] om. AM ‖ alt διὰ M: om. A

ἡ πρόοδος. καὶ πρῶτος μὲν ὁ πολλαπλάσιός ἐστιν, εἶτα
60 ὁ ἐπιμόριος, καὶ τοῦ ἐπιμορίου πρότερος ὁ ἡμιόλιος,
εἶτα καὶ ὁ ἐπίτριτος, καὶ οὕτως οἱ ἐφεξῆς. πῶς δὲ
δείκνυσιν, ἑτέρα ἡμᾶς θεωρία διδάξει.

ριβ. **ἢ μνᾶ πρὸς μνᾶν.** τοῦτο τῆς ῥοπῆς ἐστιν· οὐ μό-
νον γὰρ εἰς συνεχὲς καὶ διωρισμένον τὸ ποσὸν διαι-
ρεῖται, ἀλλὰ καὶ εἰς ῥοπήν· οὕτω γοῦν φαμὲν λίτραν
λίτρᾳ ἴσην καὶ μείζονα καὶ μνᾶν μνᾶς καὶ τάλαντον
5 ταλάντου.

ριγ. **ἀμέλει καὶ τὸ ἀνθυπακοῦον τῷ ἴσῳ οὐχ ἑτερωνυμεῖ.**
οὐ γάρ, ὥσπερ φαμέν, ὅτι τὸ μεῖζον ἐλάττονός ἐστι
μεῖζον καὶ ἑτερωνυμοῦσιν, ἄλλο γὰρ τὸ μεῖζον καὶ
ἄλλο τὸ ἔλαττον, οὕτω καὶ ἐπὶ τοῦ ἴσου· τὸ γὰρ ἴσον
5 ἴσῳ ἴσον. ἰδοὺ οὖν ὅτι ταῦτά εἰσι τὰ ὀνόματα καὶ
οὐχ ἑτερώνυμα. τὸ δὲ πρός τι ἢ κατὰ τόπον λέγεται,
ὡς τὸ δεξιὸν καὶ τὸ ἀριστερόν, ἢ κατὰ φύσιν, ὡς
πατὴρ καὶ υἱός, ἢ κατὰ σχέσιν τινά, ὡς τὸ μεῖζον καὶ
τὸ ἔλαττον, ἢ κατὰ τύχην, ὡς δοῦλος καὶ δεσπότης,
10 ἢ κατὰ προαίρεσιν, ὡς τὸ φίλος· οὐδὲ γὰρ ταῦτα
ἑτερωνυμεῖ, ἀλλὰ ταὐτά ἐστι· φίλος γὰρ φίλῳ φίλος,
καὶ γείτων πρὸς γείτονα λέγεται, καὶ συστρατιώτης
πρὸς συστρατιώτην.

ριδ. **ὡς ὅλον ὅλῳ.** ὥσπερ τὸ μεῖζον τῷ ἐλάττονι ἀντί-
κειται οὕτω καὶ τὰ μέρη τοῦ μείζονος τοῖς μέρεσι τοῦ
ἐλάττονος. | **ὡς εὐθὺς εἰσόμεθα.** μετ' ὀλίγου γάρ, ὡς
εἴρηται, λέγει ὅτι πρώτων πάντων τῶν μερῶν ἐστι
5 τὸ πολλαπλάσιον. | **πλεονάκις ἢ ἅπαξ.** ὅταν πολλα-
πλασιάζῃ τινὰ καὶ μὴ ἅπαξ αὐτὸν μετρεῖ, οἷον πάν-
τες οἱ μετὰ τὴν μονάδα εὐτάκτως πολλαπλάσιοί εἰσιν·
ὁ μὲν β διπλάσιος, δὶς γὰρ α β· ὁ γ τριπλάσιος, τρὶς
γὰρ α γ· ὁ δ τετραπλάσιος, τετράκι γὰρ μία δ· καὶ
10 ἐφεξῆς ὁμοίως.

ριε. **πληρούντως πλεονάκις.** ἀντὶ τοῦ ἀρτίως καὶ ὁλο-
κλήρως, οἷον ὁ β πρὸς τὸν ς· τριπλάσιος γὰρ ὁ ς τοῦ
β. ὡσαύτως καὶ ὁ ς πρὸς τὸν ιη. τοῦτο οὖν ἐστι τὸ
τελείως· οὐ γὰρ δύνασαι εἰπεῖν τὸν γ τοῦ η ὑποπολ-
5 λαπλάσιον· οὐδὲ γὰρ ἔχει λόγον πρὸς αὐτόν· τρὶς

γὰρ β ς καὶ λοιπαὶ μένουσι β· καὶ μετρήσει τὸν β ὁ γ
ὅπερ ἄτοπον· τὸ ἔλαττον γὰρ τὸ μεῖζον μετρεῖ, οὐχ
ὁ μείζων ἀριθμὸς τὸν ἐλάττονα.

ρις. **γενικῶς δὲ ἄπειρον.** ὥσπερ ἐπ' ἄπειρον λαμβάνε-
ται τὸ πολλαπλάσιον καὶ τὸ ὑποπολλαπλάσιον,
οὕτω καὶ τὰ μέρη αὐτῶν· ἐπ' ἄπειρον γὰρ τὸ τρι-
πλάσιον καὶ τὸ ὑποτριπλάσιον καὶ τὸ διπλάσιον
καὶ τὸ ὑποδιπλάσιον καὶ τὸ τετραπλάσιον καὶ τὸ 5
ὑποτετραπλάσιον καὶ ἐφεξῆς ὁμοίως.

ριζ. **τὸ γὰρ διπλάσιον ἀρχόμενον ἀπὸ τοῦ δευτέρου.** τὴν
μέθοδον τῶν διπλασίων λέγει, καὶ φησιν ὅτι **διὰ πάν-
των τῶν ἀρτίων πρόεισιν** ἀντὶ τοῦ ὁ πᾶς διπλάσιος ἄρ-
τιός ἐστιν· εἰ γὰρ τὸ διπλάσιον ἀπὸ τοῦ δευτέρου
παρῆκται, τὰ δὲ β ἄρτια, πάντως ἄρτιοί εἰσιν οἱ δι- 5
πλάσιοι. οἱ μὲν οὖν διπλάσιοι πάντες ἄρτιοί εἰσιν·
ὧν δέ εἰσι διπλάσιοι ἐκεῖνοι καὶ ἄρτιοι καὶ περιττοί,
οἷον ὁ β τῆς μονάδος διπλάσιος, ὁ δ τῆς δυάδος, ἡ δὲ
δυὰς ἀρτία, ὁ ς τῶν γ διπλάσιος, ὁ δὲ γ περιττός. καὶ
ἁπλῶς ἕνα παρ' ἕνα παραλιμπάνων περιττὸν εὑρή- 10
σεις τὸν διπλάσιον· οἷον ὁ δ τῶν β διπλάσιος παρα-
λιπὼν τὸν γ, ὁ ς τὸν γ παραλιπὼν τὸν ε, ὁ η τοῦ δ
ἔχων τὸν ζ, ὁ ι τοῦ ε τὸν θ ἔχων πρὸ αὐτοῦ· καὶ
οὕτως ἐφεξῆς. καὶ ὁ μὲν πρῶτος ἄρτιος πρὸς τὸν
πρῶτον περιττὸν πολλαπλασιασθείς, ποιεῖ πρῶτον 15
διπλάσιον, οἷον ὁ β πρὸς τὴν α· δὶς γὰρ μία β. καὶ
πάλιν πρὸς ἄρτιον τὸν μετὰ τὴν μονάδα ποιεῖ δι-
πλάσιον· δὶς γὰρ β δ. καὶ πάλιν πρὸς περιττὸν τὸν
γ· δὶς γὰρ γ ς. καὶ πάλιν πρὸς ἄρτιον τὸν δ· δὶς γὰρ
δ η. καὶ ἐφεξῆς οὕτω παρ' ἕνα ποτὲ ἄρτιόν ποτε 20
περιττὸν πολλαπλασιάζων, ποιήσεις τοὺς διπλα-
σίους.

ριη. **τριπλάσιοι δὲ πάντες εἰσίν.** ἀπ' ἀρχῆς δύο παρα-
λειπομένων τριπλάσιοί εἰσιν, οἷον ς τῶν β τριπλά-
σιος, δύο παραλιπὼν τὸν δ καὶ τὸν ε, καὶ ὁ θ τριπλά-
σιος, δύο παραλιπὼν τὸν ζ καὶ τὸν η, καὶ ὁ ιβ τρι-
πλάσιος, τὸν ι καὶ τὸν ια παραλιπών, καὶ ἐφεξῆς 5
ὁμοίως. ἰστέον δὲ ὅτι οἱ μὲν διπλάσιοι πάντες ἄρτιοι
ἦσαν, τοῖς δὲ τριπλασίοις συμβέβηκε τὸ ἕνα παρ'
ἕνα περιττούς καὶ ἀρτίους εἶναι· οἷον ὁ γ τριπλάσιος
ὢν τῆς μονάδος περιττός ἐστιν, ὁ μετ' αὐτὸν ς τῆς
δυάδος ἄρτιος, πάλιν ὁ μετ' αὐτὸν θ περιττός, ὁ δὲ 10
ιβ ἄρτιος καὶ ὁ ιε περιττός, καὶ ἐφεξῆς ὁμοίως. οἱ δὲ
τετραπλάσιοι ἀεὶ ἄρτιοί εἰσιν, ἐπειδὴ παρήχθησαν

ριβ = Philop. ρκγ, 8 ff., ρκδ	ριγ = Philop. ρκς
ριδ = Philop. ρκη, ρκθ	ριε = Philop. ρλ
ριβ,ι = Nicom. XVII, 3.	ριγ,ι = Nicom. XVII, 5.
ριδ,ι = Nicom. XVII, 8.	3 = Nicom. XVIII, ι.
5 = Nicom. XVIII, ι.	ριε,ι = Nicom. XVIII, 2.

ριβ. 1 ἢ A et Nicom.: ἡ M
ριγ. 1 ἑτερωνυμεῖ M: ἑτερώνυμον A
5 et 11 ταὐτά scripsi: ταῦτα AM
12 συστρατιώτης scripsi: στρατιώτης AM
ριδ. 4 λέγει M: λέξει A
7 οἱ M: om. A || εὐτάκτως M: om. A

ρις = Philop. ρλβ	ριζ = Philop. ρλγ
ριη = Philop. ρλγ	
ρις,ι = Nicom. XVIII, 4.	ριζ,ι = Nicom. XVIII,4
2–3 = Nicom. XVIII, 4.	ριη,ι = Nicom. XVIII, 5.

ριζ. 8 οἷον M: ὧν A
ριη. 10 μετ' αὐτὸν A: μετὰ τὸν M

ἀπὸ τετράδος, ἥτις ἀρτία· ποιοῦσι δὲ καὶ οὗτοι τρεῖς παραλιμπάνεσθαι, οἷον ὁ δ τετραπλάσιος τρεῖς πα-
15 ραλιπών, α, β, γ, ὁ η τοῦ β τετραπλάσιος τρεῖς παραλιπών, ε, ϛ, ζ, ὁ ιβ τοῦ γ τρεῖς παραλιπών, θ, ι, ια, καὶ ἐφεξῆς ὁμοίως. ὁ δὲ πενταπλάσιος καὶ αὐτὸς μίαν παρὰ μίαν ὡς ὁ τριπλάσιος γίνεται καὶ ἄρτιος καὶ περιττός· οὗτος δὲ ὁ παραλιμπάνει, ὁ δὲ ἐξαπλά-
20 σιος ε, ὁ δὲ ἑπταπλάσιος ϛ, καὶ ἐπὶ πάντων ὁ αὐτὸς τρόπος. καὶ οἱ τριπλάσιοι καὶ οἱ ἑξῆς ὥσπερ καὶ οἱ διπλάσιοι εὐτάκτως κατὰ τὸ χύμα τῶν ἀριθμῶν προέρχονται· τρὶς γὰρ μία καὶ τρὶς β καὶ τρὶς τρεῖς καὶ τρὶς δ καὶ τρὶς πέντε καὶ ἐφεξῆς ὁμοίως.

ριθ. **συμβέβηκε δὲ καὶ τούτοις πᾶσιν.** ἀντὶ τοῦ καὶ τοῖς τετραπλασίοις συμβέβηκεν ἀρτίοις εἶναι· ἕνα γὰρ παρ' ἕνα ἐστὶν ἄρτιος. οἷον τί λέγω; τετράκις α δ· ἰδοὺ παρῆκεν ἕνα ἄρτιον τὸν β· πάλιν τετράκις β η· ἰδοὺ
5 παρέλειψε τὸν ϛ. καὶ πάλιν τετράκις γ ιβ· ἰδοὺ τὸν ι παρέλειψε, καὶ ἐφεξῆς ὁμοίως. ὥστε οἱ μὲν ἄρτιοι πάντες διπλάσιοί εἰσιν, οἱ δὲ τετραπλάσιοι ἕνα παρ' ἕνα· οὐ γὰρ πᾶς ἄρτιος τετραπλάσιος, ἀλλ' εἷς παρ' ἕνα. ὡσαύτως καὶ ἑξαπλάσιοι οὐ πάντες οἱ ἄρτιοι, ἀλλ'
10 εἷς παρὰ δύο· οἷον ὁ ϛ ἑξαπλάσιος· ὑπέρβα δὲ τὸν η ἄρτιον καὶ τὸν ι καὶ ὁ ιβ ἑξαπλάσιος· πάλιν ὑπέρβα τὸν ιδ καὶ τὸν ιϛ καὶ ὁ ιη ἑξαπλάσιος. καὶ ἐπὶ πάντων κατὰ τὸν αὐτὸν τρόπον.

ρκ. **πενταπλάσιοι δὲ ὀφθήσονται.** πενταπλάσιοί εἰσιν ὡς εἰρήκαμεν οἱ τέσσαρας παραλιμπάνοντες.

ρκα. **καίτοι ἀπείρου τινὸς γένους εἴδη ὄντα.** ἰστέον ὅτι τὰ εἴδη ἐπ' ἔλαττόν ἐστι τῶν γενῶν· οὐκοῦν εἰ τὰ γένη ἄπειρα, τὰ εἴδη ὡς ἐπ' ἔλαττον πεπερασμένα εἰσίν. ἐπεὶ οὖν ἐνταῦθα καὶ τὰ γένη ἄπειρά εἰσι καὶ τὰ
5 εἴδη, διὰ τοῦτο ὡς παράδοξον αὐτὸ λέγει καὶ φησιν ὅτι τὰ κατὰ μέρος εἴδη τοῦ ἀριθμοῦ ἄπειρά εἰσι, καίτοι καὶ τοῦ γένους ἀπείρου ὄντος· οὐ γὰρ ἔδει, εἴ γε τὰ εἴδη ἐπ' ἔλαττον. διὰ τί οὖν τοῦτο γίνεται; ἐπειδὴ ἐνεργείᾳ οὐχ ὑφίστανται· ἐφ' ὧν δὲ ἐνεργείᾳ τὰ εἴδη
10 καὶ τὰ γένη, ἐπὶ τούτων ἐπ' ἔλαττον τὰ εἴδη· νῦν δέ, ἐπειδὴ ἐπ' ἄπειρον αὔξεται ὁ ἀριθμός, δυνάμει ἄπειρα καὶ τὰ εἴδη.

ριθ = Philop. ρλδ   ρκ = Philop. ρλδ

ρκα = Philop. ρλε

ριθ,1 = Nicom. XVIII, 6.   ρκ,1 = Nicom. XVIII, 7.

ρκα,1 = Nicom. XIX, 2.

---

13 δὲ A: om. M
17 αὐτὸς M: αὐτὸ A
21 καὶ οἱ ἑξῆς (Philop.)] ἑξ AM
ριθ. 1 πᾶσιν AM et Nicom. CSH: πάντας Nicom.
2 τετραπλασίοις M: om. A
ρκα. 1 γένους εἴδη ὄντα AM: εἴδη ὄντα γένους Nicom.
9 ὑφίστανται M: ὑφίσταται A

ρκβ. **συμβαίνει τοὺς μὲν ὑπολόγους.** ὑπολόγους μὲν καλεῖ τοὺς ἐλάττονας, προλόγους δὲ τοὺς μείζονας. καὶ ὑπόλογοι μὲν γίνονται πάντες οἱ εὐτάκτως ἀπὸ μονάδος ἄρτιοι, πρόλογοι δὲ οἱ εὐτάκτως τριπλασια-
ζόμενοι· οἷον ὁ β ἄρτιος· οὐκοῦν ὑπόλογος καὶ ὁ δ 5 καὶ ὁ ϛ καὶ ὁ η καὶ ὁ ι καὶ πάντες οἱ εὐτάκτως ἄρτιοι. πρόλογος δὲ τοῦ μὲν β ὁ γ, ἐπειδὴ τρὶς μία τρεῖς, τοῦ δὲ δ ὁ ϛ, τρὶς γὰρ β ϛ, τοῦ δὲ ϛ ὁ θ, τρὶς γὰρ τρεῖς θ· καὶ ἐφεξῆς οὕτω τριπλασιάζων τὸ ἐφεξῆς χύμα εὐτάκτως ἀρτίων τε καὶ περιττῶν ποιήσεις τοὺς προ- 10 λόγους. δεῖ δὲ συλεῦξαι αὐτοὺς εὐτάκτους τὸν πρῶτον ὑπόλογον τῷ πρώτῳ προλόγῳ· καὶ τὸν δ δεύτερον ὑπόλογον τῷ ϛ δευτέρῳ ⟨προλόγῳ⟩, καὶ ἐφεξῆς ὁμοίως.

ρκγ. **οἱ ἀπὸ τετράδος συνεχεῖς.** ἐπιτρίτους, φησίν, εὑρίσκεις, ἐὰν τετραπλασιάσῃς μὲν τοὺς ἀπὸ μονάδος, τριπλασιάσῃς δὲ τοὺς ἀπὸ μονάδος, οἷον τετράκι μία δ, τρὶς μία γ, ὁ δ ἄρα τοῦ γ ἐπίτριτος· πάλιν τετράκι β η, τρὶς β ϛ, ὁ η τοῦ ϛ ἐπίτριτος· ὡσαύτως τετράκις γ 5 ιβ, τρὶς γ θ, ὁ ιβ ἄρα τῶν θ ἐπίτριτος. καὶ ἐπὶ τῶν λοιπῶν ὁμοίως εὑρήσεις, τὸν αὐτὸν ἀριθμὸν καὶ τετραπλασιάζων καὶ τριπλασιάζων· καὶ ὁ μὲν ὑπὸ τοῦ τετραπλασιασμοῦ γενόμενος ἐπίτριτός ἐστιν, ὁ δὲ ὑπὸ τοῦ τριπλασιασμοῦ ὑποεπίτριτος. 10

ρκδ. **ὅτι οἱ μὲν πρῶτοι καὶ πυθμένες.** πρώτους καὶ πυθμένας καλεῖ τοὺς ἐσχάτους μεθ' οὓς οὐκέτι ἐστὶ λαβεῖν μόριον ἢ ἡμιόλιον ἢ ἐπίτριτον· οἷον ἐπὶ μὲν ἡμιολίων ὁ γ καὶ ὁ β ἔσχατοι, ἐπὶ δὲ ἐπιτρίτων ὁ δ καὶ ὁ γ. ἰστέον οὖν ὅτι οἱ μὲν ἔσχατοι οὗτοι οὐδὲν ἔχουσιν ἐν 5 μέσῳ διεῖργον αὐτούς· οἷον τοῦ β καὶ τοῦ γ οὐδεὶς ἀριθμὸς ἐν μέσῳ· τοῦ μέντοι δευτέρου ἡμιολίου, ὅ ἐστι τοῦ ϛ καὶ τοῦ δ, ἔστιν εἷς μέσος ὁ ε· τοῦ δὲ γ (τοῦ θ καὶ τοῦ ϛ) β, ὁ ζ καὶ ὁ η· τοῦ δὲ τετάρτου τρεῖς εὑρεθήσονται μέσοι, τοῦ δὲ πέμπτου δ, καὶ ἐφεξῆς 10 ὁμοίως. ὡσαύτως καὶ ἐπὶ τῶν ἐπιτρίτων· τῶν μὲν ἐσχάτων τοῦ δ καὶ τοῦ γ οὐδεὶς ἐν μέσῳ· τοῦ δὲ β (τοῦ η καὶ τοῦ ϛ) εἷς, ὁ ζ· τοῦ δὲ γ (τοῦ ιβ καὶ τοῦ θ) δύο, ὁ ι καὶ ὁ ια· καὶ τοῦ δ ὁμοίως γ ἐν τῷ μέσῳ, καὶ τοῦ ε τέσσαρα, καὶ ἐφεξῆς ὁμοίως. 15

ρκε. **ὅτι δὲ φυσικῶς καὶ οὐχ ἡμῶν θεμένων.** ἤδη εἰρήκαμεν ὅτι ια εἰσὶν αἱ πᾶσαι σχέσεις, α μὲν ἡ τῆς ἰσό-

---

ρκβ = Philop. ρλϛ   ρκγ = Philop. ρλζ

ρκδ = Philop. ρλη   ρκε = Philop. ρλθ–ρμγ

ρκβ,1 = Nicom. XIX, 2.   ρκγ,1 = Nicom. XIX, 4.

ρκδ,1 = Nicom. XIX, 6.   ρκε,1 = Nicom. XIX, 8.

ρκβ. 7 alt. τοῦ M: τοῦτο A
8 pr. γὰρ M: δὲ A
13 προλόγῳ (Philop.)] om. AM

τητος, τῆς δὲ ἀνισότητος ι· τὸ γὰρ ἄνισον ἢ μεῖζον
ἢ ἔλαττον· καὶ τὸ μεῖζον εἶχε ε· τὸ γὰρ μεῖζον ἢ πολ-
5 λαπλάσιον ἢ ἐπιμόριον ἢ ἐπιμερὲς ⟨ἢ πολλαπλασιε-
πιμόριον ἢ πολλαπλασιεπιμερές⟩· ὡσαύτως καὶ τὸ
ἔλαττον μετὰ τῆς ὑπὸ προθέσεως. ἐνταῦθα οὖν θέλει
εἰπεῖν ὅτι οὐ θέσει καὶ νόμῳ, ἀλλὰ φύσει τὸ πολλα-
πλάσιον τῶν ἄλλων πρῶτόν ἐστιν, εἶτα τὸ ἡμιόλιον
10 καὶ οὕτω τὰ λοιπά, ἐπίτριτον λέγω καὶ ἐπιτέταρτον
καὶ ἐπίπεμπτον καὶ ἐφεξῆς. καὶ ἐνταῦθα μὲν περὶ τοῦ
πολλαπλασίου λέγει διὰ διαγράμματος, ὕστερον δὲ
γλαφυρώτατα δείξει ὅτι καὶ ἡ ἰσότης προτέρα τῆς
ἀνισότητος. δείκνυσιν οὖν ὅτι τὸ πολλαπλάσιον
15 πρῶτόν ἐστι τῶν ἄλλων, καὶ τοῦ πολλαπλασίου τὸ
διπλάσιον, εἶτα τὸ τριπλάσιον. πρόεισιν οὖν ἡ δεῖξις
οὕτως· ἐκτίθεται πρῶτον στίχον ἔχοντα τοὺς ἀπὸ
μονάδος κατὰ τάξιν ἕως δεκάδος ἀριθμούς· α, β, γ, δ,
ε, ϛ, ζ, η, θ, ι· τοὺς αὐτοὺς δὲ καὶ ἐπὶ τὰ κάτω ἐκτίθε-
20 ται· εὑρήσεται τοίνυν τὸ διπλάσιον πρῶτον· ὁ γὰρ
β ἐπὶ τὴν μονάδα πολλαπλασιαζόμενος ποιεῖ τὸν β,
ἐπὶ δὲ τὴν δυάδα ποιεῖ τὸν δ, ἐπὶ δὲ τὸν γ τὸν ϛ, ἐπὶ
δὲ τὸν δ τὸν η, καὶ ἐπὶ τὸν ε τὸν ι, καὶ ἐπὶ τὸν ϛ τὸν
ιβ, καὶ ἐπὶ τὸν ζ τὸν ιδ, καὶ ἐπὶ τὸν η τὸν ιϛ, καὶ τὸν ιη
25 ἐπὶ τὸν θ, καὶ τὸν κ ἐπὶ τὸν ι. ἐκθοῦ οὖν ἐν τῷ δευτέρῳ
στίχῳ τοὺς διπλασίους· β, δ, ϛ, η, ι, ιβ, ιδ, ιϛ, ιη, κ.
πάλιν ὁ γ ἐπὶ τοὺς ἀπὸ μονάδος πολλαπλασιαζόμε-
νος, τουτέστιν ὁ τοῦ γ στίχου, ποιεῖ τοὺς τριπλα-
σίους, γ, ϛ, θ, ιβ, ιε, ⟨ιη⟩, κα, κδ, κζ, λ· καὶ τούτους
30 οὖν ἀπόθου ἐν τῷ γ στίχῳ. ὁ δὲ δ πάλιν ἐπὶ τοὺς
ἀπὸ μονάδος πολλαπλασιαζόμενος ποιεῖ τοὺς τετρα-
πλασίους, δ, η, ιβ, ιϛ, κ, κδ, κη, λβ, λϛ, μ· θὲς καὶ τού-
τους ἐν τῷ τετάρτῳ στίχῳ. καὶ ἐφεξῆς πάλιν ὁ μὲν ε
πενταπλασίους ποιήσει, καὶ θὲς ἐν τῷ ε στίχῳ. ὁ δὲ ϛ
35 ἑξαπλασίους, καὶ θὲς ἐν τῷ ϛ στίχῳ. καὶ ὁμοίως ἄχρι
δεκάδος. ἰδοὺ τοίνυν ὅτι οἱ μὲν τοῦ β στίχου ἀριθμοὶ
πρὸς τοὺς ἐν τῷ πρώτῳ πολλαπλασιαζόμενοι τοὺς
διπλασίους ποιοῦσιν, οἱ δὲ τοῦ γ πρὸς τοὺς τοῦ αου
τριπλασίους, οἱ δὲ τοῦ δου τοὺς τετραπλασίους, καὶ
40 ἐφεξῆς ἄχρι δεκάδος. ἰδοὺ οὖν πρῶτον ἀνεφάνη τὸ
πολλαπλάσιον· μετὰ τὸ πολλαπλάσιον τοίνυν εὑρίσ-
κεται τὸ ἐπιμόριον, καὶ τούτου τὸ ἡμιόλιον. οἱ γὰρ
τοῦ γ στίχου πάντες τῶν πρὸ αὐτῶν τῶν τοῦ δευτέ-
ρου ἡμιόλιοί εἰσιν· ὁ μὲν γ τοῦ β, ὁ δὲ ϛ τοῦ δ, ὁ δὲ θ
45 τοῦ ϛ, καὶ ὁ ιβ τοῦ η, καὶ ὁ ιε τοῦ ι, καὶ ὁ ιη τοῦ ιβ,
καὶ ἐφεξῆς τοῦτο εὑρήσεις. εἶτα μετὰ τοὺς ἡμιολίους
εἰσὶν οἱ ἐπίτριτοι· οἱ γὰρ τοῦ τετάρτου στίχου πάλιν
τῶν τοῦ τρίτου κατὰ τάξιν πάλιν ἐπίτριτοί εἰσιν·
ὁ μὲν δ τοῦ γ, ὁ δὲ η τοῦ ϛ, ὁ δὲ ιβ τοῦ θ, ὁ δὲ ιϛ τοῦ
50 ιβ, ὁ δὲ κ τοῦ ιε, καὶ ἐφεξῆς ὡσαύτως. πάλιν μετ'
αὐτοὺς οἱ ἐπιτέταρτοι· οἱ γὰρ ἐν τῷ πέμπτῳ στίχῳ

τῶν ἐν τῷ τετάρτῳ ἐπιτέταρτοί εἰσιν· ὁ μὲν ε τοῦ δ,
ὁ δὲ ι τοῦ η, ὁ δὲ ιε τοῦ ιβ, ὁ δὲ κ τοῦ ιϛ, ὁ δὲ κε τοῦ κ.
καὶ ἐφεξῆς κατὰ τὸν αὐτὸν τρόπον. καὶ οἱ τοῦ ϛ στί-
χου τῶν ἐν τῷ πέμπτῳ ἐπίπεμπτοι, καὶ οἱ τοῦ ζ τῶν 55
ἐν τῷ ϛ ἐπίεκτοι, καὶ ἐφεξῆς εὑρήσεις τοῦτο. πάλιν ὁ
πολλαπλασιεπιμόριος πρῶτός ἐστι τοῦ πολλαπλα-
σιεπιμεροῦς· πολλαπλασιεπιμόριος μὲν γάρ ἐστιν ὁ
ε τοῦ β· διπλάσιος γὰρ ὢν αὐτοῦ ἔχει αὐτοῦ ⟨καὶ ἓν
μέρος. πολλαπλασιεπιμερὴς δέ ἐστιν ὁ η τοῦ γ· δι- 60
πλάσιος γὰρ ὢν αὐτοῦ ἔχει αὐτοῦ⟩ καὶ δύο μέρη.
δέδεικται ἄρα ἡ τάξις τῶν σχέσεων τούτων θαυμα-
στή τις οὖσα, κἀκεῖνο δὲ δεῖ εἰδέναι ὅτι ὑπὸ τῶν κα-
νονίων γάμμα πολλὰ γίνονται· δέκα γὰρ τὰ ὅλα.
πρῶτον μὲν τὸ ὑπὸ τοῦ πρώτου στίχου τοῦ κατὰ 65
μῆκος καὶ τοῦ κατὰ πλάτος περιεχόμενον, δεύτερον
δὲ τὸ ὑπὸ τῶν δύο τῶν δευτέρων στίχων, καὶ τρίτον
τὸ ὑπὸ τῶν τρίτων, καὶ τέταρτον τὸ ὑπὸ τῶν τετάρ-
των· ἀλλὰ τὸ μὲν α γάμμα ἐστὶ τὸ ὑπὸ τῶν ια στοι-
χείων, τὸ δὲ δεύτερον τὸ ὑπὸ τῶν κδ στοιχείων, τὸ 70
δὲ τρίτον τὸ ὑπὸ τῶν λθ στοιχείων· καὶ ἐφεξῆς ὁμοίως
ἓν παρ' ἓν ἀμείβων κανόνιον. ἰστέον δὲ ὅτι τῶν γάμμα
τούτων χιαζομένων ἐφ' ἑκάτερα γίνεται ὁ πολλαπλα-
σιασμός. κἀκεῖνο δὲ γίνωσκε ὅτι οἱ διαγώνιοι ἀρι-
θμοὶ πάντες τετράγωνοί εἰσιν, ὁ δ, ὁ θ, ὁ ιϛ, ὁ κε, ὁ λϛ, 75
ὁ μθ, ὁ ξδ, ὁ πα, ὁ ρ. κἀκεῖνο δὲ γίνωσκε ὅτι καὶ οἱ
ὑπερέχοντες κατὰ τάξιν ὑπερέχουσιν· ὅσῳ γὰρ ὑπερ-
έχει ὅδε ὁ ἀριθμὸς τοῦδε, τοσούτῳ ὁ ὑπερεχόμενος
ἔλαττον ἔχει· οἷον ὁ τοῦ γ στίχου τρίτος ἀριθμὸς
τῆς τοῦ πρώτου στίχου μονάδος ὑπερέχει δυάδι· καὶ 80
ἔστιν ἐν τῷ δευτέρῳ στίχῳ μεταξὺ τῶν γ καὶ τῆς
μονάδος ὁ β. πάλιν ὁ ϛ τοῦ β τετράδι ὑπερέχει καὶ
ἔστιν ἐν τῷ μέσῳ ὁ δ· ὡσαύτως καὶ ἐπὶ τῶν λοιπῶν.
πάλιν ὁ ἐν τῷ τετάρτῳ στίχῳ δ ἀριθμὸς τῆς τοῦ
πρώτου στίχου μονάδος τριάδι ὑπερέχει καὶ ἔστιν ὁ 85
γ ἐπάνω τοῦ δ. ὡσαύτως ὁ η τοῦ β ἑξάδι ὑπερέχει
καὶ ἔστιν ὁ ϛ ἐπάνω τῶν η. καὶ ἐπὶ τῶν ἄλλων πάντων
τὴν αὐτὴν τάξιν εὑρήσεις. ταῦτά ἐστιν ἃ βούλεται
διὰ τούτων εἰπεῖν. ἐκκείσθω δὲ τὸ διάγραμμα, ἵνα
σαφῆ γένωνται πάντα τὰ λεχθέντα. 90

ρκϛ. καὶ ἐπὶ τῶν ἀκολούθων. καὶ ἐπὶ πάντων φησὶν
ἀνάλογον· ἐκ τοῦ διαγράμματος οὖν ἐσαφηνίσθη τὸ
λεγόμενον.

ρκϛ = Philop. ρμδ

ρκϛ,1 = Nicom. XIX, 13.

53 κε M: κϛ A
57 πρῶτός M (cf. p. 22 supra): ὁ πρῶτός A
59–61 ἔχει αὐτοῦ ... ἔχει αὐτοῦ scripsi: ἔχει αὐτοῦ AM
67 alt. τῶν M: καὶ τῶν A
71 λθ M: λθ λθ A
73 χιαζομένων M: ραχιζομένων A
74–75 ἀριθμοὶ πάντες M: πάντες ἀριθμοί A
78 δϛε M: οἶδε A
85 πρώτου M: πρωτίστου A

ρκε.5–6 ἢ πολλαπλασιεπιμόριον ἢ πολλαπλασιεπιμερές (Phi-
lop.)] om. AM
10 οὕτω M: οὕτως τε A
24–25 τὸν ιη ἐπὶ τὸν θ M: ἐπὶ τὸν θ τὸν ιη A
29 ιη (Philop.)] om. AM
45 ὁ ιβ A: οἱ ιβ M
51 γὰρ M: om. A

ρκζ. πρὸς δὲ τὸν ⟨ἐφ'⟩ ἑκάτερα δεύτερον στίχον. περὶ
τῶν αὐτῶν βούλεται διαλεχθῆναι περὶ ὧν ἤδη ἡμεῖς
προφθάσαντες ἐθεωρήσαμεν. ἀναγινωσκέσθω οὖν ἡ
λέξις, καὶ εἴ τι ἀσαφὲς ἔχει, ἀξιούσθω ἐξηγήσεως.

ρκη. **διαφορὰν δὲ καὶ οὗτοι ἔχουσι τοὺς ἀπὸ μονάδος.** ἀν-
τὶ τοῦ ὑπερέχουσι καὶ οὗτοι τοῖς ἐν τῷ πρώτῳ στίχῳ
ἀπὸ μονάδος, οἷον ὁ γ τοῦ β ἡμιόλιός ἐστιν ὑπερέχων
αὐτοῦ τῇ ἐν τῷ πρώτῳ στίχῳ μονάδι· ὁ ς πάλιν τοῦ
5 δ ἡμιόλιος ὑπερέχων τῷ ἐπάνω αὐτοῦ κατὰ τὸν
πρῶτον στίχον β· καὶ ὁ θ τοῦ ς ἡμιόλιος ὑπερέχων τῇ
ἐπάνω αὐτοῦ τριάδι, καὶ ἐφεξῆς ὁμοίως. ὥσπερ οὖν ἡ
ἐπὶ τῶν πολλαπλασίων ὑπεροχή, οὕτω καὶ ἐπὶ τῶν
ἐπιμορίων· ἀλλ' ἐπὶ μὲν τῶν πολλαπλασίων ὑπεροχή
10 μέση ἦν, οἷον ὁ γ τῆς μονάδος τριπλάσιος μέσην ἔχων
τὴν ὑπεροχήν, τὸν β λέγω, καὶ ὁ ς τοῦ β τριπλάσιος
μέσην ἔχων τὸν δ, καὶ ἐφεξῆς ὡσαύτως. ἐνταῦθα δὲ
οὔ τὸ μέσην, ἀλλὰ τὸ ἐπάνω.

ρκθ. **κἀκεῖνο δὲ οὐκ ἐλαχίστης.** παρακολούθημα λέγει
ὅτι οἱ μὲν διαγώνιοι τοῦ διαγράμματος μονάδες εἰσίν·
ἐν μὲν γὰρ τῇ ἀρχῇ ἁπλῆ ἐστιν ἡ μονάς, ἐν δὲ τῷ
τέλει ἑκατοντάς, ἐν δὲ τῇ διαγωνίῳ δύο δεκάδες. μο-
5 νάδες τοίνυν εἰσὶ πᾶσαι καὶ ἡ μονὰς καὶ ἡ δεκὰς καὶ ἡ
ἑκατοντάς, ἀλλ' ἡ μονὰς τῷ ὄντι μονάς ἐστιν ἁπλῆ,
ἡ δὲ δεκὰς μονὰς καλεῖται, ἀλλὰ δευτερωδουμένη.
μονὰς μὲν ὅτι ὅσα δύναται ἡ μονὰς ἄρχι δεκάδος, το-
σαῦτα καὶ ἡ δεκὰς ἄχρι ἑκατοντάδος, δευτερωδου-
10 μένη δὲ ὅτι δευτέρα τῇ τάξει τῆς μονάδος. ὡσαύτως
καὶ ἡ ἑκατοντὰς μονὰς καλεῖται ὅτι καὶ αὕτη τοσαῦτα
δύναται ἕως χιλιάδος, ὅσα καὶ ἡ μονάς, τρισωδουμένη
δὲ ὅτι τρίτην ἔχει τάξιν. ὡσαύτως καὶ ἡ χιλιὰς μονὰς
καλεῖται, ἐπειδὴ ἕως μυριάδος τοσαῦτα δύναται, ὅσα
15 μονάς, τετρωδουμένη δὲ ὅτι τετάρτη ἀπὸ μονάδος. |
ὥστε ἀποτελεῖν τὸ ὑπὸ ἴσον τῷ ἀπό. ἔστι γὰρ ἐν τῇ
ἀρχῇ μονάς, εἶτα ἐν τῷ τέλει τοῦ πρώτου στίχου
δεκάς· καὶ πάλιν κάτω ἐν μὲν τῇ ἀρχῇ δεκὰς ἐν δὲ τῷ
τέλει ἑκατοντάς. καὶ ἡ μὲν μονὰς καὶ ἡ ἑκατοντὰς τε-
20 τράγωνοί εἰσιν· ἅπαξ γὰρ α μία, καὶ δεκάκις ι ἑκατόν.
αἱ δὲ δύο δεκάδες τετράγωνοι μὲν οὐκ εἰσί, πλευραὶ

δὲ τετραγώνου ναί· δεκάκις γὰρ ι ρ, ὥστ' ἐπεὶ καὶ
ἅπαξ ρ γίνονται ρ, καὶ δεκάκις ι ρ, τὸ ὑπὸ ἴσον ἐστὶ
τῷ ἀπό. καὶ πάλιν ὁ μὲν πρῶτος στίχος ἀπὸ μονάδος
ἄχρι δεκάδος ἐστίν, ὁ δὲ ἐπὶ τὰ κάτω καὶ αὐτὸς ἀπὸ 25
μονάδος ἄχρι δεκάδος. ὡσαύτως δὲ ὁ μὲν τελευταῖος
στίχος ὁ ἐπὶ τὰ κάτω ι ι ὑπερβαίνει ἄχρι ἑκατοντά-
δος, ὁ δὲ τελευταῖος ὁ ἐπὶ μῆκος καὶ αὐτὸς δέκα δέκα
ὑπερβαίνει ἄχρι ἑκατοντάδος· ἔχουσι δὲ ἀμφότεροι,
ι, κ, λ, μ, ν, ξ, ο, π, ϙ, ρ. 30

ρλ. **καὶ οἱ μὲν διαγώνιοι.** ὅτι πάντες τετράγωνοί εἰσιν
οἱ διαγώνιοι· δ, θ, ις, κε, λς, μθ, ξδ, πα, ρ. οἱ δὲ παρ'
ἑκάτερα τῶν τετραγώνων, οὓς παρασπίζοντας καλεῖ
διὰ τὸ ἐξ ἑκατέρωθεν ἵστασθαι καὶ οἱονεὶ ὑπερασπίζειν
αὐτῶν, οὗτοι οὖν συντιθέμενοι μετὰ τῶν τετραγώ- 5
νων πάντως τετραγώνους ποιοῦσιν· οἷον μεταξὺ τοῦ
θ καὶ τοῦ δ εἰσιν ἑτερομήκεις ὑπερασπίζοντες ς καὶ ς·
ς οὖν καὶ ς γίνονται ιβ· πάλιν θ καὶ ς γίνονται ιγ· ιγ
δὲ καὶ ιβ γίνονται κε· ὁ κε δὲ τετράγωνός ἐστιν.
ὡσαύτως μεταξὺ τοῦ θ καὶ τοῦ ις εἰσι ιβ καὶ ιβ· ιβ δὲ 10
καὶ ιβ γίνονται κδ· θ δὲ καὶ ις κε· κε οὖν καὶ κδ γίνον-
ται μθ· ὁ δὲ μθ τετράγωνός ἐστιν. ὡσαύτως καὶ ἐπὶ
τῶν ἄλλων. καὶ πάλιν ἔστιν ἄλλο παρακολούθημα.
οἱ δὲ τετράγωνοι πολλαπλασιασθέντες ποιοῦσιν ἀριθ-
μὸν τὸν αὐτὸν δὲ καὶ οἱ ἑτερομήκεις· οἷον τετράκις θ 15
λς, ἀλλὰ καὶ ἑξάκις ς λς· καὶ πάλιν ἐννάκις ις ρμδ,
ἀλλὰ καὶ δωδεκάκις ιβ ρμδ. ὡσαύτως καὶ ἐπὶ τῶν
ἄλλων εὑρήσεις τοῦτο. γίνεται δὲ τοῦτο ἐπειδὴ ἀνα-
λογία τίς ἐστιν· οἷον ὁ ς τοῦ δ ἡμιόλιος, ὁ δὲ θ τοῦ ς
ἡμιόλιος· οὐκοῦν ὡς ἔχει ὁ δ πρὸς τὸν ς, οὕτω καὶ ὁ 20
ἄλλος ς πρὸς τὸν θ. ἐὰν δὲ τέσσαρες ἀριθμοὶ ἀνάλογον
ὦσι τὸ ὑπὸ τῶν ἄκρων ἴσον τῷ ὑπὸ τῶν μέσων,
ὁ ἄρα ὑπὸ τῶν δ καὶ τῶν θ ἴσος ἐστὶ τῷ ὑπὸ τῶν ς καὶ
τῶν ς.

ρλα. **οὐδέπω γὰρ τὴν ἐπίγνωσιν αὐτῶν.** ἔτι γὰρ εἰσα-
γωγικῶς ἐκτιθέμεθα, τελείαν ἐπίγνωσιν τῶν ἀριθμῶν
οὐκ ἔχομεν.

ρλβ. **μετὰ γὰρ τὰς δύο γενικὰς ταύτας σχέσεις.** [τετρά-
κις θ λς καὶ ἑξάκις ς λς.] εἰρηκὼς περὶ τοῦ πολλαπλα-

ρκζ = Philop. ρμε	ρκη = Philop. ρμς	
ρκθ = Philop. ρμη, ρν		
ρκζ,1 = Nicom. XIX, 14.	ρκη,1 = Nicom. XIX, 14.	
ρκθ,1 = Nicom. XIX, 17.	16 = Nicom. XIX, 17.	

ρκζ. 1 ἐφ' ἑκάτερα Nicom.: ἑκάτερα A: ἑκάτερον M
ρκη. 1 διαφορὰν Nicom.: διαφορὰς AM et Nicom. H
4–5 πάλιν τοῦ δ M: τοῦ δ πάλιν A
ρκθ. 1 ἐλαχίστης AM: ἐλάττονος Nicom.
2 μονάδες A (ut vid.): μονάδος M
7 ff. δευτερωδουμένη etc. cf. p. 22 supra
10 τάξει i. m. P²: λήξει AM
12 et 15 μονάς AM: μονὰς ἕως δεκάδος Philop.
17 ἐν M: ἡ A

ρλ = Philop. ρνβ	ρλα = Philop. ρνε
ρλβ = Philop. ρνς	
ρλ,1 = Nicom. XIX, 19.	ρλα,1 = Nicom. XIX, 20.
ρλβ,1 = Nicom. XIX, 20.	

26 ἄχρι δεκάδος M: ἄχρι δεκάδος ἐστίν A
27–29 ἑκατοντάδος ... ἑκατοντάδος M: ἑκατοντάδος A
ρλ. 10 ιβ καὶ ιβ M: om. A
11 ις κε scripsi: ς ιε AM
14 οἱ δὲ A: οἱ M
23–24 καὶ τῶν ς M: om. A
ρλα. 1 οὐδέπω AM: οὔπω Nicom. || τὴν M: εἰς A || ἔτι M: ὅτι A
ρλβ. 1 γενικὰς ταύτας σχέσεις M: ταύτας γενικὰς σχέσεις Nicom.:
    γενικὰς A
1–2 τετράκις ... alt. λς sunt gloss. in ρλ, 23–24

σίου καὶ τοῦ ἐπιμορίου, βούλεται λοιπὸν καὶ περὶ
τῶν λοιπῶν εἰπεῖν, τοῦ τε ἐπιμεροῦς καὶ τοῦ πολλα-
5πλασιεπιμορίου καὶ τοῦ πολλαπλασιεπιμεροῦς καὶ
τῶν τούτοις ἀντικειμένων.

ρλγ. **τὸ δὲ πλείονα ἑνὸς πάλιν ἄρχεται ἀπὸ τῶν δύο.**
ἐπειδὴ εἶπεν ἐπιμερῆ τὸν ἔχοντα πλείονα μέρη, λοιπὸν
λέγει ὅτι τὰ μέρη ἀπὸ τῶν β ἄρχεται· ἐλάχιστα γὰρ
τὰ β, μετὰ γὰρ τὴν μονάδα ταῦτα. ἰστέον οὖν ὅτι
5ἐάν τι τέμνηται εἰς δύο, κατὰ μὲν τὸ ποσὸν ἐλάχιστόν
ἐστι, κατὰ δὲ τὸ ποιὸν μέγιστον. κατὰ μὲν τὸ ποσὸν
ἐλάχιστον, ὅτι τῶν β οὐκ ἔστιν ἐλαχιστότερον, κατὰ
δὲ τὸ ποιὸν μέγιστον, ἐπειδὴ ἡ μεγίστη τομὴ εἰς δύο
ἐστὶ κατὰ τὸ ποιόν· οἷον εἰ τέμῃς κίονα εἰς δύο, μέγιστα
10τὰ τμήματα· εἰ γὰρ εἰς γ ἢ εἰς δ ἢ εἰς ε, μικρότερα
εὑρίσκονται. οὐκοῦν ἀπὸ τῶν δύο μερῶν δεῖ ἄρχεσθαι·
οἷον ὁ ε τοῦ γ ἐπιμερής· ἔχει γὰρ αὐτὸν καὶ δύο
αὐτοῦ μέρη· πρῶτος οὖν οὗτος ἐπιμερής. ἰστέον τοί-
νυν ὅτι ἐκεῖνοι λέγονται ἐπιμερεῖς οἱ ἔχοντες ἀριθμὸν
15καὶ τὸ μέρος αὐτοῦ μὴ ἀπαρτίζον εἰς τέλειόν τι ἕν· εἰ
γὰρ ἔχοι, οὐκέτι λέγεται· οἷον ὁ ζ ἔχει τὸν δ καὶ γ
αὐτοῦ τέταρτα· τὰ τρία οὖν τέταρτα εἰς τέλειον ἓν
οὐ λήγει, ἀλλ’ εἰς δύο, ἥμισυ τε καὶ τέταρτον· ὥστε
οὐ δύνασαι εἰπεῖν ὅτι ἔχει αὐτὸν καὶ δύο αὐτοῦ τέ-
20ταρτα, ἐπειδὴ τὰ δύο αὐτοῦ τέταρτα ἕν τι ποιεῖ τὸ
ἥμισυ, ἀλλ’ οὐδὲ δύο ἕκτα· ἓν γὰρ τρίτον ποιεῖ· καὶ
ἐφεξῆς ὁμοίως. οἷον οὐ δύνασαι εἰπεῖν ὅτι ὁ ς τοῦ δ
ἐπιμερής ἐστιν· ἔχει γὰρ αὐτὸν καὶ β αὐτοῦ τέταρτα·
λέγων γὰρ δύο τέταρτα ἥμισυ ποιεῖς καὶ οὐδὲν ἄλλο
25λέγεις ἢ ἡμιόλιον, ἀλλ’ οὐδὲ δύνασαι εἰπεῖν ὅτι ὁ δ
τοῦ β ἐπιμερής ἐστιν· ἔχει γὰρ αὐτὸν καὶ β ἥμιση
αὐτοῦ· τὰ γὰρ β ἥμιση οὐδὲν ἄλλο ἔστιν ἢ πάλιν
αὐτὰ τὰ δύο καὶ εὑρίσκει οὐδὲν ἄλλο ἢ διπλάσιον
λέγων ὥστε ζήτει τοῦτο. λέγε οὖν ὅτι ὁ ε τοῦ γ ἐπι-
30μερής ἐστιν, ἐπειδὴ ἔχει αὐτὸν καὶ δύο αὐτοῦ μέρη.
ποίου δὲ ὀνόματος ἔτυχε; χρὴ γινώσκειν ὅτι ἐπιδί-
τριτος καλεῖται· ἔχει γὰρ αὐτὸν καὶ β αὐτοῦ τρίτα.
ὁ δὲ ζ τοῦ δ ἐπιμερὴς ὢν ἐπιτριτέταρτος αὐτοῦ ἐστιν·
ἔχει γὰρ αὐτὸν καὶ γ τέταρτα. ὁμοίως καὶ ἐπὶ τῶν
35λοιπῶν. πάλιν ὁ ι τοῦ ς ἐπιμερὴς ὤν, ἔστιν ἐπιτε-
τράεκτος· ἔχει γὰρ αὐτὸν καὶ δ αὐτοῦ ς. καὶ ἐφεξῆς
ὁποσάκις αὐτὸν ἔχει ἐκείνῳ τῷ ὀνόματι ὀνόμαζε.

ρλγ = Philop. ρνζ

ρλγ,ι = Nicom. XX, ι.

ρλγ. ι πάλιν ἄρχεται AM: ἄρχεται πάλιν Nicom. ‖ τῶν AM:
  τοῦ Nicom.
16 ἔχοι M: ἔχει A
25 ἢ fec. M² (ut vid.): om. AM
26 et 27 ἥμιση scripsi: ἥμισυ AM
28 αὐτὰ τὰ scripsi: αὐτὰς τὰς AM

ρλδ. **ὥστε τοῦ ἐπιμεροῦς πυθμήν ἐστι.** πυθμένας, ὡς
ἤδη εἰρήκαμεν, καλεῖ τοὺς ἐσχάτους ἀριθμούς, οἷον
ἡμιολίου μὲν τὸν γ καὶ τὸν β, ἐπιτρίτου δὲ τὸν δ καὶ
τὸν γ, καὶ ἐπὶ τῶν ἄλλων ὁμοίως τοὺς ἐσχάτους.
ἐπεὶ οὖν τοῦ ἐπιμεροῦς ἐκεῖνοί εἰσι πυθμένες οἱ ἔχοντες 5
β μέρη (ὑποκάτω γὰρ τῶν β οὔκ ἔστιν), ἐλάχιστα
γὰρ ταῦτα· ὥστε ἐπιμερὴς ἔσχατός ἐστιν ὁ ε τοῦ γ·
ἔχει γὰρ αὐτὸν καὶ οὐ πλείονα, ἀλλὰ δύο μέρη.

ρλε. **τὰ δὲ μέρη ῥίζαν ἔχει καὶ ἀρχήν.** ὅτι δεῖ ἀπὸ τοῦ γ
ἄρχεσθαι· εἰ γὰρ εἴπωμεν ἥμισυ, λήσομεν ἑαυτοὺς
[τὸ] αὐτὸ λέγοντες (οἷον εἴπωμεν ὅτι ὁ δ τοῦ β ἐπι-
μερής ἐστιν· ἔχει γὰρ αὐτὸν καὶ β αὐτοῦ ἥμιση), παγ-
κάκως φαμέν· οὐδὲν γὰρ ἄλλο ἔστι τὰ β ἥμιση ἢ 5
αὐταὶ πάλιν αἱ β, ὥστε οὐδὲν ἄλλο λέγομεν ἢ ὅτι ὁ
δ τοῦ β διπλάσιός ἐστιν.

ρλς. **εἶτα ἀπὸ δύο πέμπτων.** οὐ γὰρ δύνασαι εἰπεῖν
δύο τετάρτων· πάλιν γὰρ ἥμισυ εὑρίσκεται. οὐδὲ
δύο ἕκτων· τρίτον γὰρ εὑρίσκεται. τριῶν δὲ τετάρ-
των καὶ τριῶν πέμπτων καὶ τεττάρων πέμπτων καὶ
τεττάρων ἕκτων καὶ πέντε ἕκτων δυνατὸν εἰπεῖν. 5
οὐδὲ γὰρ τριῶν ἕκτων· ἥμισυ γὰρ πάλιν πίπτει.

ρλζ. **τάξις δὲ ἀπ’ ἀμφοτέρων καὶ ἀκόλουθος γένεσις.** λοι-
πὸν τὴν γένεσιν θέλει εἰπεῖν τῶν ἐπιμερῶν καὶ λέγει
ὅτι τοὺς ἀπὸ τριάδος ἀριθμοὺς πάντας ἐφεξῆς ἐκθοῦ
καὶ ἀρτίους καὶ περιττούς, οἷον γ, δ, ε, ς, ζ, η, θ, ι,
ια, ιβ, ιγ καὶ ἐφεξῆς, ἐκθοῦ δὲ καὶ τοὺς ἀπὸ πεντάδος 5
περιττοὺς μόνους, οἷον ε, ζ, θ, ια, ιγ, ιε, ιζ καὶ ἐφεξῆς
τοὺς περιττούς, καὶ εὑρήσεις τὸν πρῶτον τῶν περιτ-
τῶν πρὸς τὸν πρῶτον τὸν ἀπὸ τριάδος ἐπιμερῆ, καὶ
τὸν βον πρὸς τὸν β καὶ τὸν γ πρὸς τὸν γ καὶ ἐφεξῆς
ὁμοίως· οἷον ὁ ε πρὸς τὸν γ ἐπιμερής ἐστιν, ἐπιδίτρι- 10
τος γάρ ἐστιν· ὁ ζ πρὸς τὸν δ ἐπιμερής ἐστιν, ἐπιτρι-
τέταρτος γάρ ἐστιν· ὁ θ πρὸς τὸν ε ἐπιμερής ἐστιν,
ἐπιτετράπεμπτος γάρ ἐστι, καὶ ἐφεξῆς ὁμοίως. ἰστέον
δὲ ὅτι οὗτοι πάντες οἱ ἐκ τῆς τοιαύτης ἐκθέσεως γι-
νόμενοι πυθμένες εἰσίν· ἐν μὲν τοῖς ἐπιμερέσιν 15
ἔσχατός ἐστιν ὁ ε πρὸς τὸν γ, ἐν δὲ τοῖς ἐπιτριτετάρ-
τοις ὁ ζ πρὸς τὸν δ· μετὰ γὰρ τοῦτον ἄλλος οὐκ
ἔστιν· ἐν δὲ τοῖς ἐπιτετραπέμπτοις ὁ θ πρὸς τὸν ε·

ρλδ = Philop. ρνζ   ρλε = Philop. ρνζ

ρλς = Philop. ρνζ   ρλζ = Philop. ρνθ

ρλδ,ι = Nicom. XX, ι.   ρλε,ι = Nicom. XX, 2.

ρλς,ι = Nicom. XX, 2.   ρλζ,ι = Nicom. XXI, ι.

ρλε. 2 εἴπωμεν M: εἴπομεν A et M² (ο supr. ω scr., ut vid.)
4 ἥμιση scripsi: ἥμισυ AM
6 λέγομεν M: λέγωμεν A
ρλς. ι ἀπὸ AM et Nicom. G₂S: om. Nicom.
3 δὲ A: om. M
ρλζ. ι ἀπ’ AM: om. Nicom.
16–17 ἐπιτριτετάρτοις scripsi: ἐπιτετάρτοις AM

ὑποκάτω γὰρ τούτων οὐκ ἔστι. καὶ ἐπὶ τῶν ἄλλων
20 τὸ αὐτὸ εὑρήσεις. ἐὰν δὲ τούτους πάντας τοὺς γινο-
μένους ἢ διπλασιάζῃς ἢ τριπλασιάζῃς ἢ τετραπλα-
σιάζῃς καὶ ἐφεξῆς ὁμοίως, ποιήσεις ἄλλους ἐπιμερεῖς,
ἀλλ' οὐ πυθμένας· οἶον ὁ ε πρὸς τὸν γ ἐπιμερής ἐστιν,
ἐπιδίτριτος γάρ, καὶ πυθμένες· διπλασίασον τὸν ε,
25 γίνονται ι, καὶ τὸν γ, γίνονται ϛ· ὁ ι πάλιν πρὸς τὸν ϛ
ἐπιμερής ἐστι καὶ ἐπιδίτριτος· ἔχει γὰρ αὐτὸν καὶ δύο
αὐτοῦ τρίτα. καὶ πάλιν αὐτοὺς τούτους ἐὰν διπλα-
σιάσῃς, ἐπιμερεῖς καὶ ἐπιδιτρίτους ποιεῖς· ὁ ι διπλασια-
ζόμενος ποιεῖ κ, καὶ ὁ ϛ ιβ· ὁ κ τοῦ ιβ ἐπιδίτριτός
30 ἐστιν· ὁμοίως ἐπ' ἄπειρον προκόπτων εὑρήσεις τοῦτο.
καὶ ἐπὶ τοῦ ἐπιτριτετάρτου δὲ εὑρήσεις τοῦτο. οἶον
ὁ ζ τοῦ δ ἐπιτριτέταρτός ἐστι· διπλασίασον αὐτούς,
γίνονται ιδ καὶ η· ὁ ιδ τοῦ η γίνεται ἐπιτριτέταρτος,
κἂν τούτους διπλασιάσῃς, ποιήσεις ἐπιτριτετάρτους.
35 καὶ ἐπὶ τῶν ἄλλων δὲ ἐπιμερῶν τὸ αὐτὸ εὑρήσεις,
κἂν δὲ τριπλασιάσῃς ἢ τετραπλασιάσῃς ἢ ὁπωσοῦν
πολλαπλασιάσῃς, πάντως ἐπιμερεῖς ποιήσεις.

ρλη. **προσεκτέον δὲ ὅτι ἐκ τῶν δύο μερῶν ἐστι.** περὶ αὐ-
τῆς τῆς ὀνομασίας αὐτῶν θέλει εἰπεῖν καὶ φησιν ὅτι
ἐπὶ τῶν ἐπιμερῶν δύο μερῶν λεγομένων· φαμὲν γὰρ
ἐπιδίτριτον· ἰδοὺ γὰρ δύο μέρη εἶπον, τὸ δ καὶ τὸ γ.
5 καὶ πάλιν ἐπιτριτέταρτος, τρίτον καὶ τέταρτον· καὶ
ἐφεξῆς. λέγει οὖν ὅτι ἐπὶ μὲν τῶν ἐπιμερῶν τῶν ἐχόν-
των β μέρη τὸ γ^{ον} προσυπακούεται ὡς μεῖζον ὄν·
φαμὲν γὰρ ἐπιδίτριτον· [τὸ δὲ τρίτον τοῦ τετάρτου
μεῖζον] τὰ γὰρ γ τῶν β μείζονα. οὐκοῦν καθόλου τὸ
10 μεῖζον προσυπακούεται. πάλιν γὰρ ἐπὶ τῶν γ μερῶν
τὸ μεῖζον, ὅ ἐστι τὸ τέταρτον, προσυπακούεται, ἐπι-
τριτέταρτος γάρ φαμεν· ἐπὶ δὲ τῶν δ^{ων} τὰ ε προσ-
υπακούεται, ἐπιτετράπεμπτος γάρ φαμεν· καὶ ἐπὶ
τῶν λοιπῶν ὁμοίως.

ρλθ. **ἁπλαῖ καὶ ἀσύνθετοι σχέσεις.** ὅ ἐστιν ἥ τε τοῦ
πολλαπλασίου καὶ τοῦ ἐπιμορίου καὶ τοῦ ἐπιμεροῦς
καὶ τῶν ἀντικειμένων τούτοις.

ρλη = Philop. ρξ   ρλθ = Philop. ρξα

ρλη,ι = Nicom. XXI, 2.   ρλθ,ι = Nicom. XXI, 3.

ρμ. **ἐκ δυοῖν εἰς μίαν.** ἐκ γὰρ τοῦ πολλαπλασίου καὶ
τοῦ ἐπιμορίου γίνεται πολλαπλασιεπιμόριος, καὶ
πάλιν ἐκ τοῦ πολλαπλασίου καὶ τοῦ ἐπιμεροῦς γίνε-
ται πολλαπλασιεπιμερής. ἰστέον δὲ κἀκεῖνο ὅτι τῶν
ἐπιμερῶν τε καὶ τῶν ἐπιμορίων πάντων οἱ πυθμένες 5
πρῶτοι πρὸς ἀλλήλους εἰσί· κοινῷ γὰρ μέτρῳ τῇ
μονάδι μετροῦνται, οἶον ὁ ε καὶ ὁ γ πρὸς ἀλλήλους
πρῶτοί εἰσι, καὶ ὁ γ καὶ ὁ β, καὶ ὁ δ καὶ ὁ γ, καὶ πάν-
τες οἱ ἐφεξῆς ἀριθμοί.

ρμα. **αἱ εἰδικαὶ ταῖς εἰδικαῖς.** ἀντὶ τοῦ πολλαπλασιε-
πιδίτριτος ἢ πολλαπλασιεπιτέταρτος καὶ ἐφεξῆς ἐπὶ
πάντων.

ρμβ. **πολλαπλασιεπιμερὴς οὖν ἐστιν.** εἰρηκὼς περὶ τῶν
ἁπλῶν εἰδῶν, λέγω δὴ τοῦ τε πολλαπλασίου καὶ
τοῦ ἐπιμορίου καὶ τοῦ ἐπιμεροῦς, νῦν περὶ τῶν συν-
θέτων λέγει, φημὶ τοῦ τε πολλαπλασιεπιμορίου καὶ
τοῦ πολλαπλασιεπιμεροῦς. περὶ τούτων οὖν βούλε- 5
ται ἐν τούτοις διαλαβεῖν.

ρμγ. **διπλῶς δὲ ὡς ἂν δὴ σύνθετος.** διπλῆ γὰρ ἡ σύνθε-
σις αὐτοῦ· ἢ γὰρ τοῦ πολλαπλασίου αὐξομένου τοῦ
δὲ ἐπιμορίου μένοντος γίνεται ἡ σύνθεσις, ἢ τὸ ἀνά-
παλιν τοῦ ἐπιμορίου μὲν αὐξομένου τοῦ δὲ πολλα-
πλασίου μένοντος· οἶον ἐὰν εἴπω διπλασιεπίτριτος, 5
τριπλασιεπίτριτος, τετραπλασιεπίτριτος, πενταπλα-
σιεπίτριτος καὶ ἐφεξῆς, τὸ μὲν πολλαπλάσιον αὔξων,
λέγω γὰρ δίς, τρίς, τετράκις, πεντάκις καὶ ἐφεξῆς, τὸ
μέντοι ἐπιμόριον μένει, πανταχοῦ γὰρ τὸ ἐπίτριτον·
εἰ δὲ εἴπω διπλασιεπίτριτος, διπλασιεπιτέταρτος, 10
διπλασιεπίπεμπτος καὶ ἐφεξῆς, τὸ ἐπιμόριον αὔξεται,
τὸ δὲ πολλαπλάσιον πανταχοῦ τὸ αὐτό· τὸ διπλά-
σιον γὰρ μένει.

ρμ = Philop. ρξβ   ρμα = Philop. ρξγ

ρμβ = Philop. ρξδ   ρμγ = Philop. ρξε

ρμ,ι = Nicom. XXI, 3.   ρμα,ι = Nicom. XXI, 3.

ρμβ,ι = Nicom. XXII, 1.   ρμγ,ι = Nicom. XXII, 2.

27–28 διπλασιάσῃς Μ: διπλασιάσεις Α
31 ἐπιτριτετάρτου scripsi: ἐπιτετάρτου Μ: τετάρτου Α
32 ἐπιτριτέταρτός (Philop.)] ἐπιτέταρτος ΑΜ
34 ἐπιτριτετάρτους scripsi: ἐπιτετάρτους ΑΜ
ρλη. ι ἐκ τῶν ΑΜ: ἐκ μὲν τῶν Nicom. || ἐστι ΑΜ: om. Nicom.
3 ἐπὶ Μ: ἐκ Α
4 γὰρ Α: om. Μ || εἶπον scripsi: εἰπὼν ΑΜ
7 προσυπακούεται Α: προσεπακούεται Μ || ὄν Μ: ὂν Α
12–13 ἐπὶ ... φαμεν Α: ἐπὶ ... φαμεν iter. Μ
ρλθ. ι ὅ Μ: om. Α

ρμ. ι δυοῖν Μ: δυεῖν Α
ρμβ. ι πολλαπλασιεπιμερὴς οὖν ἐστιν ΑΜ: πολλαπλασιεπιμόριος
μὲν οὖν ἐστι Nicom.
ρμγ. ι διπλῶς ΑΜ, Philop., et Nicom. CSH: διττῶς Nicom.
1–2 διπλῆ γὰρ ἡ σύνθεσις Μ: διπλῆ γὰρ εἰσιν θέσις Α
2 et 4 αὐξομένου Μ: αὐξανομένου Α
3 δὲ Α: om. Μ
12–13 τὸ διπλάσιον γὰρ μένει, cf. n. ad ρμδ.

ρμδ. *παρὰ τὴν ποσότητα παρονομασθήσεται.* εἰ β διπλάσιος, εἰ γ τριπλάσιος, εἰ δ τετραπλάσιος, καὶ ἐφεξῆς ὁμοίως.

ρμε. *τοῖς ἀπὸ δυάδος ἐφεξῆς ἀρτίοις καὶ περιττοῖς.* εὑρήσεις κατὰ τάξιν τοὺς πολλαπλασιεπιμορίους, ἐὰν ἐκθῇς τοὺς ἀπὸ δυάδος ἀρτίους καὶ περιττοὺς καὶ τοὺς ἀπὸ πεντάδος περιττοὺς μόνους καὶ παραβάλῃς πρῶτον πρώτῳ καὶ δεύτερον δευτέρῳ καὶ ἐφεξῆς· οἷον ὁ ε τοῦ β διπλασιεφημιόλιος, ὁ ζ τοῦ γ διπλασιεπίτριτος, ὁ θ τοῦ δ διπλασιεπιτέταρτος, ὁ ια τοῦ ε διπλασιεπίπεμπτος, καὶ ἐφεξῆς ὁμοίως.

ρμς. *ἀπὸ δὲ δυάδος τῶν ἐφεξῆς πάντων ἀρτίων.* εἰ δὲ θέλεις εὑρεῖν πάντας τοὺς διπλασιεφημιολίους, ἔκτιθει πάντας τοὺς ἀπὸ δυάδος ἀρτίους, εἶτα τοὺς ἀπὸ πεντάδος ⟨κατὰ⟩ πεντάδα, εἴ ποτε ἐκτιθείς, ποιήσεις πάντως τοὺς διπλασιεφημιολίους, οἷον ὁ ε τῶν β διπλασιεφημιόλιος, καὶ ὁ ι τῶν δ, καὶ ὁ ιε τῶν ς, καὶ ὁ κ τῶν η, καὶ ὁ κε τῶν ι, καὶ ἐφεξῆς. | *ἀπὸ δὲ τοῦ γ.* ἐπειδὴ δὲ ὁ ζ τοῦ γ πρῶτος διπλασιεπίτριτος ἦν, λάμβανε πάντας τοὺς ἀπὸ τριάδος τριάδι διαφέροντας καὶ τοὺς ἀπὸ ἑπτάδος ἑπτάδι, καὶ ποιήσεις τοὺς διπλασιεπιτρίτους, οἷον ὁ ζ τοῦ γ διπλασιεπίτριτος· πρόσθες ταῖς τρισὶ τρία καὶ τοῖς ζ ζ· οὔκουν ὁ ιδ τοῦ ς διπλασιεπίτριτος καὶ ὁ κα τοῦ θ καὶ ὁ κη τοῦ ιβ καὶ ὁ λε τοῦ ιε καὶ ὁ μβ τοῦ ιη καὶ ἐφεξῆς ὁμοίως. | *εἶτα πάλιν ἀπ' ἄλλης ἀρχῆς.* ὁ θ τοῦ δ πρῶτος διπλασιεπιτέταρτος ἦν· οὔκουν ἐὰν τοῖς μὲν δ δ προσθῇς ἀεὶ τοῖς δὲ θ θ, ποιήσεις τοὺς διπλασιεπιτετάρτους, οἷον ὁ θ τοῦ δ διπλασιεπιτέταρτός ἐστι, καὶ ὁ ιη τοῦ η καὶ ὁ κζ τοῦ ιβ καὶ ὁ λς τοῦ ις καὶ ὁ με τοῦ κ καὶ ἐφεξῆς ὁμοίως. καὶ ἐπὶ τῶν ἄλλων δὲ πολλαπλασιεπιμορίων τῇ αὐτῇ μεθόδῳ κεχρημένος εὑρήσεις πάντα τὰ κατὰ μέρος εὔτακτα εἴδη.

ρμζ. *πρὸς μὲν γὰρ τὸν πρῶτον στίχον.* πάντες γὰρ οἱ ἐφεξῆς πρὸς τὸν πρῶτον στίχον παραβαλλόμενοι πάντα τὰ εἴδη τοῦ πολλαπλασίου ὁμοταγῶς ποιήσουσιν, οἷον ὁ β πρὸς τὴν μονάδα διπλάσιος, ὁ γ τριπλάσιος, ὁ δ τετραπλάσιος, ὁ ε πενταπλάσιος, καὶ ἐφεξῆς ὡσαύτως. καὶ ὁ δ τῶν β διπλάσιος, ὁ δὲ ς τριπλάσιος, ὁ δὲ η τετραπλάσιος, ὁ δὲ ι πενταπλάσιος, καὶ ἐπὶ τῶν ἄλλων εὑρήσεις τὸ αὐτό.

ρμη. *πρὸς τὸν γείτονα.* πρὸς μὲν γὰρ τὸν πρῶτον στίχον τοὺς πολλαπλασίους ποιοῦσι, πρὸς δὲ τοὺς γείτονας τοὺς ἐπιμορίους, οἷον ὁ γ πρὸς τὸν β τὸν ἡμιόλιον, ὁ δ πρὸς τὸν γ τὸν ἐπίτριτον, καὶ ὁ ε πρὸς τὸν δ τὸν ἐπιτέταρτον, καὶ ἐφεξῆς ὡσαύτως.

ρμθ. *ἀπὸ δὲ τοῦ τρίτου στίχου.* ἐὰν δὲ ἀπὸ τοῦ τρίτου στίχου ἄρξῃ καὶ λάβῃς τοὺς ἀπὸ πεντάδος συνεχεῖς περισσοὺς καὶ παραβάλῃς πρὸς αὐτὸν γ καὶ τοὺς ἐφεξῆς αὐτῷ περιττούς, τοὺς ἐπιμερεῖς ποιήσεις· οἷον ὁ ε τοῦ γ ἐπιμερής, ὁ ζ τοῦ ε, ὁ θ τοῦ ζ, ὁ ια τοῦ θ, ὁ ιγ τοῦ ια, καὶ ἐπὶ πάντων ὁμοίως.

ρν. *ταῦτα δὲ οὐκ ἔστι μὲν ἡμίση διὰ τὰ προλεχθέντα.* ἐπεὶ ὡς εἴρηται εὑρεθήσεται τὸ αὐτό· τὰ γὰρ δύο ἡμίση ἓν ποιοῦσι καὶ τὰ δύο ἕκτα τρίτον, ὥστε δεῖ τηρεῖν· πλατικώτερον δὲ τοῦτο εἴρηται ἐν τοῖς προλαβοῦσιν.

ρνα. *ὡς ἐν πρώτῃ λαμβάνουσιν εἰσαγωγῇ.* ἀντὶ τοῦ ὡς ἐπιπολαιότερον εἰπεῖν· λέξει γὰρ καὶ γλαφυρώτερον καὶ βαθύτερον.

ρνβ. *ἔστι δέ τις γλαφυρωτέρα ἔφοδος.* δείξας ἐκ τοῦ διαγράμματος πῶς προὔχει τὸ πολλαπλάσιον τῶν ἄλλων, ὅτι πρῶτον μέν ἐστι τὸ πολλαπλάσιον καὶ τούτου τὸ διπλάσιον, εἶτα τὸ ἡμιόλιον καὶ τὸ ἐπίτριτον καὶ τὸ πολλαπλασιεπιμόριον καὶ τὸ πολλαπλα-

ρμδ = Philop. ρξ   ρμε = Philop. ρξζ

ρμς = Philop. ρξη, ρξθ, ρο

ρμδ,1 = Nicom. XXII, 2.   ρμε,1 = Nicom. XXII, 3.

ρμς,1 = Nicom. XXII, 3.   7 = Nicom. XXII, 3.

14–15 = Nicom. XXII, 4.

ρμδ. 1 παρά ... παρονομασθήσεται AM: inter τὴν et ποσότητα Nicom. hab. τοσαύτην
ρμε. 1 ἐφεξῆς AM: ἑξῆς Nicom.
4 παραβάλῃς (Philop.)] παραλάβῃς AM
6 διπλασιεφημιόλιος (Nicom. et Philop.)] διπλάσιος ἡμιόλιος AM
6–7 διπλασιεπίτριτος (Nicom. et Philop.)] διπλάσιος ἐπίτριτος AM
ρμς. 1 ἀπὸ δὲ δυάδος AM et Philop.: ἀπὸ δυάδος δὲ Nicom.
3 alt. τούς (Philop.)] τοῖς AM (ut vid.)
4 κατά scripsi: om. AM
5 διπλασιεφημιολίους A: διπλασημιολίους M
8 δὲ M: om. A

ρμζ = Philop. ροβ   ρμη = Philop. ρογ

ρμθ = Philop. ροδ   ρν = Philop. ρος

ρνα = Philop. ροζ   ρνβ = Philop. ροη, ροθ

ρμζ,1 = Nicom. XXII, 6.   ρμη,1 = Nicom. XXII, 6.

ρμθ,1 = Nicom. XXII, 6.   ρν,1 = Nicom. XXIII, 2.

ρνα,1 = Nicom. XXIII, 4.   ρνβ,1 = Nicom. XXIII, 4.

ρμζ. 3 ὁμοταγῶς A: ὁμοιοταγῶς M
ρμη. 4 ὁ ε M: ὁ ιε A
ρμθ. 4 αὐτῷ M: αὐτοῦ A
6 ὁ ιγ τοῦ ια M: ὁ ιγ τοῦ ια τοῦ θ ὁ ιγ τοῦ ια A
ρν. 1 ἡμίση A et fec. M² (ut vid.): ἡμέση M
ρνα. 2 ἐπιπολαιότερον scripsi: ἐπὶ παλαιότερον M et (ut vid.) A || γὰρ M: δὲ A
ρνβ 4 τούτου scripsi: τοῦτο AM

σιεπιμερές, νῦν ἐξ ἑτέρου θαυμαστοῦ προστάγματος
δείκνυσι τὴν τάξιν, ἀναφαίνονται οὖν εὐτάκτως τὰ
εἴδη. ἐκ τούτου οὖν τοῦ προστάγματος εὑρίσκονται
ὅτι πρώτη μὲν τῷ ὄντι ἡ ἰσότης, εἶτα αἱ ἀνισότητες
10 ἐξ αὐτῆς προέρχονται· καὶ κατὰ τὸ ἀληθὲς εἴδει ἐοί-
κασιν οἱ ἀριθμοὶ περιγράφοντες πάντα. πῶς οὖν εὑ-
ρίσκομεν πρῶτον τὸν διπλάσιον λόγον; ἐκθοῦ ἐφεξῆς
τρεῖς μονάδας ὡς ὑποτέτακται α α α· εἶτα λαβὲ τὴν
πρώτην αὐτὴν καθ' αὑτήν· δεῖ γὰρ τὸν πρῶτον ἑαυτῷ
15 ἴσον εἶναι, τὸν δὲ δεύτερον ἀριθμὸν τῷ πρώτῳ ἅμα
καὶ δευτέρῳ, τὸν δὲ τρίτον τῷ πρώτῳ ἅμα καὶ δυσὶ
τοῖς δευτέροις ἅμα καὶ τρίτῳ καὶ γενήσεται ὁ διπλά-
σιος· οἷόν εἰσι μονάδες ἐφεξῆς γ· λαβὲ τὴν πρώτην,
γίνεται α, λαβὲ τὴν δευτέραν μετὰ τῆς πρώτης,
20 γίνονται β, λαβὲ καὶ τὴν τρίτην μετὰ τῆς πρώτης
καὶ δὶς τῆς δευτέρας, γίνονται δ· ἔχομεν οὖν α β δ·
ἰδοὺ ὁ διπλάσιος λόγος. ἐὰν δὲ ἀντιστρόφως αὐτὰ
ταῦτα κατὰ τὴν αὐτὴν μέθοδον ποιήσῃς, σχήσεις τὸν
ἡμιόλιον λόγον· οἷόν ἐστι α β δ. ἄρξαι ἀπὸ τῶν δ·
25 ἰδοὺ δ ἔχομεν· λαβὲ τὸν δ μετὰ τῶν β, γίνονται ς·
λαβὲ τὸν γ, ὅ ἐστι τὴν μονάδα, μετὰ τοῦ πρώτου, ὅ
ἐστι τοῦ δ, καὶ δὶς τοῦ δευτέρου, ὅ ἐστι τῶν δύο,
γίνονται θ· εἰσὶν οὖν δ ς θ· οὗτοι τοίνυν ἡμιόλιοί
εἰσιν· ὁ μὲν γὰρ θ τοῦ ς, ὁ δὲ ς τοῦ δ. ὁμοίως καὶ ἐπὶ
30 πάντων τῶν λοιπῶν εἰδῶν εὐτάκτως δείξει ὁ Νικό-
μαχος αὐτός.

ρνγ. ἐκ δὲ διπλασίου εὐθὺς τὸ τριπλάσιον. ἐξ ἀλλήλων
γὰρ κατὰ τάξιν τίκτονται, ἀλλ' οὐκ ἀντεστραμμένως,
ἀλλὰ κατὰ τὴν ἐξ ἀρχῆς θέσιν· οἷον ἐδείχθη ὁ δύο τῆς
μονάδος διπλάσιος καὶ ὁ δ τῶν β. εἰσὶν οὖν α, β, δ·
5 ἔστι τοίνυν πρώτη μὲν ἡ μονάς, δεύτερος δὲ ὁ β, καὶ
τρίτος ὁ δ· οὐκοῦν ποίησον τὸν πρῶτον τῷ πρώτῳ
ἴσον, γίνεται ἕν· εἶτα τὸν δεύτερον τῷ πρώτῳ, γίνον-
ται γ· τὸν γ τῷ πρώτῳ καὶ δὶς τῷ δευτέρῳ ἅμα καὶ
τρίτῳ, γίνονται θ. εἰσὶν οὖν ἐφεξῆς α γ θ· ἰδοὺ τὸ
10 τριπλάσιον εἶδος ἀνεφάνη. ὁμοίως ἐκ τούτου τὸ τε-
τραπλάσιον γενήσεται· ἔστι γὰρ α· εἶτα α καὶ γ δ·
καὶ θ καὶ α καὶ δὶς γ ις. εἰσὶν οὖν α δ ις, καὶ ἔστι τὸ
τετραπλάσιον. καὶ ἐπὶ πάντων ὁμοίως προχωρῶν
εὑρήσεις εὔτακτα τὰ εἴδη τῶν πολλαπλασίων.

ρνγ = Philop. ρπ

ρνγ,1 = Nicom. XXIII, 8.

ρνδ. ἐκ δὲ αὐτῶν τούτων τῶν εὐτάκτως πολλαπλασίων
ἀναστραφέντων. ἐκ τούτων πάλιν κατὰ ἀναστροφὴν
γίνονται τὰ εἴδη τῶν ἐπιμορίων· οἷόν ἐστι πρῶτον
εἶδος τῶν πολλαπλασίων τὸ διπλάσιον, θεωρούμε-
νον κατὰ τὴν α καὶ τὰ β καὶ τὰ δ. ἀντίστρεψον καὶ 5
τῇ αὐτῇ μεθόδῳ ἀπὸ τῶν δ χρησάμενος, εὑρήσεις τὸ
ἡμιόλιον εἶδος· εἰσὶ γὰρ δ, εἶτα δ καὶ β, γίνονται ς·
α δὲ καὶ δ καὶ δὶς β, γίνονται θ· ὑπάρχουσιν οὖν δ ς θ·
ἰδοὺ ἡμιόλιον εἶδος. πάλιν τριπλάσιος ἦσαν α γ θ·
ἄρξαι ἀπὸ τῶν θ καὶ ποίησον θ· καὶ πάλιν θ καὶ γ, 10
γίνονται ιβ· εἶτα α καὶ θ καὶ δὶς γ, γίνονται ις· εἰσὶν
οὖν θ, ιβ, ις· ἰδοὺ οἱ ἐπίτριτοι· ὁ γὰρ ις τοῦ ιβ ἐπίτρι-
τός ἐστιν, ἀλλὰ καὶ ὁ ιβ τοῦ θ. ὅρα τοίνυν θαυμαστὴν
τάξιν ὁμοίως καὶ τοὺς τετραπλασίους λαβὼν καὶ
ἀντεστραμμένως συνθεὶς εὑρήσεις τοὺς ἐπιτετάρτους, 15
καὶ ἐφεξῆς ὁμοίως.

ρνε. ἀπὸ δὲ ἄλλης ἀρχῆς αὐτῶν τῶν ἐπιμορίων. πάλιν
ἄλλην ὅρα τάξιν· ἐκ μὲν γὰρ τῶν ἡμιολίων ἀντιστρε-
φομένων γίνονται ἐπιμερεῖς, οὐχ οἱ τυχόντες, ἀλλ' οἱ
ἐπιδιμερεῖς, ἐκ δὲ τῶν ἐπιτρίτων οἱ ἐπιτριμερεῖς, ἐκ δὲ
τῶν ἐπιτετάρτων οἱ ἐπιτετραμερεῖς, καὶ ἐφεξῆς. οἷόν 5
εἰσιν ἡμιόλιοι δ, ς, θ. λαβὲ ἀπὸ τῶν θ τῇ αὐτῇ μεθό-
δῳ, γίνονται θ· εἶτα θ καὶ ς, γίνονται ιε, καὶ πάλιν δ
καὶ θ καὶ δὶς ς, γίνονται κε. ἰδοὺ γεγόνασιν ἐπιδιμε-
ρεῖς· ὁ γὰρ κε τοῦ ιε ἐπιδιμερής· ἔχει γὰρ αὐτὸν καὶ
δύο αὐτοῦ μέρη· δύο γὰρ τρίτα αὐτοῦ ἔχει. ὡσαύτως 10
καὶ ὁ ιε τοῦ θ ἐπιδιμερής· ἔχει γὰρ αὐτὸν καὶ β αὐτοῦ
μέρη· δύο γὰρ τρίτα. ὡσαύτως δὲ λαβὼν τοὺς ἐπι-
τρίτους καὶ ἀντιστρόφως τῇ μεθόδῳ χρησάμενος,
ποιήσεις τοὺς ἐπιμερεῖς· οἷόν εἰσιν ἐπίτριτοι θ, ιβ, ις·
ἄρξαι ἀπὸ τῶν ις, γίνονται οὖν ις καὶ κη (ις γὰρ καὶ 15
ιβ κη) καὶ μθ (θ γὰρ καὶ ις καὶ δὶς ιβ μθ)· ὁ ις οὖν
καὶ κη καὶ μθ εἰσιν ἐπιτριμερεῖς· ὁ μὲν γὰρ μθ τοῦ κη
ἐστιν ἐπιτριμερής· ἔχει γὰρ αὐτὸν καὶ τρία αὐτοῦ
μέρη· τρία γὰρ αὐτοῦ τέταρτα ἔχει. ὁ δὲ κη τοῦ ις
ἐπιτριμερὴς καὶ αὐτός· ἔχει γὰρ αὐτὸν καὶ γ αὐτοῦ 20
τέταρτα. πάλιν τοὺς ἐπιτετραμερεῖς εὑρήσεις λαμβά-
νων τοὺς ἐπιτετάρτους καὶ ἀντιστρόφως κεχρημένος
τῇ μεθόδῳ· κατὰ τὸν αὐτὸν δὲ τρόπον καὶ ἐπὶ τῶν
ἄλλων.

ρνδ = Philop. ρπα

ρνε = Philop. ρπβ

ρνδ,1–2 = Nicom. XXIII, 9.

ρνε,1 = Nicom. XXIII, 10.

14 ἑαυτῷ M: ἑαυτοῦ A
30 τῶν λοιπῶν εἰδῶν M: εἰδῶν τῶν λοιπῶν A
ρνγ. 2 οὐκ ἀντεστραμμένως A: οὐ κατεστραμμένος M
3 ὁ δύο A et M² i. m.: δδὸς M
8–9 ἅμα καὶ τρίτῳ M² s. v.: om. AM

ρνδ. 1 εὐτάκτως Nicom.: εὐτάκτων AM et Nicom. GH
8 α δὲ καὶ δ A: ἐν δὲ καὶ τέσσαρα ἐν δὲ καὶ δ M
ρνε. 4 ἐπιδιμερεῖς (Philop.)] διμερεῖς AM || ἐπιτριμερεῖς (Philop.)]
    τριμερεῖς AM
6 ς (cf. Philop.) καὶ AM
8–9 ἐπιδιμερεῖς M: ἐπιμερεῖς A
15–17 κη ... pr. κη M: κη A

ρνς. **μὴ ἀντεστραμμένων δέ.** ἐὰν δὲ χρήσῃ τῇ μεθόδῳ
ἐπὶ τῶν ἐπιμορίων μὴ ἀντιστρέφων, πάλιν εὐτάκτως
τοὺς πολλαπλασιεπιμορίους ποιήσεις. ἐκ μὲν τοῦ
ἡμιολίου τὸν πολλαπλασιεφήμισυν, ἐκ δὲ τοῦ ἐπιτρί-
5 του τὸν πολλαπλασιεπίτριτον, καὶ ἐπὶ τῶν ἄλλων
ὁμοίως. οἷόν εἰσιν ἡμιόλιοι δ, ς, θ. μὴ ἀντιστρέψῃς,
ἀλλὰ ποίησον δ· καὶ δ καὶ ς [καὶ] ι· καὶ θ καὶ δ καὶ δὶς
ς κε· γίνονται οὖν δ ι κε· ἰδοὺ οὗτοι πολλαπλασιεφη-
μιόλιοι· ὁ γὰρ κε ἔχει τὸν ι δὶς καὶ τὸ ἥμισυ αὐτοῦ·
10 ὡσαύτως καὶ ὁ ι ἔχει τὸν δ δὶς καὶ τὸ ἥμισυ αὐτοῦ.
ἵνα δὲ μὴ τὰ αὐτὰ πολλάκις λέγωμεν, τῇ αὐτῇ μεθό-
δῳ μὴ ἀντιστρέφων ἀπὸ τῶν ἐπιτρίτων, ποιήσεις
τοὺς πολλαπλασιεπιτρίτους, καὶ ἀπὸ τῶν ἐπιτετάρ-
των τοὺς πολλαπλασιεπιτετάρτους, καὶ ἐφεξῆς ὁμοί-
15 ως ἐπὶ πάντων.

ρνζ. **πάντως δὲ οἱ ἄκροι τετράγωνοι.** οἱ γὰρ ἄκροι πάν-
τως τετράγωνοι εὑρεθήσονται, ὡς ἐπὶ μὲν τῶν ἡμιο-
λίων τοῦ δ καὶ τοῦ ς καὶ τοῦ θ, ὁ δ καὶ ὁ θ· ἐπὶ δὲ τῶν
ἐπιτρίτων τοῦ θ καὶ τοῦ ιβ καὶ τοῦ ις, ὁ θ καὶ ὁ ις·
5 καὶ ἐπὶ πάντων τῶν εἰδῶν τετράγωνοί εἰσιν οἱ ἄκροι,
καὶ τοῦτο εὐλόγως, ἐπειδὴ δέδεικται γραμμικῶς ὅτι
ἐὰν τρεῖς ἀριθμοὶ ἐλάχιστοι ὦσι πρὸς ἀλλήλους τὸν
αὐτὸν λόγον ἔχοντες, οἱ ἄκροι αὐτῶν τετράγωνοί
εἰσιν. ἐπεὶ οὖν καὶ ἐπὶ τῶν ἡμιολίων ὁ δ καὶ ὁ ς καὶ
10 ὁ θ ἐλάχιστοί εἰσι, διὰ τοῦτο οἱ ἄκροι τετράγωνοί
εἰσιν. ἀλλ' ἴσως εἴποι τις ὅτι "οὐκ εἰσὶν ἐλάχιστοι, οὐδὲ
γὰρ πυθμένες εἰσὶ τῶν ἡμιολίων· ἰδοὺ γὰρ ὁ γ τοῦ β
ἡμιόλιος." φαμὲν ὅτι δύο μὲν ἀριθμοὶ ἡμιόλιοι ἐλάχι-
στοι εὑρίσκονται, ὡς ὁ β καὶ ὁ γ, τρεῖς δὲ οὐκέτι· οὐκ
15 ἂν γὰρ ὑποκάτω τοῦ δ καὶ τοῦ ς καὶ τοῦ θ τρεῖς
ἡμιολίους εὕρῃς. ὡσαύτως δὲ καὶ δύο μὲν ἐπιτρίτους
εὑρίσκεις, τὸν γ καὶ τὸν δ· τρεῖς δὲ ὑποκάτω τοῦ θ
καὶ τοῦ ιβ καὶ τοῦ ις οὐκ ἂν εὕροις. καὶ ἐπὶ πάντων
τῶν ἄλλων ὁμοίως ὥστε εἰκότως τοὺς ἄκρους τετρα-
20 γώνους ἔχουσιν.

ρνς = Philop. ρπγ

ρνζ = Philop. ρπς

ρνς,ι = Nicom. XXIII, 11.

ρνζ,ι = Nicom. XXIII, 15.

ρνς. 1 ἀντεστραμμένων ΑΜ: ἀναστρεφομένων Nicom.: ἀνεστραμ-
  μένων Nicom. SH
2 μὴ Α: om. M
6 ς (cf. Philop.)] καὶ ΑΜ
7 pr. δ. καὶ scripsi: δὶς ΑΜ ‖ ι Α: η M
ρνζ. 13 μὲν Α: om. M

ΤΟΥ ΑΥΤΟΥ ΣΧΟΛΙΑ ΕΙΣ ΤΟ ΔΕΥΤΕΡΟΝ ΒΙΒΛΙΟΝ

α. **ἐπειδὴ στοιχεῖον λέγεται.** εἴρηται ἡμῖν ὅτι τοῦ πο-
σοῦ τὸ πρός τι τὸ μὲν ἐστι ἴσον τὸ δὲ ἄνισον, καὶ
ὅτι τοῦ ἀνίσου πολλαὶ αἱ σχέσεις. ἐν μὲν οὖν τῷ τέλει
τοῦ πρὸ τούτου γράμματος διά τινος θείου προστά-
5 γματος ἔδειξεν ὅτι ἐκ τῆς ἰσότητος προέρχεται ἡ ἀνι-
σότης· ἐπειδὴ δὲ τὸ ἔκ τινος προερχόμενον καὶ εἰς
αὐτὸ ἀναλύεται, στοιχεῖον γάρ ἐστι, νῦν πάλιν διὰ
τοῦ αὐτοῦ προστάγματος θέλει δεῖξαι τὴν ἀνάλυσιν.
λαμβάνει οὖν τὸ αὐτὸ πρόσταγμα καὶ τὴν αὐτὴν
10 μέθοδον, ἀφαιρῶν μέντοι καὶ οὐ προστιθείς, οἷον ἦν
πρῶτον τὸ διπλάσιον, εἶτα τὸ ἐπιμόριον καὶ τὸ ἐπι-
μερὲς καὶ τὰ λοιπά. καὶ ἐγίνετο ἐκ μὲν τοῦ διπλασίου
ὁ ἡμιόλιος, ἐκ δὲ τοῦ ἡμιολίου ὁ ἐπιμερής, καὶ ἐφεξῆς.
λαβὲ τοίνυν ἐπιμερές, καὶ πάντως ἀναλύσεις αὐτοὺς
15 εἰς ἡμιολίους καὶ τούτους εἰς διπλασίους καὶ τούτους
εἰς τὰς τρεῖς ἴσας μονάδας. θαυμαστὸν οὖν τὸ ἐπιχεί-
ρημα, οἷόν εἰσιν ἐπιμερεῖς θ, ιε, κε· λαβὲ τοίνυν τὰς
θ· ἀπὸ τῶν θ γίνονται θ, ἐπειδὴ δεῖ τὸν πρῶτον
ληφθῆναι· εἶτα ἀφαίρεσον τὰς θ ἀπὸ τοῦ δευτέρου,
20 ὅ ἐστι τοῦ ιε, καὶ γίνονται ς· εἶτα τὰς θ καὶ δὶς τὸν ς
ἀφαίρεσον ἀπὸ τοῦ κε, γίνονται δ. ἐκθοῦ οὖν θ, ς, δ·
ἰδοὺ εἰς τὸ ἡμιόλιον ἀνελύθη ὁ ἐπιμερής. πάλιν λαβὲ
τὰς δ, εἶτα ἀπὸ τῶν ς λαβὲ τὰς δ, γίνονται δύο. λοιπὸν
τὰ δ καὶ δὶς τὰ β ἀφαίρεσον ἀπὸ τῶν θ, γίνεται α.
25 ἐκθοῦ οὖν α, β, δ· ἰδοὺ τὸν ἡμιόλιον εἰς τὸν διπλάσιον
ἀνέλυσας, ἐξ οὗ καὶ ἐγένετο. καὶ πάλιν λαβὲ α, εἶτα
τὴν μίαν ἄφελε ἀπὸ τῶν β, γίνεται μία· πάλιν τὴν α
καὶ δὶς τὴν μίαν ἄφελε ἀπὸ τῶν δ. γίνονται α, α, α·
ἰδοὺ ἀνελύσαμεν ⟨εἰς⟩ τὰς μονάδας, ὅ ἐστιν εἰς τὴν
30 ἰσότητα τὴν ἐξ ἀρχῆς, ἐξ ἧς καὶ προῆλθον αἱ ἀνισό-
τητες. καὶ πάντα τὰ λοιπὰ εἴδη ἀναλύσεις εἰς τὰ ἐξ
ὧν συνετέθησαν τῇ αὐτῇ μεθόδῳ χρώμενος.

β. **ἵνα ἐν τῷ αὐτῷ λόγῳ.** ἀντὶ τοῦ ἵνα οἱ τρεῖς τὸν
αὐτὸν ἔχωσι λόγον, ὅ ἐστιν ἢ ἡμιόλιον ἢ ἐπίτριτον
ἤ τι ἕτερον, καὶ ἵνα μὴ τῶν λαμβανομένων τριῶν
ὅρων ὁ μὲν ἡμιόλιος ᾖ τοῦ ἄλλου, ὁ δὲ ἐπίτριτος ἢ
5 τις ἕτερος.

α = Philop. α

β = Philop. ς

α,ι = Nicom. II, I, 1.

β,ι = Nicom. II, 1.

α. 3 αἱ M: om. A
10 οὐ M: om. A
12 ἐγίνετο ΑΜ (ut vid.)
29 pr. εἰς (Philop.)] om. AM
31 τὰ λοιπά M: τὰ λοιπὰ γάρ A
32 συνετέθησαν M: συνετέθεισαν A ‖ χρώμενος Α² (γρ. i. m.) et
  M: χρησάμενος A

γ. σχέσει προγενεστέρᾳ. ἀντὶ τοῦ ἐν ἐκείνῃ ἐξ ἧς ἐγένοντο, οἷον τῶν ἡμιολίων σχέσις προγενεστέρα ἐστὶν ἡ διπλασία· ἐκ ταύτης γὰρ γεγόνασι. τῶν δὲ ἐπιμερῶν ἡ ἡμιολία, καὶ ἐπὶ τῶν λοιπῶν ὁμοίως.

δ. εἰς ⟨...⟩ τὴν ἰσότητα στοιχεῖον τοῦ πρός τι ποσοῦ. εἰς γὰρ τὴν ἰσότητα τελευτήσαντες· οὐκέτι δυνάμεθα ἐπί τι ἄλλο προχωρῆσαι, ἀλλ' ὡς εἰς στοιχεῖον ἐκεῖ καταντῶμεν.

ε. παρέπεται δὲ τῇ τοιαύτῃ θεωρίᾳ. εἰρηκὼς πῶς ἀναλύονται οἱ ἐπιμόριοι εἰς ἐκείνους ἐξ ὧν συνετέθησαν, παραδίδωσι νῦν πάνυ χαριέστατον θεώρημα, πολ‐
5 λαχοῦ συμβαλλόμενον ἡμῖν καὶ ἐν τῇ ψυχογονίᾳ Πλάτωνος. σύμβολα γὰρ ἐπωφελῆ Πλάτων λέγει πῶς τίκτεται ψυχή. καὶ λέγει ὅτι κίρνανται κρατῆρες, καὶ ὡς ἐπὶ † πηλῷ † κανῶν τις ἐπιμήκης διαξαίνεται καὶ ὑφαίνεται καὶ τοιαῦτά τινα ἐν τῷ Τιμαίῳ παραδίδω‐
10 σιν, εἰς ἃ λέγει ὅτι ἡμᾶς ὀφείλομεν δύο ἐπογδόους εὑρίσκειν. τοῦτο οὖν τὸ νῦν παραδιδόμενον συμβάλ‐ λεται ἡμῖν ἐκεῖ· ἐνταῦθα γὰρ λέγει πῶς μεθόδῳ τινὶ γ ἢ δ ἅμα ἡμιολίους ἢ ἐπιτρίτους ἢ ἐπιτετάρτους ἢ ἐπιπέμπτους ἢ ἐπογδόους ἤ τινας τοιούτους εὕρω‐ μεν· τὸ μὲν γὰρ διπλασίους γ ἢ δ ἢ ε ἢ ὁπωσοῦν
15 δήποτε εὑρεῖν ἄνευ τέχνης ῥᾴδιον· ὡσαύτως καὶ ἄλ‐ λους πολλαπλασίους· τὸ δὲ ἐπιμορίους δύο ἢ πλείο‐ νας οὐ ῥᾴδιον. παραδίδωσιν οὖν μέθοδον δι' ἧς οὐκ ἂν ἡμᾶς ποτε ἐκφεύξεται ἐπιμόριος ἀριθμός, ἀλλὰ πάντως εὑρεθήσεται εὐτάκτως. | λέγει γοῦν οὕτως
20 ὅτι ἅπας πολλαπλάσιος τοσούτων ἐπιμορίων ἡγήσεται λόγων ἀντιπαρωνυμούντων αὑτῷ, ὁπόστος ἂν αὐτὸς ὢν τυγχάνει ἀπὸ μονάδος, οὔτε δὲ πλειόνων οὔτε ἐλαττόνων. τί δέ ἐστιν ἀντιπαρωνυμούντων; ἀντὶ τοῦ εἰ θέλεις ἡμιολίους εὑρεῖν, τοὺς διπλασίους ζήτει, εἰ ἐπιτρίτους,
25 τοὺς τριπλασίους, καὶ τοῦτο ἐφεξῆς. οἷον τί λέγω; λέγει τις ὅτι "εὕρέ μοι δ ἡμιολίους." λαμβάνω τοίνυν τέσσαρας διπλασίους· ἔστι δὲ β, δ, η, ις. οὐκοῦν ἐπειδὴ πρῶτος διπλάσιός ἐστιν ὁ β μετὰ τὴν μονάδα, ἕνα ποιήσει ἡμιόλιον τὸν γ· ἥμισυ γὰρ τῶν β α· ὁ
30 οὖν γ τοῦ β ἡμιόλιος· εἷς οὖν γίνεται ἐξ αὐτοῦ, οὐκέτι

γὰρ τοῦ γ ἐστιν ἄλλο ἡμιόλιος· ἥμισυ γὰρ οὐκ ἔχει. ἔλθωμεν ἐπὶ τὸν β διπλάσιον, ὅ ἐστι τὸν δ· οὗτος δύο ἡμιολίους ποιεῖ· ἥμισυ γὰρ τῶν δ β γίνονται. ἰδοὺ οὖν ὁ ς τοῦ δ ἡμιόλιος, ἀλλὰ καὶ τοῦ ς ὁ θ ἐστὶν ἡμιόλιος· τῶν δὲ θ οὐκέτι. ἰδοὺ οὖν δύο οὗτος ἐποίη‐ 35 σεν. ὁ δὲ η, ὃς τρίτος ἐστὶ διπλάσιος, τρεῖς ποιήσει, καὶ οὐδὲ πλείους οὐδὲ ἐλάττους· ἥμισυ γὰρ τῶν η δ, ⟨ἐξ ὧν⟩ γίνεται ὁ ιβ· ἰδοὺ εἷς ἡμιόλιος. πάλιν τῶν ιβ τὸ ἥμισυ ς, ⟨ἐξ ὧν⟩ γίνονται ιη· ἰδοὺ καὶ ἄλλος ἡμιόλιος. πάλιν τῶν ιη τὸ ἥμισυ θ, ⟨ἐξ ὧν⟩ γίνονται 40 κζ· εἰσὶν οὖν τρεῖς ἡμιόλιοι· ιβ, ιη, κζ· ὁ δὲ κζ οὐκέτι ἡμιόλιον ἔχει, ἐπειδὴ οὐ διαιρεῖται εἰς ἥμισυ. οὕτως οὖν ἐφεξῆς προκόπτων εὑρήσεις πάντας τοὺς ἡμιολί‐ ους εὐτάκτως. οὐκοῦν εἰ ε θελήσεις εὑρεῖν, λάμβανε τὸν ε διπλάσιον καὶ πάντως πίπτουσι ε ⟨ἡμιόλιοι⟩ 45 καὶ οὐδὲ πλείους οὐδὲ ἐλάττους. ὁμοίως καὶ ἐπὶ τῶν λοιπῶν ἡμιολίων, κατὰ τὸν αὐτὸν δὲ τρόπον καὶ ἐπὶ τῶν ἐπιτρίτων. | πάλιν γὰρ εἰ εἴπῃ σοί τις ὅτι "εὕρέ μοι τρεῖς ἐπιτρίτους," λαβὲ τὸν γ τριπλάσιον, καὶ εὑρήσεις τοὺς τρεῖς· τίς γάρ ἐστιν ὁ τρίτος τρι‐ 50 πλάσιος; ὁ κζ. ἰστέον γὰρ ὅτι ὥσπερ ἐπὶ αὐτῶν ὢν λαμβάνεις, ὀφείλεις τὸ πολλαπλάσιον ποιεῖν (οἷον ὁ β τῆς μιᾶς διπλάσιος πρῶτος, οὐκοῦν ὁ δεύτερος τῆς δυάδος καὶ ὁ τρίτος οὐκέτι τῆς τριάδος, ἀλλὰ τῆς τετράδος, καὶ ἐφεξῆς οὕτως), ὡσαύτως οὖν καὶ ἐν‐ 55 ταῦθα ὁ γ πρῶτος τριπλάσιος· οὐκέτι δὲ τὸν ς λαμ‐ βάνεις, ἐπειδὴ τρὶς δύο ς, ἀλλὰ τὸν θ, ἐπειδὴ τοῦ πρώτου τοῦ γ τριπλάσιος ὁ θ. πάλιν οὖν γ ὁ κζ· τρὶς γὰρ θ κζ. ἀπὸ τοῦ κζ γοῦν εὑρήσεις τοὺς τρεῖς ἐπιτρίτους, τούτου μὲν τὸν λς τὸν δὲ λς τὸν μη, 60 τοῦ δὲ μη τὸν ξδ. ἰδοὺ τρεῖς ἐπίτριτοι· οὐκέτι δὲ ὁ ξδ ἔχει ἐπίτριτον, οὐκ ἐπιδέχεται γὰρ τρίτον. καὶ ἐπὶ τῶν λοιπῶν δὲ πάντων ὡσαύτως. οὕτω γοῦν καὶ τοὺς ἐπογδόους ἐν τῇ ψυχογονίᾳ εὑρήσομεν. εἰ γὰρ θέλομεν δύο ἐπογδόους εὑρεῖν, λαμβάνομεν τὸν δεύ‐ 65 τερον ὀκταπλάσιον· τίς δὲ ὁ δεύτερος; ὁ ξδ. εὑρίσκον‐ ται οὖν δύο μόνοι· τοῦ μὲν γὰρ ξδ ἐπόγδοός ἐστιν ὁ οβ, τοῦ δὲ οβ ὁ πα· τούτου δὲ οὐκέτι ἐστὶν ἄλλος ἐπόγδοος· οὐ γὰρ ἔχει ὄγδοον ὁ πα. θαυμαστὴ οὖν ἡ περὶ τούτων μέθοδος. | οἱ μὲν γὰρ ἐπὶ πλάτος στίχοι, 70 ἐὰν ὦσι διπλάσιοι. ἐὰν γὰρ ὦσι διπλάσιοι οἱ τοῦ

γ = Philop. ι   δ = Philop. ια

ε = Philop. ιβ, ιγ, ιδ, ιζ, ιη

γ,ι = Nicom. II, ι.   δ,ι = Nicom. II, 2.

ε,ι = Nicom. II, 3.   20–22 = Nicom. III, ι.

δ. ι pr. εἰς ... ποσοῦ, cf. n. ad loc.
3 ἐκεῖ M: ἐκεῖσε A
ε. 2 συνετέθησαν M: συνετέθεισαν A
8 τῷ M: om. A
19 γοῦν M: οὖν A
21 ἀντιπαρωνυμούντων AM et Nicom. H: ἀντιπαρωνύμως Nicom. ǁ ὁπόστος M: ὁπόσος A
22 τυγχάνει AM et Nicom. P: τυγχάνῃ Nicom.
30 alt. οὖν M: om. A

48 cf. Nicom. III, 2.   70–71 = Nicom. IV, 3.

31 ἄλλο (Philop.)] ἀλλ' AM
32 τὸν δ A (ut vid.): τοῦ τετάρτου M
38, 39, 40 ἐξ ὧν (Philop.)] om. AM
39 ιη M: om. A
45 ἡμιόλιοι (Philop.)] om. AM
48 εἰ M: om. A
56 δὲ M: γὰρ A
58 ὁ κζ M: κζ A
59 γοῦν M: om. A
70 οἱ Nicom.: εἰ AM
70–71 στίχοι, ἐὰν AM: inter στίχοι et ἐὰν Nicom. hab. οἱ ἀνωτάτω
71 ἐὰν γὰρ ὦσι διπλάσιοι M: om. A

πρώτου στίχου κατὰ πλάτος πάντως, καὶ οἱ ὑποκά-
τω διπλάσιοί εἰσι κατὰ πλάτος. οἱ δὲ ὑποκάτω τῶν
ἐπάνω ὁμοταγεῖς ἡμιόλιοι, οἱ δὲ ὑποτείνοντες, ὅ ἐστιν
75 οἱ διαγώνιοι, πάντως τριπλάσιοι· ταῦτα συμβαίνει,
ἐὰν ὦσιν οἱ ἄνω διπλάσιοι. εἰ δὲ τριπλάσιοι, καὶ οἱ
ὑπ' αὐτοὺς πάντες κατὰ πλάτος τριπλάσιοι, οἱ δὲ
ὑποκάτω τῶν ἐπάνω ὁμοταγῶν ἐπίτριτοι, ὁμοτα-
γεῖς ὁμοταγῶν· ἐκ γὰρ τῶν τριπλασίων οἱ ἐπίτριτοι.
80 καὶ οἱ διαγώνιοι τετραπλάσιοι εὑρίσκονται. ἐὰν δὲ
ὦσι τετραπλάσιοι, οἱ πρῶτοι κατὰ πλάτος καὶ οἱ
ὑπ' αὐτοὺς τετραπλάσιοι πάντες εἰσίν, οἱ δὲ ὑποκάτω
τῶν ἐπάνω ἐπιτέταρτοι, οἱ δὲ διαγώνιοι πενταπλά-
σιοι, καὶ ἐπὶ πάντων δὲ τῇ αὐτῇ μεθόδῳ κέχρησο.
85 ὑπόδειγμα δέ σοι παρατίθημι ἐπὶ διπλασίων καὶ
τριπλασίων. ὅρα τοίνυν πῶς πάντα τὰ εἰρημένα ἐπὶ
τῶν παραδειγμάτων εὐτάκτως εὑρίσκεται· ἐπὶ μὲν
γὰρ τῶν διπλασίων, πάντες μὲν οἱ κατὰ πλάτος δι-
πλάσιοι, οἱ δὲ διαγώνιοι τριπλάσιοι, οἱ δὲ ὑποκάτω
90 τῶν ἐπάνω ἡμιόλιοι· ἐπὶ δὲ τῶν τριπλασίων, πάντες
μὲν οἱ κατὰ πλάτος τριπλάσιοι, οἱ δὲ διαγώνιοι τε-
τραπλάσιοι, οἱ δὲ ὑποκάτω τῶν ἐπάνω ἐπίτριτοι.
τῇ αὐτῇ μεθόδῳ κεχρημένος ἐπ' ἄπειρον εὑρήσεις
ἀσφαλῶς προερχομένην τὴν τῶν ἀριθμῶν τούτων
95 θεωρίαν.

ϛ. λοιπὸν προσαφηνίσαντες. εἰρηκὼς πῶς δεῖ εὑρίσκειν
πλείους ἢ ἡμιολίους ἢ ἐπιτρίτους ἢ ἐπιτετάρτους ἢ
ἐπογδόους καὶ ἐπ' ἄπειρον, νῦν θέλει λοιπὸν εἰπεῖν
ἕτερόν τι. καί φησιν ὅτι τὰ πρῶτα εἴδη τοῦ ἐπιμορίου
5 συλληφθέντα πάντως τὸν διπλάσιον ποιεῖ. πρῶτα δὲ
εἴδη ἐπιμορίου τὸ ἡμιόλιον καὶ τὸ ἐπίτριτον. οἷον τί
λέγω; ὁ δ τοῦ γ ἐπίτριτός ἐστιν, ὁ δὲ γ τοῦ β ἡμιό-
λιος. οὐκοῦν ἄρα ὁ δ τοῦ β διπλάσιος. ὡσαύτως καὶ
ἐφεξῆς λαμβάνων ἐπίτριτον καὶ ἡμιόλιον εὑρήσεις
10 τοῦτο. οἷον ὁ ιβ τοῦ θ ἐπίτριτος, ὁ θ τοῦ ϛ ἡμιόλιος·
ὁ ιβ ἄρα τοῦ ϛ διπλάσιος· καὶ τοῦτο ἐπ' ἄπειρον
εὑρήσεις. καλῶς οὖν ἐλέγομεν ὅτι ὁ διπλάσιος εἰς
ἡμιόλιον καὶ ἐπίτριτον ἀναλύεται· συντιθέμενος γὰρ
αὐτὸν ἐξ ἡμιολίου καὶ ἐπιτρίτου γίνεσθαι. πάλιν δὲ
15 τὸ γεννηθὲν πρῶτον εἶδος τοῦ πολλαπλασίου, ὅ ἐστι
τὸ διπλάσιον, μετὰ τοῦ ἡμιολίου πάντως τριπλά-

ϛ = Philop. ιθ, κ, κγ, κδ

ϛ,ι = Nicom. V, ι.

74 ὁμοταγεῖς A : ὁμοταγεῖς ὁμοταγεῖς M
76 εἰ M : οἱ A
78 ὁμοταγῶν (Philop.)] ἐπίτριτοι AM
79 ὁμοταγῶν (Philop.)] ὁμοταγοῖς (ut vid.) AM
82 πάντες A (ut vid.) : πάντως M
88 τῶν διπλασίων scripsi : τοῦ διπλασίου AM
88–89 διπλάσιοι M : διπλάσιον A
94 προερχομένην A : προερχόμενα M
ϛ. ι λοιπὸν προσαφηνίσαντες AM : λοιπὸν δεῖ, σαφηνίσαντας
Nicom. : προσαφηνίσαντας Nicom. PCSH
9–10 ἐφεξῆς ... τοῦτο A : ἐφεξῆς εὑρήσεις τοῦτο λαμβάνων ἐφ-
εξῆς ἐπίτριτον καὶ ἡμιόλιον M

σιον ποιεῖ· οἷον ὁ ιη τοῦ ιβ ἡμιόλιος, ὁ ιβ τοῦ ϛ δι-
πλάσιος· ὁ ἄρα ιη τοῦ ϛ τριπλάσιος. καὶ ἐπ' ἄπειρον
τοῦτο εὑρήσεις· οἷον ὁ κζ τοῦ ιη ἡμιόλιος, ὁ ιη τοῦ θ
διπλάσιος· ὁ ἄρα κζ τοῦ θ τριπλάσιος· τοῦτο οὖν ἐπ' 20
ἄπειρον εὑρήσεις. | ἐὰν δὲ καὶ ὁ τριπλάσιος δεύτερος
ὢν τοῦ πολλαπλασίου τῷ δευτέρῳ εἴδει τοῦ ἐπιμορίου, ὅ
ἐστι τῷ ἐπιτρίτῳ, συντεθῇ, τετραπλάσιον ποιήσει·
οἷον ὁ ιβ τοῦ θ ἐπίτριτος, ὁ δὲ θ τοῦ γ τριπλάσιος,
ὁ ἄρα ιβ τοῦ γ τετραπλάσιος, καὶ ἵνα μὴ μακρηγο- 25
ρῶμεν, καὶ ἐπὶ τῶν ἐφεξῆς. ὁ μὲν τετραπλάσιος μετὰ
τοῦ ἐπιτετάρτου πενταπλάσιον ποιεῖ, ὁ δὲ πεντα-
πλάσιος μετὰ τοῦ ἐπιπέμπτου ἑξαπλάσιον, καὶ τοῦτο
μέχρις ἀπείρων. ἐπειδὴ δὲ τοιούτων λόγων ἐμνήσθη
ὁ Νικόμαχος, εἴπωμεν τοῦ στοιχειωτοῦ καθολικὸν 30
λόγον, ᾧ κεχρημένοι εὑρήσομεν πάντας. φησὶν ὁ
Εὐκλείδης ὅτι λόγος ἐκ λόγου συγκεῖσθαι λέγεται,
ὅταν αἱ πηλικότητες αὐτοῦ ἐφ' ἑαυτὰς πολλαπλα-
σιασθεῖσαι ποιῶσί τινα. ὁ τοίνυν τῶν δύο ὅρων μέ-
σος, εἴτε ἐλάττων εἴη εἴτε μείζων, ποιήσει τὸ ζητού- 35
μενον. πηλικότητες δὲ λέγονται αἱ ἀφ' ὧν παρωνύ-
μως καλοῦνται ἀριθμοί· οἷον τοῦ διπλασίου αἱ β
μονάδες, τοῦ τριπλασίου αἱ τρεῖς, καὶ ἐφεξῆς. ἴδωμεν
οὖν τί ἐστι τὸ λεγόμενον· ἔστωσαν ἄκροι ὅροι η καὶ
β, μέσον δὲ αὐτῶν εἰλήφθω ἐλάττων τοῦ ἑνός, εἰ τύχοι 40
ὁ ϛ· ὁ τοίνυν η τοῦ ϛ ἐπίτριτός ἐστιν, ὁ δὲ ϛ τοῦ β τρι-
πλάσιος. οὐκοῦν ἐπειδή ἐστι α γ°ⁿ μέρος καὶ τρία διὰ
τὸ τριπλάσιον, πολλαπλασίασον τὰ τρία ἐπὶ τὸ ἓν
τρίτον, γίνονται δ· ἰδοὺ οὖν τετραπλάσιον λόγον
ἔχει ὁ η πρὸς τὸν β. πάλιν ἔστω ὁ μέσος μείζων· ἔστω- 45
σαν οὖν ἄκροι ὁ κζ, εἰ τύχοι, καὶ ὁ ιη, μέσος δὲ μείζων
αὐτῶν ὑπόθου ὁ λϛ· ὁ τοίνυν κζ τοῦ λϛ ἐστὶν ὑφημιό-
λιος· ὁ οὖν κζ ἔχει τὸ ἥμισυ καὶ τὸ τέταρτον τοῦ λϛ.
πάλιν ὁ λϛ τοῦ ιη διπλάσιός ἐστιν· οὐκοῦν ποιήσωμεν
δὶς τὸ ἥμισυ ⟨καὶ⟩ τέταρτον, γίνονται ἓν ἓν ἥμισυ· τὸ 50
ἓν ἓν ἥμισυ ἡμιόλιόν ἐστι· ὁ οὖν κζ τοῦ ιη ἡμιόλιός
ἐστι. κατὰ τὸν αὐτὸν δὲ τρόπον λαβὲ ἀμφοτέρων
ἐλάττονα τὸν μέσον, οἷον ἔστωσαν οἱ ἄκροι κδ καὶ ιβ,
τούτων μέσος ὁ ϛ ἀμφοτέρων ἐλάττων· τοῦ ϛ τοί-
νυν ὁ κδ τετραπλάσιος, ὁ δὲ ιβ διπλάσιος· οὐκοῦν 55
ἥμισυ ἐπὶ τέτταρα γίνονται β, διπλάσιος τοίνυν ὁ
κδ τοῦ ιβ. αὕτη τοίνυν ἡ μέθοδος πάντα σοι τὰ εἴδη
παραδίδωσιν. | ἐπεὶ δὲ ποικίλον ἐστὶ τὸ πρός τι πο-
σόν, πάλιν ἐπαγγέλλεται διδάσκειν περὶ τοῦ ἀσχέτου,
ἵνα ἐκ τῶν διδασκομένων περὶ αὐτοῦ σαφῆ ἡμῖν τὰ 60
προτιθέμενα γένηται. καὶ ἐκτίθεται κατὰ γεωμετρίαν
ἀριθμούς, ἐπειδὴ δι' ἀλλήλων τὰ μαθήματα γνωρί-
ζονται. διαλέξεται οὖν περὶ κύβου ἀριθμοῦ καὶ τρι-

21–23 = Nicom. V, 5.   58 cf. Nicom. VI, ι.

24 pr. θ M : θ δὲ (ut vid.) A
34 ὅρων (Philop.)] χωρῶν AM
42 α γ°ⁿ (Philop.)] πρῶτον AM
47–48 ὑφημιόλιος scripsi : ὑπὸ ἐφημιόλιος AM
50 καὶ scripsi : om. AM
56 τέτταρα scripsi : τέταρτον AM

γώνου καὶ τετραγώνου καὶ δοκίδος καὶ πυραμίδος
65 καὶ τῶν τοιούτων. τούτων οὕτως εἰρημένων σαφὴς ἡ
λέξις πᾶσα τυγχάνει. | ἃ δὲ χρὴ προεπισκοπῆσαι. δια-
λεχθεὶς περὶ τοῦ ἀσχέτου ποσοῦ τοῦ παντὸς καὶ ἐλ-
θὼν εἰς τὸ ἓν σχέσει καὶ εἰρηκὼς μέρος αὐτοῦ καὶ
εὑρηκὼς ὅτι εἰς τὰ λοιπὰ αὐτοῦ ποικιλώτερα ὄντα
70 χρεία τινῶν τοῦ ἀσχέτου, προστίθησι κἀκεῖνα, οἷον
περὶ τῶν τετραγώνων ἀριθμῶν καὶ κύβων καὶ σφη-
νίσκων καὶ δοκίδων καὶ τῶν τοιούτων. ταῦτα δὲ ἁρ-
μόζει μὲν γεωμετρίᾳ, πλὴν ἐπειδὴ ἀρχικωτέρα ἐστὶν
ἡ ἀριθμητική, ζητεῖ αὐτὰ καὶ αὐτή. ταῦτα τοίνυν τὰ
75 σχήματα, τετράγωνα λέγω καὶ τὰ λοιπά, μεγέθη μέν
εἰσι. τῶν δὲ μεγεθῶν γραμμὴ μὲν ἐφ' ἓν ἐστι διαστατή·
θεωρεῖται δὲ αὕτη ἐν ὁδῷ κατὰ μῆκος μόνον λαμβα-
νομένη τοῦ πλάτους μὴ ἐπινοουμένου παρ' ἡμῶν.
ἐπιφάνεια δὲ ἐπὶ δύο ἐστὶ διαστατή· ἐν χωρίοις δὲ
80 αὕτη ὁρᾶται· ταῦτα γὰρ καὶ μῆκος ἔχει καὶ πλάτος.
τὸ δὲ στερεὸν σῶμα ἐπὶ τρία ἐστὶ διαστατόν· θεωρεῖ-
ται δὲ τοῦτο ἐν φρέασι, τὸ γὰρ φρέαρ πρὸς τῷ μήκει
καὶ πλάτει καὶ βάθος ἔχει. ἐπεὶ δὲ πάντων τῶν σχη-
μάτων συντομωτέρα ἐστὶν ἡ εὐθεῖα (ἀμέλει καὶ τοῖς
85 μὴ κατ' εὐθὺ βαδίζουσί φαμεν· τί μὴ διώκεις τὴν
εὐθεῖαν, ἀλλὰ πλανᾷ;), ὑπὸ ταύτης οὖν μετροῦνται
τὰ μεγέθη. οὐκοῦν μία μὲν εὐθεῖα κατὰ μῆκος, ὡς ἥδε,
ποιεῖ τὴν γραμμήν, ἑτέρα δὲ πρὸς ὀρθὰς τὴν ἐπιφά-
νειαν, ὡς ἥδε. εἰ δὲ καὶ κατὰ βάθος ἄλλην πρὸς ὀρθὰς
90 ἀγάγῃς, ποιεῖς τὸ στερεόν· ἐπεὶ τοίνυν καὶ ἄλλη παρὰ
ταύτας ὀρθὴ κατὰ τὸ αὐτὸ σημεῖον οὐ συνίσταται,
διὰ τοῦτο τρία μόνα εἰσὶ διαστήματα καὶ οὐ πλείονα.
ἰστέον δὲ ὅτι ὀρθὰς φέρομεν, ἐπειδὴ εἰ λοξὰς ἐποιοῦ-
μεν τὰς εὐθείας, ἄπειρα διαστήματα ἐν μέσῳ συνί-
95 σταντο ἄν. γινώσκειν τοίνυν δεῖ ὅτι αὐτὸ μὲν τὸ
χύμα τῶν μονάδων ἓν διάστημα ποιεῖ καὶ μιμεῖται
γραμμήν, εἰ δὲ καὶ κατὰ πλάτος ἀποθῇ ⟨τις⟩ μονάδας,
ποιεῖ δύο διαστήματα, ὅ ἐστιν ἐπιφάνειαν, εἰ δὲ καὶ
κατὰ βάθος, τὸ στερεὸν ἀποτελεῖται. | ὅτι ἕκαστον
100 γράμμα ᾧ σημειούμεθα. τὰ γὰρ γράμματα οἷον τὸ α
καὶ τὸ ω καὶ τὸ β καὶ τὰ τοιαῦτα θέσει εἰσί, καὶ οὐ
φύσει. ἀμέλει ἄλλα ἄλλοι γράφουσι· οἷς οὖν σημειού-
μεθα γράμμασι, ταῦτα οὐ φύσει εἰσί· σημειούμεθα δὲ
τὸν μὲν ὀκτακόσια ἀριθμὸν διὰ τοῦ ω, τὸν δὲ τέσσαρα
105 διὰ τοῦ δ· φυσικὴ δὲ μέθοδος σημειώσεως καὶ οὐ κατὰ
θέσιν γινομένη ἡ διὰ τῶν στιγμῶν πᾶσι κοινή· οἷον
εἰ θέλεις τρεῖς ἀριθμοὺς σημειώσασθαι, ποίησον τρεῖς
στιγμάς, καὶ εἰ πέντε πέντε, καὶ εἰ δέκα δέκα.

ζ. **παράλληλος ἔκθεσις.** παράλληλον ἔκθεσιν καλεῖ οὐ
τὴν γραμμικήν, τὸ παράλληλον εὐθεῖαν κεῖσθαι, ἀλλὰ
τὸ πλησίον ἀλλήλων κατὰ πλάτος κεῖσθαι, ὡς ὑπο-
τέτακται, ααα. | ὥσπερ εἴ τις τὸ οὐθὲν οὐθενί. τὸ γὰρ
οὐδὲν μετὰ τοῦ οὐδενὸς πάλιν οὐδὲν ποιήσει. 5

η. **οὐ μὴν διάστημα γεννᾶταί τι.** τὸ αὐτὸ γὰρ ἔσται
καὶ οὐδὲν σχήσει διάστημα. εἰ γὰρ λάβοις δύο μονά-
δας, ἐπειδὴ ἴσαι εἰσὶν ἀλλήλαις, μονάδες γάρ, καὶ
πολλαπλασιάσῃς, διάστημα οὐ ποιήσεις, ἀλλὰ τὸ
αὐτὸ γενήσεται· ἅπαξ γὰρ μία μία. καὶ πάλιν ἐὰν 5
λάβῃς δύο καὶ δύο καὶ πολλαπλασιάσῃς, ἄλλος μὲν
γίνεται ἀριθμός, ἡ δὲ ἀναλογία ἡ αὐτή· δὶς γὰρ δύο
τέσσαρες· νῦν δὲ οὐ περὶ ἀριθμῶν ζητοῦμεν, ἀλλὰ
περὶ ἀναλογίας, ὥστε ἐν τῇ ἰσότητι ἡ αὐτὴ ἀναλο-
γία φυλάττεται καὶ οὐ τίκτεται ἄλλο τι. 10

θ. **ἐξ περιστάσεις ὁρίζονται.** εἰ γὰρ ἔστι μῆκος καὶ πλά-
τος καὶ βάθος, τὸ μὲν μῆκος καὶ εἰς τὸ ἄνω καὶ κάτω,
τὸ δὲ πλάτος τὰ δεξιὰ καὶ ἀριστερά, τὸ δὲ βάθος τὸ
πρόσω καὶ ὀπίσω.

ι. **ἅπαντες γὰρ οἱ ἀπὸ δυάδος ἀρχόμενοι.** ὅσοι γὰρ ἀπὸ
δυάδος ἄρχονται μονάδα προσλαμβάνοντες γραμμὴν
μιμοῦνται· μίαν γὰρ διάστασιν ἔχουσιν. ἐπίπεδοι δὲ
οἱ ἀπὸ τριάδος ἀρχόμενοι καὶ ἐφεξῆς. καὶ λοιπὸν τὴν
ἐπωνυμίαν κέκτηνται, οἱ μὲν οὖν ἀπὸ τριάδος ἀρχό- 5
μενοι τρίγωνοί εἰσιν, οἱ δὲ ἀπὸ τετράδος τετράγωνοι,
οἱ δὲ ἀπὸ πεντάδος πεντάγωνοι. πρῶτος οὖν ἀριθμὸς
ἐπίπεδος ὁ τρίγωνος· οὕτω δὲ ὅτι πρῶτός ἐστιν, ὅτι
πάντες εἰς τοῦτον ἀναλύονται· οἷον ἐὰν τοῖς ἐπιπέδοις
τοῖς ἄλλοις σχήμασιν ἀπὸ τῶν γωνιῶν ἐπὶ τὰ μέσα 10
εὐθεῖαι ἀχθῶσι, πάντως ἕκαστον εὐθύγραμμον εἰς
τοσαῦτα ἀναλυθήσεται τρίγωνα, ὅσαι αἱ πλευραὶ
αὐτοῦ εἰσιν. οἷον ἐπὶ παραδείγματος λάβωμεν τετρά-
γωνον, καὶ ἐπὶ τὰ μέσα αὐτοῦ ἀπὸ τῶν γωνιῶν ἤ-
χθωσαν εὐθεῖαι, εὑρεθήσονται ἄρα πάντα τρίγωνα. 15
ἔστω οὖν τετράγωνον τὸ ΑΒΓΔ, μέσον δὲ αὐτοῦ τὸ
Ε, καὶ ἐπεζεύχθωσαν αἱ ΔΕ, ΒΕ, ΑΕ, ΓΕ· ἐπεὶ τοίνυν

---

66 = Nicom. VI, 1.   99 cf. Nicom. VI, 2.

ζ = Philop. κε, κς	η = Philop. κς
θ = Philop. κη	ι = Philop. κθ, λ
ζ,ι = Nicom. VI, 2.	4 = Nicom. VI, 3.
η,ι = Nicom. VI, 3.	θ,ι = Nicom. VI, 4.
ι,ι = Nicom. VII, 3.	

66 προεπισκοπῆσαι A: προσεπισκοπῆσαι M
67 alt. τοῦ (Philop.)] οὐ M: om. A
76 διαστατή A: διαστατὸν M
90 ἀγάγῃς M: ἀγάγεις A || παρὰ M: περὶ A
91 κατὰ M: καὶ A
96 χύμα (Philop.)] σχῆμα AM
97 τις (Philop.)] om. AM
98 διαστήματα A: συστήματα M

ζ. 2–3 τὸ et τὸ (Philop.)] τῷ et τῷ AM
4 cf. n. ad loc.
η. 1 γεννᾶταί Nicom.: γεννᾶσθαί AM
4 πολλαπλασιάσῃς scripsi: πολλαπλασιάσας AM
ι. 1 pr. γὰρ AM: om. Nicom.
5 κέκτηνται M: κέκτηται A
12 ἀναλυθήσεται M: ἀναλυθήσονται A
17 ΑΕ A: om. M

τετράγωνον ὑπεθέμεθα, τοσαῦτα τρίγωνα γίνεται,
ὅσαι πλευραί· τέσσαρες δὲ ἦσαν πλευραί, τέσσαρα
20 ἄρα καὶ τὰ τρίγωνα, τὸ ΑΕΓ, τὸ ΑΒΕ, τὸ ΒΕΔ, τὸ
ΔΕΓ. ὁμοίως καὶ ἐπὶ πενταγώνου ἀπὸ τῶν γωνιῶν
ἐὰν ἐπὶ τὸ μέσον ἀνάγωμεν εὐθείας, πάντως πέντε
τρίγωνα γενήσονται, ἐπειδὴ δὲ πέντε πλευρὰς ἔχει
τὸ πεντάγωνον· καὶ ἐπὶ πάντων ὁμοίως. | τοῦτο οὖν
25 ἐστὶ τὸ εἰς τοσαῦτα τρίγωνα λύεται ἕκαστον εὐθύγραμμον,
ὅσαι καὶ πλευραί, ὅτι τὸ μὲν τετράγωνον εἰς τέσσα-
ρα τρίγωνα, τὸ δὲ πεντάγωνον εἰς ε καὶ τὸ ἑξάγωνον
εἰς ἕξ. ἰδοὺ οὖν εἰς τρίγωνα ἀναλύονται πάντα, ὥστε
πρωτεύει τὸ σχῆμα τὸ τρίγωνον. εἰ δὲ ἐπὶ τοῦ τρι-
30 γώνου ἀπὸ τῶν γωνιῶν ἐπὶ τὸ μέσον ἀγάγῃς εὐθείας,
οὐ ποιήσεις ἄλλο σχῆμα, ἀλλὰ τρίγωνα πάλιν γ,
ἐπειδὴ καὶ τρεῖς αἱ πλευραὶ τοῦ τριγώνου. πῶς τοίνυν
δεῖ σημειοῦσθαι τοὺς τριγώνους; ἄρξαι ἀπὸ μονάδος
καὶ πρόταξον τὴν μονάδα, εἶτα παραλλήλους δύο
35 μονάδας, καὶ γίνεται ὁ γ ἀριθμὸς τρίγωνος, ὡς ὑποτέ-
τακται, $\frac{α}{α\text{-}α}$, ἔχων ἴσας τὰς τρεῖς πλευράς· ἑκάστη γὰρ
πλευρὰ μονάδος ἐστί. πάλιν ποίησον τρεῖς μονάδας
ὑποκάτω τούτων, καὶ εὑρεθήσεται ὁ ς τρίγωνος, καὶ
πάλιν δ, καὶ ἐφεξῆς ἕως οὗ βούλει. παράδειγμα ἐν
40 διαγράμματι τοῦ ς τριγώνου ἔστω τόδε· τοῦ δὲ δέκα
τὸ ὑποτεταγμένον, καὶ ἐφεξῆς ὁμοίως κέχρησο μέχρις
ἀπείρων.

ια. τρίγωνος μὲν οὖν ἀριθμός ἐστι. λοιπὸν τὴν γένεσιν
αὐτῶν παραδίδωσι καὶ φησιν ὅτι τρίγωνοι μὲν
ἀριθμοὶ γίνονται παντὸς τοῦ χύματος τῶν μονάδων
παραλλήλως λαμβανομένων καὶ ἁπλῶς καθ' ὑπερο-
5 χὴν μονάδος εὑρήσεις τοὺς τριγώνους· οἷον ἡ μονὰς
τρίγωνος ἐστι δυνάμει· ἀπὸ ταύτης γὰρ δεῖ ἄρχεσθαι
ἐπὶ πάντων, ἐπειδὴ δυνάμει πᾶς ἀριθμός ἐστι. σκοπῶ
τοίνυν τίς ὑπερέχει αὐτῆς μονάδι, εὑρίσκω ὅτι ὁ β·
συντίθημι τὸν β καὶ τὴν α καὶ γίνεται τρεῖς· ὁ γ ἄρα
10 τρίγωνός ἐστι. πάλιν, ἐπειδὴ ὁ β ἦν ὁ συντεθείς,
ζητῶ τίς μονάδι αὐτοῦ ὑπερέχει, εὑρίσκω ὅτι ὁ γ·
συντίθημι οὖν τὸν γ καὶ τὰ γ, τὸν ἤδη τρίγωνον
ὄντα, γίνονται ς· ὁ ς ἄρα τρίγωνος. πάλιν ζητῶ τοῦ
γ τίς ὑπερέχει μονάδι, εὑρίσκω ὅτι ὁ δ. ⟨...⟩ συντί-
15 θημι τὸν ε καὶ τὸν ι, γίνονται ιε· ὁ ιε ἄρα τρίγωνος·

καὶ ἐπὶ πάντων τῶν λοιπῶν ὁμοίως. καὶ τὰ σχήματα
δὲ αὐτοῖς τὰ γραμμικὰ ἔξωθεν περίγραφε τοὺς ἀρι-
θμοὺς ἐκτιθέμενος, ὥστε μέσους μὲν εἶναι τοὺς ἀριθμούς,
ἔξωθεν δὲ τὸ τρίγωνον σχῆμα. οὕτω μὲν οὖν ἡ τῶν
τριγώνων γένεσις. | ἐπὶ δὲ τῶν τετραγώνων τὸν 20
δυάδι ὑπερέχοντα τοῦ συντιθεμένου ζητῶν, ποιήσεις
τοὺς τετραγώνους· οἷον ἡ μονὰς δυνάμει τετράγω-
νος. ζητῶ τίς αὐτῆς ὑπερέχει δυάδι, εὑρίσκω ὅτι ὁ γ·
οὗτος γὰρ δυάδι μὲν αὐτῆς ὑπερέχει, μονάδι δὲ ἐλλεί-
πει, ἐν μέσῳ γὰρ εἷς μόνος ὁ β ἐστι, καθ' ὃν ἐλλείπει· 25
ποιῶ τοίνυν γ καὶ μία, γίνονται δ· ὁ δ τοίνυν τετρά-
γωνος. πάλιν ζητῶ τίς τριάδος δυάδι ὑπερέχει, εὑρίσ-
κω ὅτι ὁ ε· οὗτος γὰρ δυάδι μὲν ὑπερέχει, μονάδι δὲ
ἐλλείπει, μέσος γὰρ τῶν γ καὶ τῶν ε εἷς ἀριθμὸς ὁ δ·
ὁ τοίνυν ε μετὰ τοῦ δ συντιθέμενος ποιεῖ τὸν θ, ὃς 30
ἐστι τετράγωνος. καὶ ἁπλῶς πάντες οἱ κατὰ τάξιν
περιττοὶ συντιθέμενοι τοῖς γινομένοις τετραγώνοις
ἄλλον τετράγωνον ποιοῦσιν. ἐπὶ τῶν τετραγώνων
οὖν ὁ δυάδι μὲν ὑπερέχων τοῦ συντιθεμένου, μονάδι
δὲ ἐλλείπων, συντιθέμενος μετὰ τοῦ ἤδη γενομένου 35
τετραγώνου ποιεῖ τετράγωνον, καὶ τοῦτο μέχρις ἀεί.
ἐστι δὲ καὶ ἄλλη μέθοδος τετραγώνων, ἥτις ὀνομάζε-
ται δίαυλος, εἴρηται δὲ καὶ ἐν ταῖς Φυσικαῖς· ἄρξαι
ἀπὸ μονάδος καὶ λῆξαι ὅπου θέλεις, καὶ εἰς οἷον λή-
ξεις ἐκεῖνος γενήσεται πάντως τοῦ μέλλοντος γίνεσθαι 40
τετραγώνου πλευρά. μετὰ δὲ τὸ λῆξαι πάλιν ὑπό-
στρεφον ἄχρι μονάδος καὶ γενήσεται ὁ τετράγωνος.
οἷον ἄρχομαι ἀπὸ μονάδος, λήγω εἰς δυάδα· ποιῶ
οὖν α β, γίνονται γ. πάλιν ὑποστρέφω εἰς μονάδα,
γίνονται δ· ἰδοὺ ὁ δ τετράγωνος. εἰ δὲ λήξω εἰς δυάδα, 45
αὕτη ἄρα πλευρὰ τοῦ δ· δὶς γὰρ β δ. ὡσαύτως προ-
κόπτω ἄχρι τριάδος· καὶ ποιῶ α β γ, γίνονται ς·
ὑποστρέφων πάλιν, λέγω δύο μία, γίνονται θ· ὁ θ
ἄρα τετράγωνος· καὶ ἐπειδὴ ἔληξα εἰς τριάδα, ὁ γ
πλευρὰ αὐτοῦ γίνεται. τὸ αὐτὸ ἐπ' ἄπειρον εὑρήσεις. 50
τοῦτο μὲν ἔξωθεν τοῦ κειμένου. | ὥσπερ δὲ οἱ τετρά-
γωνοι ἐγίνοντο, λαμβανόντων ἡμῶν τὴν δυάδι ὑπερ-
οχὴν τοῦ συντιθεμένου, οὕτως οἱ πεντάγωνοι λαμ-
βανόντων ἡμῶν τὴν τριάδα μὲν ὑπεροχήν, δυάδι δὲ
ἔλλειψιν· οἷον ἡ μονὰς δυνάμει πεντάγωνός τις, ὑπερ- 55
έχει ταύτης τριὰς ὁ δ, ἐλλείπει δὲ δυάδι· δύο γὰρ
εἰσι μέσοι ἀριθμοὶ ὁ β καὶ ὁ γ. ποιῶ οὖν δ καὶ α, γίνε-
ται ε· ὁ ε ἄρα πεντάγωνός ἐστι. πάλιν τίς ὑπερέχει
τοῦ δ τριάδι, ἐλλείπει δὲ δυάδι; ⟨ὁ ζ⟩, μέσοι γὰρ ὁ ε
καὶ ὁ ς· ἑπτὰ οὖν καὶ πέντε γίνονται δώδεκα· ὁ ιβ 60
ἄρα πεντάγωνος. καὶ ἐφεξῆς ὁμοίως. | πάλιν ἐπὶ τῶν
ἑξαγώνων λάμβανε τοὺς τετράδι μὲν ὑπερέχοντας,
τριάδι δὲ ἐλλείποντας, ἐπὶ δὲ τῶν ἑπταγώνων τοὺς

ια = Philop. λα

25–26 = Nicom. VII, 4.

ια,ι = Nicom. VIII, ι.

α
40 τόδε, sc. α α
       α α α
41 ὑποτεταγμένον, sc.
α
α α
α α α
α α α α

ια 10 ἦν A: om M || συντεθείς (Philop.)] συνθείς AM
13 τρίγωνος M: τρίγωνός ἐστι A
13–14 ζητῶ ... ὁ δ M: τῆς τετράδος ὑπερέχει μονάδι ὁ ε A
14 cf. n. ad loc.

20 cf. Nicom. IX, ι.   51 cf. Nicom. X, ι.

61 cf. Nicom. XI, ι.

38 ἐν ταῖς Φυσικαῖς AM: (ἐν τοῖς Φυσικοῖς[?])
52 τὴν (Philop.)] τῇ AM
59 ὁ ζ (Philop.)] om. AM
63–64 ἐλλείποντας ... ἐλλείποντας M: ἐλλείποντας A

πεντάδι μὲν ὑπερέχοντας, τετράδι δὲ ἐλλείποντας,
65 καὶ ἐπὶ πάντων ὁμοίως αὔξων, ποιήσεις πάντας.
ὅπως δὲ ἐθέλεις, ἐκτίθου αὐτούς, εἴτε ἀριθμοὺς ποιῶν
καὶ ἔξωθεν τὸ σχῆμα γράφων, εἴτε γνώμονας ποιῶν
καὶ προστιθεὶς τοὺς ἀριθμούς. τούτων οὕτω προθεω-
ρηθέντων οὐδέν ἐστιν ἀσαφὲς κατὰ τὸ κείμενον, εἰ μὴ
70 ἓν ὃ ἀξιώσεται ἐξηγήσεως.

ιβ. **ἢ κατὰ τὴν ἐν τῷ ὀνόματι ποσότητα.** ὃ λέγει τοῦτό
ἐστιν ὅτι ἐπειδὴ ἀπὸ τῶν ὑπεροχῶν συντιθεμένων,
ὡς εἴρηται, γίνονται οἱ ἀριθμοί· ἐὰν πολλάκις ἀνα-
δοθῇ ἡμῖν πολὺς ἀριθμός, ὅ ἐστιν ἑκατοντάγωνος ἢ
5 τις ἕτερος, τί ποιοῦμεν; λέγει ὅτι ζήτει τὸν ἀφ' οὗ
ὠνομάσθη ὁ ἀναδοθεὶς σοι καὶ λάμβανε ἐξ ἐκείνου δύο
καθόλου ἐπὶ πάντων καὶ τὸν καταλειφθέντα ὑπεροχὴν
λέγε. οἷον ἀνεδόθη μοι ἑκατοντάγωνον εὑρεῖν, λαμ-
βάνω τὸν ρ· ἀπὸ τούτου γὰρ παρωνομάσθη· ἐπαίρω
10 β, μένουσιν ϟη· λέγω ϟη ἐστὶν ὑπεροχὴ αὐτοῦ, καὶ
λοιπὸν συνθεὶς ποιῶ τὸν ἑκατοντάγωνον. ὁμοίως καὶ
ἐπὶ πάντων. ὅτι δὲ ἀληθές ἐστιν ἐκ τῶν ἤδη εἰρημένων
πιστοῦμαι. ὁ τρίγωνος ἐξ ὑπεροχῆς μονάδος ἐγίνετο·
ὅτι οὖν οὕτως ἐστίν, ἔπαρον τῶν γ β, γίνεται α·
15 ἰδοὺ ὑπεροχή. πάλιν ὁ τετράγωνος ἐξ ὑπεροχῆς
δυάδος· ἔπαρον οὖν τῶν δ β, ἰδοὺ καταλείπονται β.
πάλιν ὁ πεντάγωνος ἐξ ὑπεροχῆς τριάδος· ἀφαίρησον
β τῶν ε, γίνεται γ. καὶ ἐπὶ πάντων εὑρήσεις τοῦτο
δυάδα ἀφαιρῶν. κἀκεῖνο δὲ γίνωσκε ὅτι κατ' εὔτακτον
20 μονάδα τὰ σχήματα γίνεται· τὸ μὲν τρίγωνον ἀπὸ
τριάδος, τὸ δὲ τετράγωνον ἀπὸ δ, τὸ δὲ πεντάγωνον
ἀπὸ ε, καὶ ἐφεξῆς ὁμοίως· ὁ μὲν γὰρ γ τρίγωνός ἐστιν,
ὁ δὲ δ τετράγωνος, ὁ δὲ ε πεντάγωνος, ὁ δὲ ϛ ἑξάγω-
νος, ὁ δὲ ζ ἑπτάγωνος, ὁ δὲ η ὀκτάγωνος, καὶ τοῦτο
25 μέχρις ἀπείρου. | **ὅτι δὲ συμφωνοτάτη ἡ ἀπ' αὐτῶν διδα-
σκαλία.** ἤδη εἰρήκαμεν ὅτι βούλεται σχήματα ἀρι-
θμητικὰ παραδοῦναι συμφωνοῦντα τῇ γεωμετρίᾳ·
παραδέδωκεν οὖν. πάλιν δὲ δείκνυσιν ὅτι ὥσπερ τὸ
τετράγωνον διαιρεῖται εἰς δύο τρίγωνα, οὕτω καὶ ὁ
30 τετράγωνος ἀριθμὸς εἰς δύο τρίγωνα, οἷον ὁ θ εἰς
τὸν γ τρίγωνον καὶ τὸν ϛ. εἰ δέ τις εἴποι "ἀλλὰ τὸ
τετράγωνον εἰς ἴσα δύο τρίγωνα ἐτέμνετο, νῦν δὲ ἐπὶ
τῶν ἀριθμῶν εἰς ἄνισα, οὐ ταὐτὸν γὰρ εἰπεῖν γ καὶ
ϛ," εἰπὲ πρὸς αὐτὸν ὅτι ἐὰν μοναδικῶς ἐκθῇ σχῆμα
35 τετράγωνον καὶ ἀγάγῃς διαγώνιον, διαιρεθήσεται
εἰς ἰσόπλευρα τρίγωνα. παραδείγματος δὲ χάριν ἐκ-
θώμεθα τὸν δ ἀριθμόν, ὡς ὑποτέτακται. ἰδοὺ ὅτι δύο

τρίγωνα γίνεται ἀπὸ δύο μονάδων ἔχοντα τὰς πλευ-
ράς. ἐκθοῦ δὲ καὶ ἐπὶ θ, καὶ εὑρήσεις τὸ αὐτό· ἰδοὺ γὰρ
δύο τρίγωνα ἔχοντα ἑκάστην πλευρὰν ἀπὸ τριῶν 40
μονάδων. καὶ ἐπὶ πάντων δὲ τοῦτο γενήσεται, ὥστε
ἰστέον ὅτι ἐὰν ἐκθῇ πολυγώνων ἀριθμῶν πλῆθος
παραλλήλως, ἐκ μὲν τῶν τριγώνων συντιθεμένων
ὁμοταγῶς γίνονται οἱ τετράγωνοι, ἐκ δὲ τῶν τετρα-
γώνων καὶ τῶν τριγώνων οἱ πεντάγωνοι, ἐκ δὲ τῶν 45
πενταγώνων καὶ τῶν τριγώνων οἱ ἑξάγωνοι, ἐκ δὲ
τῶν ἑξαγώνων καὶ τῶν τριγώνων οἱ ἑπτάγωνοι, ἐκ
δὲ τῶν ἑπταγώνων καὶ τῶν τριγώνων οἱ ὀκτάγω-
νοι, καὶ τοῦτο ἐπ' ἄπειρον. ὑποδείγματος δὲ χάριν
ὑποκείσθω τὸ διάγραμμα. ἰδοὺ τοίνυν οἱ μὲν τρίγω- 50
νοι ἐφεξῆς συντιθέμενοι τοὺς τετραγώνους ποιοῦσιν·
ὁ μὲν γ τρίγωνος ἐνεργείᾳ τῇ μονάδι τριγώνῳ οὔσῃ
δυνάμει συντιθέμενος, ποιεῖ τὸν δ, ὃς ὑποτέτακται
τετράγωνος ὤν. πάλιν ὁ ϛ τῷ γ συντεθείς, ποιεῖ τὸν
θ, καὶ ἐφεξῆς ὡσαύτως. καὶ τετράγωνος ὁ δ ἐνεργείᾳ 55
δυνάμει ⟨τριγώνῳ⟩ τῇ μονάδι συντεθείς, ποιεῖ πεντά-
γωνον τὸν ε· ὁ δὲ θ τῷ γ ποιεῖ πεντάγωνον τὸν ιβ·
καὶ ἐπ' ἄπειρον ὡσαύτως. καὶ ὁ ε πεντάγωνος ἐνερ-
γείᾳ τῇ μονάδι δυνάμει τριγώνῳ συντεθείς, ποιεῖ τὸν
ϛ ἑξάγωνον, καὶ ὁ ιβ τῷ γ τὸν ιε, καὶ ἐπὶ πάντων 60
ὁμοίως προχωρήσει. σαφὴς οὖν αὕτη πᾶσα ἡ θεωρία
ἐστὶν ἐκ τῶν εἰρημένων· πάντα γὰρ παραδίδωσιν
ἀκριβῶς ὁ Νικόμαχος.

ιγ. **καὶ γὰρ καὶ κατὰ τὸ βάθος καὶ κατὰ τὸ πλάτος ἐν τῷ
διαγράμματι.** λέγει ὅτι ἡ γένεσις τῶν προειρημένων
καὶ κατὰ τὸ πλάτος καὶ κατὰ τὸ βάθος ἐστί. τῶν μὲν
γὰρ τετραγώνων κατὰ πλάτος· ὁ γὰρ γ τῇ μονάδι
ἐποίησε τὸν δ, ὁ ϛ τῷ γ τὸν θ, καὶ ὁ ι τῷ ϛ τὸν ιϛ, 5
καὶ ἐφεξῆς ὁμοίως. ἰδοὺ κατὰ πλάτος τῶν τριγώνων
ληφθέντων οἱ τετράγωνοι γεγόνασιν· οἱ μὲν ἄλλοι
πάντες κατὰ βάθος γίνονται· ὁ γὰρ δ τῇ μονάδι
συντεθεὶς ποιεῖ τὸν πεντάγωνον· κατὰ βάθος δὲ κεῖ-
ται ὁ δ καὶ ἡ μονάς. κατὰ τὸν αὐτὸν λόγον καὶ ἐπὶ 10
πάντων. τοῦτο οὖν ἐστι τὸ κατὰ βάθος καὶ κατὰ
πλάτος. | πληρώσας δὲ τὸν περὶ τῶν ἐπιπέδων ἀρι-
θμῶν λόγον μετέρχεται ἐπὶ τοὺς στερεοὺς καὶ ἄρχεται
ἀπὸ τῆς πυραμίδος, ἐπειδὴ καὶ τὰ τρίγωνα τῶν
ἄλλων σχημάτων πρότερά εἰσιν, ἡ δὲ πυραμὶς τὴν 15
κορυφὴν ἀπομιμουμένην ἔχει τριγώνῳ, ὡς τρίγωνα
γὰρ τὰ πλευρά. δεῖ δὲ εἰδέναι ὅτι ἔστιν ἡ πυραμὶς
κατὰ πάντα τὰ πολύγωνα· καὶ γὰρ ὥσπερ ἐπὶ τῶν

ιβ = Philop. μα, μβ

ιβ,1 = Nicom. XI, 4.   25-26 = Nicom. XII, 1.

ιβ. 1 ἢ Nicom.: ἢ AM
7 καταλειφθέντα M: καταληφθέντα A
16 τῶν M: τῶ A
17 τριάδος M: τελάδος A
25-26 ἡ ἀπ' αὐτῶν διδασκαλία AM: διδασκαλία ἡ περὶ αὐτῶν
    Nicom. (παρ' αὐτῶν Nicom. C)

ιγ = Philop. μδ, με, μζ, μη

ιγ,1-2 = Nicom. XII, 8.

12 cf. Nicom. XIII, 1.

56 τριγώνῳ scripsi: om. AM
ιγ. 1 pr. et alt. τὸ AM: om. Nicom.
11 alt. κατὰ M: om. A
14 τὰ M: om. A
17 τὰ πλευρά scripsi: νεῦρα AM

γραμμικῶν σχημάτων ἀνιστῶν τὰς κατὰ γωνίαν
20 εὐθείας ἐπὶ ἕν τι σημεῖον δίκην καλύβης ποιεῖ τὴν
πυραμίδα, οὕτω καὶ ἐνταῦθα. καὶ εὑρίσκεται τὸ μὲν
πολύγωνον βάσις αὐτῆς, ὅθεν καὶ ὁ πολὺς ἀριθμὸς
κάτω ἐστίν, ἡ δὲ μονὰς κορυφή· ἡ γὰρ πυραμὶς βάσιν
μὲν ἔχει εὐρεῖαν, κορυφὴν δὲ ὀξεῖαν. ἔστιν οὖν καὶ
25 τρίγωνος αὐτῆς βάσις, καὶ τετράγωνα, καὶ πεντά-
γωνα, καὶ ἐφεξῆς. καὶ ἡ μὲν πυραμὶς ἡ ἐκ τριγώνων
συγκειμένη κατὰ τὴν εὔτακτον πρόβασιν τῶν τριγώ-
νων γίνεται· συντιθεμένων ἀεὶ τῷ γινομένῳ, οἷον ὁ γ
τρίγωνος ἀλλὰ καὶ ἡ μονάς· τρεῖς καὶ μία τέσσαρες,
30 ὁ δ ἄρα πυραμίς. πάλιν μετὰ τὸν γ ἔστιν ὁ ς τρίγω-
νος· ς καὶ δ ι· ὁ ι ἄρα πυραμίς. πάλιν μετὰ τὸν ς ἔστι
τρίγωνος ὁ ι· ι δὲ καὶ ε ιε· ὁ ιε ἄρα πυραμίς. πάλιν
μετὰ τὸν ι ἔστιν ὁ ιε τρίγωνος· ὁ ιε καὶ ς κα· ὁ κα ἄρα
πυραμίς. αἱ δὲ πυραμίδες αἱ ἔχουσαι τετράγωνον
35 βάσιν ἀπὸ τῶν τετραγώνων γίνονται· οἷον ὁ δ τῇ
μονάδι συντιθέμενος ποιεῖ τὸν ε· ὁ ε ἄρα πυραμίς ἐστι
τετράγωνον ἔχων βάσιν. πάλιν ὁ θ συντιθέμενος τῷ
ε ποιεῖ τὸν ιδ· ὁ ιδ ἄρα ἐστὶ πυραμὶς τετράγωνον
ἔχων βάσιν. καὶ ἐπὶ πάντων ὁμοίως. καὶ πάλιν τὰς
40 πυραμίδας τὰς ἐχούσας πεντάγωνον βάσιν ἀπὸ τῶν
πενταγώνων ποιεῖ, καὶ τὰς ἑξάγωνον ἐχούσας βάσιν
ἀπὸ τῶν ἑξαγώνων, καὶ ἐπὶ πάντων ὁμοίως τῇ
αὐτῇ μεθόδῳ κέχρησο. ταῦτά ἐστιν ἃ βούλεται διὰ
τῆς παρούσης θεωρίας διδάξαι· ἡ δὲ λέξις τούτων
45 τεθεωρημένων οὐδὲν ἀσαφὲς ἔχει.

ιδ. ἵνα δὲ μὴ ἀνήκοοι ὦμεν καὶ κολούρων καὶ δικολούρων.
εἰρηκὼς περὶ πυραμίδος καὶ εὑρηκὼς πάθη αὐτῆς,
λέγει καὶ περὶ αὐτῶν· ἰστέον γὰρ ὅτι, ὡς εἴρηται,
ἔχει κορυφὴν εἰς μονάδα λήγουσαν. αὕτη τοίνυν ἐὰν
5 ἀφαιρεθῇ, κολοβὸς γίνεται ἡ πυραμίς· ἀλλ' εἰ μὲν ἡ
μία μονὰς ἀφαιρεθῇ, κόλουρος γίνεται, εἰ δὲ δύο δι-
κόλουρος, εἰ δὲ τρεῖς τρικόλουρος λέγεται, καὶ εἰ τέσ-
σαρες τετρακόλουρος· καὶ τοῦτο μέχρις ἀπείρου. ἐν
συγγράμμασι μάλιστα τοῖς θεωρηματικοῖς, ἐν θεολο-
10 γικοῖς γὰρ βιβλίοις, εὑρήσεις τὰ τοιαῦτα ὀνόματα·
τῶν γὰρ συγγραμμάτων τὰ μέν εἰσιν ἠθικά, τὰ δὲ
θεωρηματικά.

ιε. ἑτέρα δέ τις στερεῶν ἑτερογενῶν. πληρώσας τὸν
περὶ τῶν πυραμίδων λόγον νῦν ἐπὶ τὰ ἕτερα στερεὰ
μεταβαίνει, κύβον καὶ δοκίδα καὶ πλινθίδα καὶ σφη-
νίσκον καὶ σφαῖραν καὶ τὰ τοιαῦτα. ἰστέον τοίνυν ὅτι

τετραγώνου ληφθέντος καὶ ἀναστάσης εὐθείας κατὰ 5
βάθος, αὕτη ἡ ἀναστᾶσα ἢ ἴση ἐστὶ τῇ τοῦ τετραγώ-
νου πλευρᾷ ἢ ἄνισος· καὶ εἰ ἄνισος ἢ μείζων ἢ ἐλάτ-
των. εἰ μὲν οὖν ἴση ἐστί, ποιεῖ τὸν κύβον, εἰ δὲ ἐλάτ-
των, ποιεῖ τὴν πλινθίδα. καὶ γὰρ αἱ πλίνθοι, τὰ μὲν
κάτω μείζονα ἔχουσι, τὰ δὲ ἄνω ἐλάττονα. εἰ δὲ 10
μείζων, ποιεῖ τὰς δοκίδας· οὕτω γὰρ καὶ αἱ δοκοὶ τὰ
μὲν κάτω ἐλάττονα ἔχουσι, τὰ δὲ ἄνω μείζονα. γίνε-
ται δὲ ὁ κύβος ἀριθμοῦ ἐφ' ἑαυτὸν πολλαπλασιαζο-
μένου, καὶ πάλιν ἐκείνου ἐπὶ τὸν γενόμενον· οἷον ὁ η
κύβος ἐστί, ἐπειδὴ δὶς δύο δ καὶ δὶς δ η· καὶ πάλιν ὁ 15
κζ, ἐπειδὴ τρὶς τρεῖς θ, καὶ τρὶς θ κζ· καὶ πάλιν ὁ ξδ
κύβος, τετράκις γὰρ δ ις, καὶ τετράκις ις ξδ· καὶ ἐφε-
ξῆς ὁμοίως.

ις. παρὰ τοῦτο δὲ εἰκὸς καὶ τὸ σφήκωμα ὠνομάσθαι. βού-
λεται τὴν ἰδιωτικὴν φωνὴν ἐτυμολογῆσαι, ἐπειδὴ
ὅπου ἂν ἀποσφίγξῃ τις, ἐκεῖνο τὸ μέρος μιμεῖται τὴν
τοῦ σφηκὸς τομήν.

ιζ. μέσοι εἰσὶ στερεοὶ ἀριθμοὶ ⟨οἱ⟩ λεγόμενοι παραλληλ-
επίπεδοι. οὐ μόνον οἱ μέσοι, ἀλλὰ καὶ ἅπας κύβος παραλ-
ληλεπίπεδός ἐστι καὶ πάντες οἱ ἔχοντες παράλληλα
τὰ ἐπίπεδα· ἀλλὰ τὸν κύβον οὐ συνηρίθμησεν, ὡς
διὰ τὸ ἴσον τετευχότα ὀνόματος ἰδίου καὶ αὐτῶν 5
τούτων κύβου ὀνομαζομένου. ἰστέον δὲ ὅτι δεῖ προσ-
έχειν τῷ ὕψει. πολλαπλασιαζόμενον γὰρ τὸ μῆκος
καὶ τὸ πλάτος ἐπ' αὐτῶν, ἄλλο τι ποιεῖ. ἀμέλει καὶ ὁ
Ἀπόλλων ἐχρησμῴδησε Δηλίοις λοιμώττουσιν ὅτι
"εἰ θέλετε τοῦ λοιμοῦ παύσασθαι, ποιήσατε διπλα- 10
σίονα τὸν βωμόν." ἐκεῖνοι δὲ διπλασιάσαντες, τετρα-
πλασίονα ἐποίησαν. καὶ ἐπιμείναντος τοῦ λοιμοῦ
ἠναγκάσθησαν τὸν Πλάτωνα ἐρωτᾶν· κἀκεῖνος ἔφη
αὐτοῖς, ὡς ἔοικεν "ὁ Δήλιος ὀνειδίζει ὑμῖν, ὅτι γεω-
μετρίας καταφρονεῖτε," καὶ τότε προέβαλε τοῖς ἑταί- 15
ροις αὐτοῦ, ὅτι οὐκ ἂν εὕροιμεν τοῦτο, εἰ μὴ δύο δο-
θεισῶν εὐθειῶν δύο μέσοι ἀνάλογον εὑρεθῶσιν· ἐὰν
γὰρ εὕρωμεν τοῦτο, ἔσται τὸ ἀπὸ τῶν ἄκρων ἴσον
τῷ ἀπὸ τῶν μέσων· καὶ λοιπὸν τὸ ἀπὸ τῆς πρώτης
καὶ τρίτης ἴσον τῷ ἀπὸ τῆς δευτέρας καὶ τετάρτης. 20
καὶ οἱ μὲν γραμμικῶς εὗρον, ἄλλοι δὲ κωνικῶς. καὶ
ἁπλῶς ἕκαστος ὡς ἐπέβαλλεν εὗρε· δυσχερὲς γὰρ
πάνυ τὸ πρόβλημα.

ιδ = Philop. ν   ιε = Philop. να, νβ

ιδ,1 = Nicom. XIV, 5.   ιε,1 = Nicom. XV, 1.

32 ff. cf. n. ad loc.
ιδ. 1 pr. καὶ AM: om. Nicom.
9 ἐν M: τοῖς A
10 βιβλίοις M: βιβλίῳ A
ιε. 1 ἑτερογενῶν Nicom.: τετραγώνων AM
4 τὰ A: om. M

ις = Philop. νδ   ιζ = Philop. νδ

ις,1 = Nicom. XVI, 2.   ιζ,1 = Nicom. XVI, 3.

5 ἀναστάσης scripsi: ἀναστάσαν AM
16 τρὶς τρεῖς scripsi: τρεῖς τρὶς AM
ις. 1 δὲ AM: om. Nicom. || ὠνομάσθαι A et Nicom.: ὠνομάσθη M
ιζ. 1 οἱ Nicom.: om. AM
2 ἅπας M: αὐτὸς ὁ A
5 διὰ scripsi: δὴ AM
22 εὗρε M: εὗρεν A (ut vid.)

ιη. **πάλιν οὖν ἄνωθεν ἐτερομήκης ἀριθμὸς λέγεται.** περὶ παραλληλεπιπέδων ἦν αὐτῷ ὁ λόγος. ἰστέον ὅτι καὶ ὁ κύβος παραλληλεπίπεδός ἐστιν, ἀλλ' ἐξ ἴσων σύγκειται πλευρῶν· νῦν δὲ βούλεται εἰπεῖν περὶ παραλ-
5 ληλεπιπέδων ἐξ ἀνίσων πλευρῶν ὄντων. καί φησιν ὅτι τῶν παραλληλεπιπέδων τούτων οἱ μέν εἰσιν ἐτερομήκεις, οἱ δὲ προμήκεις. καὶ ἐτερομήκεις μέν εἰσιν οἱ ἔχοντες μονάδι ἀνίσους μόνῃ τὰς πλευράς· οἷον ὁ ς ἐτερομήκης, τρὶς γὰρ β ς, ὁ δὲ γ τῆς δυάδος μονάδι
10 μόνῃ μείζων ἐστί· καὶ ἐφεξῆς ὁμοίως. προμήκεις δέ εἰσιν οἱ πλείοσι μονάσιν ἔχοντες τὸ ἄνισον. οἷον ὁ ιε προμήκης, τρὶς γὰρ ε ιε, ὁ δὲ ε τοῦ γ δυάδι μείζων, καὶ ἐπὶ πάντων ὁμοίως. ταῦτα μὲν οὖν περὶ τούτων.
   | ἰστέον δὲ ὅτι πλινθίδες μέν εἰσιν ὧν ἡ βάσις μὲν
15 ἰσάκις ἴση ἐστί, ὅ ἐστι τετράγωνος, ἡ δὲ κορυφὴ ἐλάττων· δοκὶς δὲ τὸ ἀνάπαλιν ἧς ἡ κορυφὴ μείζων. | κἀκεῖνο δὲ δεῖ εἰδέναι ὅτι εἰκότως οἱ Πυθαγόρειοι τὴν μὲν μονάδα ταυτοῦ καὶ ταυτότητος αἰτίαν ἔλεγον εἶναι, τὴν δὲ δυάδα ἑτέρου καὶ ἑτερότητος· ἡ μὲν γὰρ
20 μονὰς τοὺς περιττοὺς ἔχουσα κατὰ τάξιν, γεννᾷ πάντας τοὺς τετραγώνους ἐξ αὐτῆς εὐτάκτως· οἱ δὲ ἀπὸ δυάδος πάντες ἄρτιοι τοὺς ἐτερομήκεις ποιοῦσι. τὸ ἕτερον οὖν ἐν δυάδι τυγχάνει· διὰ τοῦτο καὶ τὸ ἕτερον ἐπὶ δύο λέγει, τὸ δὲ ἄλλο ἐπὶ τριῶν. ἰστέον δὲ ὅτι
25 εὐτάκτως κατὰ τὰς πλευρὰς γίνονται οἱ ἐτερομήκεις· ἰδοὺ γὰρ πρώτη μὲν ἡ δυὰς ἐτερομήκης ἐστί· μονάδι γὰρ μόνῃ ἡ ἀνισότης· δὶς γὰρ ἓν δύο· ὅρα οὖν ὅτι δύο καὶ ἓν εἰσιν αἱ πλευραί· πρόσθες ταῖς δύο δ, ὁ γίνεται ς. ὅρα ἄλλον ἐτερομήκη· τρὶς γὰρ δύο ς, καὶ σκόπει
30 πῶς εὐτάκτως ἡ προκοπή· ὁ μὲν γὰρ β εἶχε β καὶ μίαν πλευράν· ὁ δὲ ς γ καὶ β. πάλιν ταῖς ς πρόσθες ς, γίνονται ιβ· ἰδοὺ ἐτερομήκης τὸν δ καὶ τὸν γ ἔχων πλευράς. καὶ ἐπὶ πάντων ὁμοίως προστιθεὶς τοὺς κατὰ τάξιν ἀρτίους εὑρήσεις τοῦτο. ἔστω δὲ ἐπὶ δια-
35 γράμματος σαφὲς τὸ λεγόμενον· α, γ, ε, ζ, θ, ια, ιγ, ιε, ιζ, ιθ, κα· β, δ, ς, η, ι, ιβ, ιδ, ις, ιη, κ, κβ. | ἐπεὶ τοίνυν καλῶς εἴρηται περὶ τούτων, ἔλθωμεν ἐπὶ τοὺς κυκλικοὺς καὶ τοὺς σφαιρικούς. ἰστέον τοίνυν ὅτι ἐκ τῶν κύκλων γίνονται· συμβολικῶς δὲ λέγονται κυ-

κλικοὶ καὶ σφαιρικοί, ἐπεὶ κατὰ ἀλήθειαν, πῶς δυνα- 40 τὸν ποιῆσαι κύκλον ἢ σφαῖραν ἀριθμητικῶς; ἐπεὶ τοίνυν εἴρηνται ἐκ κύκλων γίνεσθαι, ἴδωμεν τί ἐστι κύκλος· καὶ οὕτως εὑρίσκομεν τὸν τρόπον· κύκλος ἐστὶν ὁ ἀπὸ τοῦ αὐτοῦ ἐπὶ τὸ αὐτὸ λήγων· οὐκοῦν ἀριθμὸς ὁ ἀπὸ τοῦ αὐτοῦ ἐπὶ τὸ αὐτὸ λήγων κύκλος 45 ἐστίν, οἷον ὁ κε· οὗτος γάρ ἐστι πεντάκις πέντε· ἰδοὺ οὖν ὅτι αἱ πλευραὶ αὐτοῦ ἐκ πέντε εἰσίν· ἀπὸ ε οὖν ἀρχόμεθα λέγοντες πεντάκις ε, ἀλλὰ καὶ λήγομεν εἰς ε· κε γὰρ ὁμοίως καὶ ὁ λς κύκλος ἐστίν· ἀπὸ γὰρ ς ἀρχόμεθα καὶ εἰς ς λήγομεν· φαμὲν γὰρ ὅτι ἐξάκις ς· 50 ἰδοὺ ἀπὸ ς ἠρξάμεθα καὶ εἰς ς δὲ λήγομεν· αἱ γὰρ λς εἰς ς λήγουσιν. οὗτοι οὖν κύκλοι εἰσίν, ἐπειδὴ β διαστάσεις εἰσίν· ἐὰν μέντοι τρεῖς διαστάσεις λάβωμεν, ποιοῦμεν σφαῖραν· οἷον ὁ κε ἀπὸ ε πλευρῶν ἐστιν· ἐὰν ποιήσωμεν πάλιν πεντάκις κε, γίνονται ρκε. οὗτος 55 τοίνυν σφαῖρά ἐστι· καὶ πάλιν ὁ λς ἀπὸ ς πλευρῶν ἐστιν· ἐὰν ποιήσωμεν ἑξάκις λς, γίνονται σις· οὗτός ἐστι σφαῖρα. ταῦτά ἐστιν ἃ βούλεται διὰ τούτων εἰπεῖν. ἐπεὶ οὖν εὖ τεθεώρηται οὐδὲν κατὰ τὴν λέξιν ἐστὶν ἄπορον, ὅθεν οὐδὲ ἐξηγήσεως χρεία τυγχάνει. 60

ιθ. **ἐπεὶ δὲ ἀρχὰς τῶν ὅλων.** τὰ μὲν μέλλοντα λέγεσθαι ἤδη εἴρηνται, γλαφυρώτερον δὲ αὐτὰ διδάσκει. ἰστέον γὰρ ὅτι φησὶν ὡς ἐκ ταυτότητος καὶ ἑτερότητος οἱ ἀριθμοί εἰσι. καὶ οἱ μὲν ἀπὸ μονάδος περιττοὶ ταυτότητός εἰσιν· οἱ γὰρ περιττοὶ ἀδιαίρετοί εἰσιν, ὅπερ 5 ἴδιον ταυτότητος· ποιοῦσι δὲ οἱ περιττοὶ τοὺς τετραγώνους ἰσοπλεύρους ὄντας, ὃ καὶ αὐτὸ ἴδιον τῆς ταυτότητος. οἱ δὲ ἀπὸ δυάδος τῆς ἑτερότητος, γίνονται γὰρ οἱ ἄρτιοι, διαιρέσεως καὶ ἑτερότητος ὄντες δεκτικοί· ποιοῦσι δὲ καὶ τοὺς ἐτερομήκεις καὶ προμή- 10 κεις, οἵτινες ἀνισόπλευροί εἰσι. δείκνυσιν οὖν λοιπὸν ὅτι κατὰ τὸν κόσμον προέρχονται οἱ ἀριθμοί, ὥσπερ γὰρ ἐν τῷ κόσμῳ ἔστι καὶ ταυτότης καθὸ ἐξ ἑνὸς προῆλθεν, ἔστι καὶ ἑτερότης διὰ τὸ πλῆθος (εἰ μὴ γὰρ ἦν ἑτερότης, οὐκ ἂν πλῆθος ἐγένετο. ἔδει γὰρ ἐξ ἑνὸς 15 προελθεῖν καὶ οὕτω πληθυνθῆναι), οὕτω καὶ οἱ ἀριθμοὶ ἔχουσι καὶ ταυτότητα καὶ ἑτερότητα. καὶ λοιπὸν παραφέρει τὴν Πλατωνικὴν χρῆσιν, ὅτι ἐστὶν ἀμερὴς ὁ κόσμος καὶ τὰ ἐν αὐτῷ μεριστά· οὐ γὰρ εἶπεν ὅτι αὐτὰ καθ' αὑτά εἰσι μεριστά, ἀλλὰ διὰ τὸ σῶμα· οἷον 20 ἡ λευκότης αὐτὴ καθ' αὑτὴν μεριστὴ οὐκ ἔστιν, ἀλλὰ διὰ τὸ σῶμα, μεριστὸν ὄν, λέγεται μεριστή. λέγει τοίνυν ἁρμονίαν ἑπομένην τοῖς ἀριθμοῖς θαυμαστήν· ἔκθου γάρ, φησί, δύο στίχους κατὰ μῆκος· τὸν μὲν πρῶτον ἔχοντα τοὺς τετραγώνους μόνους ἀπὸ μονά- 25 δος, τὸν δὲ δεύτερον τοὺς ἐτερομήκεις ὡς ὑποτέτακται· α, δ, θ, ις, κε, λς, μθ, ξδ· β, ς, ιβ, κ, λ, μβ, νς, οβ· παράβαλε τοίνυν πρῶτον τετράγωνον πρώτῳ ἐτερομήκει,

---

ιη = Philop. νε–νθ

ιη, 1 = Nicom. XVII, 1.

14 cf. Nicom. XVII, 6.   17 cf. Nicom. XVII, 1 et
XVIII, 1.   36 cf. Nicom. XVII, 7.

ιη. 2 παραλληλεπιπέδων M: παραλληλοεπιπέδων A ‖ ἰστέον M: ἰστέον τοίνυν A (ut vid.)
3 παραλληλεπίπεδός M: παραλληλοεπίπεδός A
4–5 παραλληλεπιπέδων M: παραλληλεπίπεδων A
9 δυάδος (Philop.)] μονάδος AM
11 τὸ ἄνισον M: om. A
27 alt. γὰρ M: καὶ A
30 γὰρ M: om. A
34 ἐπὶ M: διὰ A
36 ιδ A: ιδ ιδ M

ιθ = Philop. ξ, ξα

ιθ, 1 = Nicom. XVIII, 1

ιθ. 9 γὰρ M: δὲ A

καὶ δεύτερον δευτέρῳ, καὶ τρίτον τρίτῳ, καὶ εὑρήσεις
30 πρῶτον μὲν τὸν διπλάσιον, εἶτα κατὰ τάξιν τοὺς
ἐπιμορίους, ἡμιόλιον καὶ ἐπίτριτον καὶ ἐφεξῆς· λαβὲ
γὰρ τὸν β καὶ τὴν α, ἰδοὺ τὸ διπλάσιον εἶδος· εἶτα
τὸν ς καὶ τὸν δ, ἰδοὺ τὸ ἡμιόλιον· πάλιν τὸν ιβ καὶ
τὸν θ, ὅρα τὸν ἐπίτριτον, καὶ ἐφεξῆς ὡσαύτως. μία
35 τοίνυν αὕτη διαφορά, δευτέρα δὲ ἐκείνη. λαβὲ πρῶ-
τον ἑτερομήκη καὶ δεύτερον τετράγωνον καὶ τρίτον
τετράγωνον καὶ δεύτερον ἑτερομήκη καὶ τέταρτον
τετράγωνον καὶ τρίτον ἑτερομήκη καὶ πέμπτον τε-
τράγωνον καὶ τέταρτον καὶ ἐφεξῆς ὁμοίως. καὶ εὑρή-
40 σεις πάλιν τὴν αὐτὴν ἀναλογίαν, οἷον λαβὲ τὸν β
καὶ τὸν δ· ἰδοὺ ὁ διπλάσιος λόγος· τὸν θ καὶ τὸν ς·
ἰδοὺ ὁ ἡμιόλιος· τὸν ις καὶ τὸν ιβ· ὅρα τὸν ἐπίτριτον·
καὶ ἐπὶ πάντων ὡσαύτως. | ὅρα δὲ καὶ ἑτέραν ἁρμονί-
αν· λαβὲ τὰς ὑπεροχὰς τῆς πρώτης διαφορᾶς καὶ τῆς
45 δευτέρας, καὶ πάλιν ἡ αὐτὴ ἀναφανήσεται ἀναλογία·
οἷον τί λέγω· ἐν τῇ πρώτῃ διαφορᾷ, ὁ β πρὸς τὴν
μονάδα παρεβάλλετο· τίνι τοίνυν ὑπερέχει; μονάδι·
ἐκθοῦ α. πάλιν ἐν τῇ δευτέρᾳ διαφορᾷ, ὁ δ πρὸς τὸν
β παρεβάλλετο· ὑπερέχει δὲ ὁ δ τοῦ β δυάδι, ἐν δὲ τῇ
50 πρώτῃ διαφορᾷ ὁ β τῆς μονάδος μονάδι· ὑπεροχαὶ
ἄρα μονὰς καὶ δυάς. ἰδοὺ τοίνυν ὅτι ἡ μονὰς τῆς δυά-
δος διπλασία. πάλιν ὁ ς τοῦ δ ὑπερέχει κατὰ τὴν
πρώτην διαφορὰν δυάδι· ὁ δὲ θ τοῦ ς κατὰ τὴν δευτέ-
ραν διαφορὰν τριάδι· διὰ τοῦτο ὁ γ τοῦ β ἡμιόλιος.
55 ὁμοίως καὶ ἐπὶ πάντων εὑρήσεις εὔτακτον τὴν πρό-
οδον. ταῦτά ἐστιν ἃ βούλεται διὰ τούτων εἰπεῖν· ἰστέον
δὲ ὅτι οὐδὲν ἀσαφὲς ἔχει ἡ λέξις.

κ. ἂν δὲ καὶ πρῶτον ἑτερομήκη μέσον ἀμφοτέρων. πάλιν
περὶ ταυτότητος καὶ ἑτερότητος διαλέγεται, καὶ φη-
σιν ὅτι οἱ μὲν ἀπὸ μονάδος περιττοὶ πρὸς τῆς ταυτό-
τητός εἰσιν, ἐπειδὴ καὶ ἡ μονὰς καὶ οἱ περιττοὶ ἀδιαί-
5 ρετοι, οἱ δὲ ἀπὸ δυάδος ἄρτιοι πρὸς τῆς ἑτερότητος,
ἐπειδὴ καὶ ἡ δυὰς καὶ οἱ ἄρτιοι διαιρετοί. λέγει τοίνυν
γλαφυρά τινα παρακολουθοῦντα αὐτοῖς. φησὶ γὰρ
ὅτι ἐὰν λάβῃς ἑτερομήκεις καὶ μεταξὺ αὐτῶν ἀποθῇ
τετράγωνον, ἡ ὑπεροχὴ αὐτῶν ἔσται ἡ αὐτή, οὐκέτι
10 δὲ ἡ ἀναλογία ἡ αὐτή· ἐὰν δὲ λάβῃς τετραγώνους
καὶ μεταξὺ αὐτῶν ἑτερομήκη, ἡ μὲν ὑπεροχὴ ἐνταῦθα
οὐκ ἔσται ἡ αὐτή, ἡ ἀναλογία δὲ ναί. οἷον ἔστω ἑτε-
ρομηκῶν τῶν β καὶ τῶν ς μέσος τετράγωνος ὁ δ· ὡς
εἶναι οὕτως, β δ ς· ἰδοὺ ἀναλογία μὲν οὐ σῴζεται ἡ

αὐτή· ὁ γὰρ ς τοῦ δ ἡμιόλιός ἐστιν, ὁ δὲ δ τοῦ β 15
οὐκέτι, ἀλλὰ διπλάσιος· ἡ μέντοι ὑπεροχὴ ἡ αὐτή·
ὁ γὰρ δ τοῦ β δυάδι ὑπερέχει, ἀλλὰ καὶ ὁ ς τοῦ δ
δυάδι. καὶ ἐφεξῆς εὑρήσεις τοῦτο. καὶ ἡ ὑπεροχὴ δὲ
εὔτακτός ἐστι κατὰ μονάδα αὐξανομένη. πάλιν γὰρ
μεταξὺ τοῦ ς καὶ τοῦ ιβ ἑτερομηκῶν ὄντων ἀπόθου 20
τὸν θ τετράγωνον· καὶ ἡ ὑπεροχὴ τριάς ἐστιν· εἶτα
τετρὰς καὶ πεντὰς καὶ ἐφεξῆς. σαφηνείας δὲ χάριν
τέλειος ἐκκείσθω στίχος· β, δ, ς, θ, ιβ, ις, κ, κε, λ, λς,
μ, μβ, μθ, νς· ἐπὶ δὲ τῶν τετραγώνων, ἐὰν ἑτερομήκης
ληφθῇ ἐν τῷ μέσῳ, ἀναλογία μόνη φυλαχθήσεται· 25
οἷον ἔστω ὁ δ καὶ ὁ θ, τούτων ἐν τῷ μέσῳ ὁ ς, ὡς
ὑποτέτακται δ, ς, θ· ἰδοὺ ὑπεροχὴ μὲν οὐκ ἔστιν ἡ
αὐτή, ἀναλογία δὲ ναί, ὅ τε γὰρ θ τοῦ ς ἡμιόλιος καὶ
ὁ ς τοῦ δ· πάλιν δὲ κἀνταῦθα ἡ ἀναλογία κατὰ τάξιν.
πάλιν γὰρ οἱ ἐφεξῆς ἐπίτριτοι ἔσονται καὶ ἐπιτέταρ- 30
τοι καὶ ἐφεξῆς· λαβὲ γὰρ θ καὶ ις καὶ ἐν τῷ μέσῳ τὸν
ιβ ἑτερομήκη· ἰδοὺ ὅ τε ις τοῦ ιβ ἐπίτριτός ἐστι καὶ ὁ
ιβ τοῦ θ· καὶ ἐφεξῆς ὁμοίως. ἔστω δὲ καὶ τούτων στί-
χος διὰ τὸ σαφές· δ, ς, θ, ⟨ιβ, ις,⟩ κ, κε, λ, λς, μβ, μθ·
ἐπεὶ τοίνυν καὶ τοῦτο εἴρηται, ἰστέον κἀκεῖνο· ὅτι 35
τοσοῦτον ὡς ἀπὸ περιττῶν γίνονται οἱ τετράγωνοι,
ὅτι καὶ ἐπὶ πάντων τῶν εἰδῶν, οἷον ἡ διπλασίων ἢ
τριπλασίων ἢ τετραπλασίων, πάντες οἱ ἐν περιτταῖς
χώραις κείμενοι τετράγωνοί εἰσι καὶ οὐδεὶς ἐν ἀρτίᾳ χώρᾳ
κεῖται· οἷον ἐκκείσθωσαν οἱ διπλάσιοι ἐν ἑνὶ στίχῳ· 40
α, β, δ, η, ις, λβ, ξδ, ρκη, σνς· ἰδοὺ τοίνυν ὁ δ τετρά-
γωνος ὢν ἐν περιττῇ χώρᾳ κεῖται· ἀπὸ γὰρ μονάδος
ἐκεῖ χώρα τρίτη ἐστί, τὰ δὲ γ περιττά· ὡσαύτως καὶ
ὁ ις τετράγωνος ὢν ἐν περιττῇ χώρᾳ ἐστί· πέμπτη
γὰρ ἡ χώρα ἀπὸ τῆς μονάδος· καὶ ἐφεξῆς ὁμοίως. 45
ὡσαύτως καὶ ἐπὶ τῶν τριπλασίων· α, γ, θ, κζ, πα,
σμγ, ψκθ· ἰδοὺ καὶ ἐνταῦθα οἱ τετράγωνοι ἐν περιτ-
ταῖς χώραις κεῖνται· τὸν αὐτὸν τρόπον καὶ ἐπὶ πάν-
των εὑρήσεις. ἔστι δὲ κἀκεῖνο θαυμαστὸν ὅτι οἱ κύβοι
κατὰ τάξιν τῶν περιττῶν γίνονται· οἷον ἡ μονὰς 50
πρῶτος κύβος ἐστί· λοιπὸν μετ' αὐτήν ὁ η· πόθεν
δῆλον; ἐπειδὴ μετὰ τὴν μονάδα εἰσὶ δύο περιττοὶ ὁ
γ καὶ ὁ ε· συντιθέμενοι δὲ οὗτοι ποιοῦσι τὸν η· καὶ
λοιπὸν κατὰ πρόσβασιν μονάδος οὕτω γίνονται
πάντες· τὸν γὰρ ἐφεξῆς τρίτον περιττοὶ ποιήσουσιν 55
ὁ ζ, ὁ θ, ὁ ια· γίνονται γὰρ κζ· οὗτος δὲ κύβος· τὸν δὲ
ἄλλον δ· ὁ ιγ, ὁ ιε, ὁ ιζ, ὁ ιθ· γίνονται ξδ· οὗτος κύβος·
τὸν δὲ ἄλλον ε, καὶ τὸν μετ' αὐτὸν ς, καὶ τὸν μετ'
ἐκεῖνον οἱ κατὰ τάξιν ἑπτὰ περιττοί, καὶ τοῦτο ἐπ'
ἄπειρον, ὥστε ἡ ταυτότης πρὸς τῆς μονάδος καὶ τῶν 60
περιττῶν. ἰστέον δὲ ὅτι, ὅταν μεταξὺ τετραγώνων
ἀποθῇ ἑτερομήκη, τὸ ὑπὸ τῶν ἄκρων ἴσον γίνεται
τῷ ἀπὸ τοῦ μέσου· οἷον μεταξὺ τοῦ δ καὶ τοῦ θ
κείσθω ὁ ς· τετράκις θ, ποίησον λς· ἰδοὺ τὸ ὑπὸ τῶν
ἄκρων. ποίησον καὶ ἑξάκις ς, τὸ ἀπὸ τοῦ μέσου, 65
γίνεται λς· ἰδοὺ ἴσον τὸ ὑπὸ τῶν ἄκρων τῷ ἀπὸ τοῦ

κ = Philop. ξδ, ξε

43 cf. Nicom. XIX, 3.

κ,1 = Nicom. XIX, 4.

37–39 τέταρτον ... καὶ τέταρτον M: πέμπτον καὶ τέταρτον A
52 ς τοῦ δ scripsi: δ τοῦ ς AM
κ. 1 καὶ πρῶτον AM: καὶ τὸν πρῶτον Nicom.
4–5 ἀδιαίρετοι M: ἀδιαίρετος A
7 γλαφυρά τινα M: τινὰ γλαφυρά A
13 alt. τῶν A: om. M

25 ληφθῇ M: om. A
34 ιβ, ις scripsi: om. AM
37–38 ἢ τριπλασίων M: om. A

μέσου. πάλιν τοῦ θ καὶ τοῦ ις τετραγώνων ὄντων μέσος ἐστὶν ἑτερομήκης ὁ ιβ· ἰδοὺ τὸ ὑπὸ τῶν ἄκρων ἴσον ἐστὶ τῷ ἀπὸ τοῦ μέσου· ἐννάκις γὰρ ις ρμδ, ἀλλὰ
70 καὶ δωδεκάκις ιβ ρμδ. καὶ ἐπὶ πάντων τοῦτο εὑρήσεις. τούτων τοίνυν οὕτω προτεθεωρημένων, πᾶσα ἡ λέξις σαφὴς τυγχάνει καὶ οὐδεμιᾶς χρῄζει ἐξηγήσεως.

κα. ἐπὶ τούτοις καιρὸς ἂν εἴη. πληρώσας τὸν περὶ τῶν ἀριθμῶν λόγον, λοιπὸν θέλει περὶ μεσοτήτων διαλεχθῆναι, θεωρουμένων ἔν τε ἀριθμητικῇ καὶ γεωμετρίᾳ καὶ ἁρμονίᾳ καὶ ἰστέον ὅτι γλαφυρὰ θεωρήματα
5 τὰ τῶν ἀναλογιῶν τούτων συμβαλλόμενα πανταχοῦ. καὶ γὰρ φυσικοὶ χρήζουσιν αὐτῶν καὶ μαθηματικοί, καὶ ἁπλῶς πάντες· ἀμέλει καὶ ὁ Τίμαιος ἐν τῇ ψυχογονίᾳ κέχρηται ἀναλογίαις τισίν· ἐὰν οὖν μὴ εἰδείημεν αὐτάς, οὐ μόνον τὰ αἰνιγματωδῶς ἐκεῖσε λεγό-
10 μενα οὐ νοοῦμεν, ἀλλ' οὐδὲ τὰ κατὰ τὸ φαινόμενον παραδιδόμενα. ἰστέον τοίνυν ὅτι ἐν μὲν τῇ ἀριθμητικῇ ἀναλογίᾳ θεωρεῖται κατὰ τὴν ὑπεροχὴν μόνην· ἀδύνατον γὰρ ἐν τῇ αὐτῇ ὑπεροχῇ ἀναλογίαν λόγων φυλαχθῆναι· οἷον ἔκθου τὸ φυσικὸν χύμα τῶν ἀρι-
15 θμῶν ἀπὸ μονάδος. οὐκοῦν ἡ μὲν δυὰς τῆς μονάδος ὑπερέχει μονάδι, ἡ δὲ τριὰς τῆς δυάδος μονάδι, καὶ ἡ τετρὰς τῆς τριάδος μονάδι, καὶ τοῦτο ἐπ' ἄπειρον. ἰδοὺ τοίνυν ἀναλογία μὲν καθ' ὑπεροχήν ἐστιν, οὐκέτι δὲ κατὰ λόγον· οὐ γὰρ ὃν λόγον ἔχει ἡ δυὰς πρὸς τὴν
20 μονάδα, τοῦτον τὸν λόγον ἔχει ἡ τριὰς πρὸς τὴν δυάδα ἢ ἡ αὐτὴ ἡ τετρὰς πρὸς τὴν τριάδα· ἡ μὲν γὰρ δυὰς διπλάσιον ἔχει λόγον πρὸς τὴν μονάδα, ἡ δὲ τριὰς πρὸς τὴν δυάδα τὸν ἡμιόλιον, ἡ δὲ τετρὰς πρὸς τὴν τριάδα τὸν ἐπίτριτον, καὶ ἐφεξῆς ὁμοίως.
25 ἐν μέντοι τῇ γεωμετρικῇ ἀναλογίᾳ ἀνάπαλιν· ὁ μὲν λόγος ὁ αὐτός, ἡ δὲ ὑπεροχὴ οὐχ ἡ αὐτή· οὗτος δὲ ὁ λόγος ἢ συνεχής ἐστιν ἢ διῃρημένος· συνεχὴς μὲν ὅταν ὁ μέσος ὅρος δὶς παραλαμβάνηται· οἷον ὡς ὁ ρ πρὸς τὸν ν, οὕτως ὁ ν πρὸς τὸν κε· διῃρημένος δὲ ὡς
30 ὁ ρ πρὸς τὸν ν, οὕτως ὁ ις πρὸς τὸν η· καὶ ἰδοὺ λόγος μὲν ὁ αὐτός, ὑπεροχὴ δὲ οὐκέτι. τοῦτο δὲ συμβαίνει, ἐπειδὴ ἐπὶ μὲν τοῦ ἀριθμοῦ τὸ ἐλάχιστον ὥρισται (μονὰς γάρ) καὶ δυνάμεθα καταντῆσαι εἰς ἐλάχιστον, οὗ οὐκ ἔστι μεσότης· οἷον τῶν γ καὶ τῶν β· τούτων
35 γὰρ οὐδεὶς μέσος, τοῦ μὲν γ ὅτι οὐ διαιρεῖται δίχα

κα = Philop. ο

κα,ι = Nicom. XXI, ι.

69 ἐστὶ M: om. A
κα. ι ἐπὶ AM: ἐπὶ δὲ Nicom.
15 alt. μονάδος M: δυάδος A
23 δυάδα M: μονάδα A
28 alt. ὁ M: om. A
29 alt. ν M: ιε A
33 εἰς M: εἰ A (ut vid.)
34 μεσότης M: μονάς A
35 γὰρ M: δὲ A

ἵνα ποιήσῃ ἡμιόλιον λόγον, τοῦ δὲ β ὅτι ἄλλος αὐτοῦ οὐκ ἔστιν ἡμιόλιος, εἰ μὴ ὁ γ. ἐπὶ μέντοι τῶν μεγεθῶν, ἐπειδὴ εἰς ἄπειρα διαιρετά εἰσι, δυνατὸν λαμβάνειν μέσα. ἰστέον δὲ ὅτι τινὰ μὲν τῶν μέσων εἰσὶ μέν, οὐ λέγονται δέ, τινὰ δὲ ὅλως οὐδέποτέ εἰσιν, 40 ἀλλὰ ἄλογα τυγχάνουσι καὶ ἀνονόμαστα. ἵνα δὲ γνῶμεν τοῦτο, δεῖ προσλαβεῖν ἐκεῖνο. ἰστέον ὅτι πᾶσα μονὰς μετὰ μορίου τετραγωνιζομένη εἰς μόριον λήγει· οἷον τὰς β ἥμισυ τετραγώνισον, γίνεται ς δ^{ον}· δὶς γὰρ β ἥμισυ καὶ τὸ ἥμισυ τῶν δύο ἥμισυ ποιοῦσιν 45 ς δ^{ον}. ἰδοὺ εἰς μόριον τὸ δ^{ον} ἔληξεν· ἰδοὺ τοίνυν αὕτη ἡ μεσότης ἐστίν, εἰ καὶ μὴ παραλαμβάνεται διὰ τὸ μόριον· εἰσὶ μέντοι τινὰ μηδὲ ὅλως ὀνομαζόμενα, καὶ δεῖ εἰδέναι ὅτι, ἐὰν λάβωμεν τετράγωνον οὗ τὸ μῆκός ἐστι πέντε πηχῶν, τὸ ὅλον γίνεται κε, ἐπειδὴ καὶ τὸ 50 πλάτος ε, καὶ γίνονται πεντάκις ε κε. ἐὰν τοίνυν διάμετρον ἀγάγωμεν ἐν τῷ τετραγώνῳ, ὅ ἐστι διαγώνιον, τὸ ἀπ' αὐτῆς ἀναγραφόμενον τετράγωνον ἴσον ἔσται τοῖς ἀπὸ τῶν δύο πλευρῶν τετραγώνοις, ἐπειδὴ ἐν τοῖς ὀρθογωνίοις τριγώνοις τὸ ἀπὸ τῆς τὴν 55 ὀρθὴν γωνίαν ὑποτεινούσης πλευρᾶς τετράγωνον ἴσον ἐστὶ τοῖς ἀπὸ τῶν τὴν ὀρθὴν γωνίαν περιεχουσῶν πλευρῶν τετραγώνοις. τὰ δὲ ἀπὸ τῶν δύο πλευρῶν γίνονται ν πηχῶν κε καὶ κε· καὶ τὸ ἀπὸ τῆς διαγώνου ἄρα ἔσται ν· τούτου τοίνυν τὸ μέσον, ἐὰν 60 μείνῃς τρισχίλια ἔτη, οὐ δύνασαι εὑρεῖν· διὰ τί; ἐπειδὴ πλέον μέν ἐστιν ἢ κατὰ ἕβδομον, ἔλαττον δὲ ἢ κατὰ ὄγδοον· εἰ μὲν γὰρ ἦν τελείως ἕβδομον, ἔδει εἶναι μθ· ἑπτάκις γὰρ ζ μθ· νῦν δὲ ν ἐστιν. εἰ δὲ πάλιν ἦν η, ἔδει εἶναι τοῦ η ὀκτάκις γὰρ ξδ· ὥστε τὸ μέσον ἀνονό- 65 μαστόν ἐστι καὶ οὐ δυνατὸν εὑρεῖν. ταῦτα μὲν οὖν καὶ περὶ τούτου. εἴπωμεν λοιπὸν περὶ τῆς μουσικῆς ὅ ἐστι περὶ τῆς ἁρμονικῆς ἀναλογίας. ἰστέον ὅτι ἐν τῇ γεωμετρικῇ ἡ ὑπεροχὴ πρὸς τὰ μέρη λαμβάνεται τοῦ τε μέσου καὶ τοῦ ἐλαχίστου· οἷόν ἐστιν, θ, ς, δ· 70 ἐνταῦθα τοίνυν τὰ θ τῶν ς τριάδι ὑπερέχει, ἐπειδὴ ἥμισυ τῶν ς γ· ἰδοὺ μέρος τοῦ μέσου, ὅ ἐστι τοῦ ς, ὑπεροχὴ γίνεται· πάλιν τὰ ς τῶν δ ὑπερέχει δυάδι, ἐπειδὴ ἥμισυ τῶν δ β ἐστιν. ἰδοὺ τὸ μέρος τοῦ ἐλαχίστου, ὅ ἐστι τοῦ δ, ὑπερέχει. ἐπὶ μέντοι τῆς ἁρμονικῆς 75 οὐχ οὕτως, ἀλλ' ἡ ὑπεροχὴ κατὰ τὰ μέρη τῶν ἄκρων τοῦ τε μεγίστου καὶ τοῦ ἐλαχίστου· οἷόν ἐστι ιβ, η, ς· ἐνταῦθα ὁ ιβ τοῦ η ὑπερέχει τετράδι, ἐπειδὴ τρίτον τῶν ιβ δ· ἰδοὺ τοίνυν ὅτι τοῦ ἄκρου τὸ μέρος ὑπεροχὴ γίνεται· ἀλλὰ καὶ ὁ η τοῦ ς ὑπερέχει δυάδι, ἐπειδὴ 80 τρίτον τοῦ ς, ὅ ἐστι τοῦ ἄκρου τοῦ ἐλαχίστου, ἐστὶ δύο. ἡ οὖν ὑπεροχὴ τῶν ἄκρων ἐστὶ τὰ μέρη. καὶ ἰδοὺ ὅτι ὁ μὲν ιβ τοῦ η ἡμιόλιός ἐστιν, ὁ δὲ η τοῦ ς ἐπίτριτος· ἰστέον γὰρ ὅτι ἁρμονία ἐκ τούτων γίνεται. ἐκ

---

41 ἀνονόμαστα M: ἀνονόματα A
68 περὶ A: om. M
69 γεωμετρικῇ scripsi: γεωμετρίᾳ AM
70 ς scripsi: καὶ AM
77 alt. τοῦ M: om. A
79 δ M: om. A

85 μὲν τοῦ ἡμιολίου ἡ διὰ ε, ἐκ δὲ τοῦ ἐπιτρίτου ἡ διὰ
δ, ἐκ δὲ τοῦ διπλασίου ἡ διὰ πασῶν, ἥτις καλλίστη
ἐστὶ καὶ συμφθέγγεται. ἀμέλει ἐὰν οὕτω κατασκευασθῇ
ἡ χορδή, ἐπιτιθεὶς εἰς τὴν σύμφωνον αὐτῇ κάρφος καὶ
κρούῃς ταύτην, καὶ ἐκ τῆς ἑτέρας ἀποπάλλεται τὸ
90 κάρφος· οὕτω συμφθέγγονται· κεράννυνται οἱ φθόγ-
γοι, ἐπειδὴ συμμετρία φυλάττεται. ἔστω γὰρ ἐπίτρι-
τος λόγος, οἷον ὁ δ καὶ ὁ γ· ἰδοὺ μονάδι ὁ δ τοῦ γ
ὑπερέχει· μετρεῖ τοίνυν ἡ μονὰς τὸν γ τρισσάκις, τὸν
δὲ δ τετράκις· καὶ πάλιν ἔστω ἡμιόλιος ὁ θ καὶ ϛ· ὑπερ-
95 έχει ὁ θ τριάδι· ὁ γ τοίνυν τὴν μὲν ἑξάδα δὶς μετρεῖ,
τὸν δὲ θ τρισσάκις· διὰ τοῦτο οὖν ἡ συμμετρία φυλάτ-
τεται. περὶ τούτων τοίνυν τῶν ἀναλογιῶν διαλέγε-
ται. πάντα τοίνυν σαφῆ ἐστι, μηδεμιᾶς ἐξηγήσεως
δεόμενα.

κβ. ἔστιν οὖν ἀριθμητικὴ μεσότης, ὅταν τριῶν ὅρων. ἤδη
φθάσαντες εἰρήκαμεν τὰς μεσότητας· ἄρχεται τοίνυν
ἀπὸ τῆς ἀριθμητικῆς καὶ λέγει τὴν εὔτακτον αὐτῶν
ὑπεροχὴν τὴν κατὰ τὸ χύμα τὸ φυσικὸν τῶν μονά-
5 δων.

κγ. κειμένων ἢ ἐπινοουμένων. κειμένων μέν, ὡς ἐπὶ ἐκ-
θέσεως· ἐπινοουμένων δὲ ὅταν χωρὶς ἐκθέσεως διαλε-
γώμεθα περὶ τῆς μεσότητος. | ἐπιστάμεθα δὲ ὡς ἐν τῇ
τοιαύτῃ ἐκθέσει. εἰ μὲν γὰρ ὁ μέσος αὐτὸς λαμβάνεται,
5 ὡς τοῦ μὲν εἶναι πρόλογον, τοῦ δὲ ὑπόλογον, συνε-
χὴς ἡ ἔκθεσις· εἰ δὲ ἄλλος καὶ ἄλλος διῃρημένη.

κδ. ἐὰν μὲν οὖν ἐκ τῆς ἐκθέσεως ταύτης. ὃ θέλει εἰπεῖν
τοῦτό ἐστιν· ὅτι ἐὰν ἐκ τῆς φυσικῆς ἐκθέσεως τρεῖς
λάβῃς παραλλήλους, ὅ ἐστι μηδένα παραλιμπάνων
ἀλλὰ συνεχεῖς, οἷον α, β, γ (τοῦτο γὰρ δηλοῖ τὸ
5 κατὰ τὴν συνημμένην), μονάδα εὑρήσεις τὴν ὑπερο-
χήν· ὁ γὰρ β τῆς μονάδος μονάδι ὑπερέχει, καὶ ὁ γ
τῆς δυάδος μονάδι. εἰ δὲ καὶ δ καὶ πλείους λάβῃς, ὡς
διεζευγμένην ποιῆσαι ἔκθεσιν, καὶ οὕτω μονάδι ἔσται
ἡ ὑπεροχὴ γινομένη· ὡσαύτως γὰρ ἡ τετρὰς τῆς
10 τριάδος μονάδι ὑπερέχει, καὶ ὁ ε τοῦ δ, καὶ ἐφεξῆς
ὁμοίως.

κε. ἐὰν δὲ μὴ παραλλήλους, ἀλλὰ διεχεῖς. ἐὰν δέ, φησί,
μὴ κατὰ τάξιν ἐκθῇς, ἀλλὰ διαζευγνύων. εἰ μὲν ἴση
ἐστὶν ἡ παράλειψις καὶ ὦσι τρεῖς ἀριθμοὶ οἱ ἐκτεθέντες
ἢ καὶ πλείονες, εἰ μὲν εἷς ἐστιν ὁ παραληφθείς, δυὰς
ἔσται ἡ ὑπεροχή, καὶ εἰ μὲν τρεῖς ὦσιν οἱ ἐκτεθέντες, 5
συνημμένη λέγεται ἡ ἔκθεσις, ὅτι εἷς ἐστιν ὁ μέσος
ὅρος, εἰ δὲ δ διεζευγνυμένη· οἷον ἔστωσαν μὴ παράλ-
ληλοι, ἀντὶ τοῦ μὴ συνεχεῖς, τρεῖς ἀριθμοὶ ἑνὸς παρα-
λειπομένου. α, γ, ε· ἰδοὺ τοίνυν δυὰς ἡ ὑπεροχή· αὕτη
δὲ ἡ ἔκθεσις συνημμένη ἐστίν, ἐπειδὴ ὁ αὐτὸς μέσος 10
ὅρος· διῃρημένη δὲ α, γ, ε, ζ· ἰδοὺ τοίνυν κἀνταῦθα
δυὰς ἡ ὑπεροχή, ἐπειδὴ εἷς ὁ παραλειπόμενος· εἰ δὲ
δύο ὦσιν οἱ παραλειπόμενοι, εἴτε κατὰ συνέχειαν,
εἴτε κατὰ διέχειαν, τριὰς πάντως ἡ ὑπεροχή· οἷον
κατὰ μὲν συνέχειαν, ὅταν τρεῖς ὦσιν οἱ ἐκτεθέντες, 15
οἷον α, δ, ζ· ἰδοὺ γὰρ συνεχὴς μέν, ὅτι ὁ αὐτὸς μέσος
ὅρος, τριὰς δὲ ἡ ὑπεροχή, ὅτι δύο διαλιμπάνουσι.
κατὰ διέχειαν δὲ καὶ οὕτω πάλιν τριάς, οἷον α, δ, ζ,
ι· εἰ δὲ τριάδα παραλείποιεν, τετρὰς ἡ ὑπεροχή· καὶ
εἰ τετράδα, πεντάς, καὶ ἐφεξῆς εὑρήσεις τοῦτο. | 20
μετέχει ἄρα αὕτη ποσοῦ μὲν ἴσου. ἡ ἄρα ἀριθμητικὴ
ποσοῦ μὲν ἀντὶ τοῦ τῆς αὐτῆς ὑπεροχῆς μετέχει.
οὐκέτι δὲ ποιοῦ ἀντὶ τοῦ λόγου τοῦ αὐτοῦ.

κϛ. ἴδιον δὲ ὑπάρχει ταύτης τῆς μεσότητος. ἀντὶ τοῦ τῆς
ἀριθμητικῆς, τὸ τοῖς ἄκροις συντιθεμένοις ἴσον γίνεσ-
θαι τὸ μέσον κατὰ συνέχειαν καὶ κατὰ διέχειαν.
ἀλλ' εἰ μὲν κατὰ συνέχειαν, ἑαυτῷ συντίθεται ὁ μέσος,
εἰ δὲ κατὰ διαίρεσιν, τῷ ἄλλῳ· οἷον ἔστω κατὰ συνέ- 5
χειαν α, β, γ· ἰδοὺ γ καὶ α δ, ἀλλὰ καὶ δὶς β δ. ἀλλὰ
καὶ κατὰ διαίρεσιν· α, β, γ, δ· δ καὶ α ε, ἀλλὰ καὶ β
καὶ γ ε. | κἂν τε ἐναλλάξ. κἂν τε, φησίν, ἀντιστρέψῃς,
καὶ ἀπὸ τοῦ τέλους ἄρξῃ καὶ ποιήσῃς γ, β, α, καὶ
οὕτω τὸ ὑπὸ τῶν ἄκρων ἴσον ἐστὶ τῷ ἀπὸ τοῦ μέσου. 10

κζ. ἔτι δὲ καὶ ἄλλο ἔχει ἴδιον. οἷον γάρ, φησίν, ἔχει
λόγον ἕκαστος ὅρος πρὸς ἑαυτόν, τοῦτον καὶ αἱ ὑ-
περοχαί, οὐχ ὅτι ὁ αὐτὸς λόγος φυλάττεται, ἀλλ' ὅτι

κβ = Philop. οζ   κγ = Philop. οζ
κδ = Philop. οη
κβ,1 = Nicom. XXIII, 1.   κγ,1 = Nicom. XXIII, 1
3-4 = Nicom. XXIII, 2.   κδ,1 = Nicom. XXIII, 3.
5 = Nicom. XXIII, 3.

κε = Philop. οθ   κϛ = Philop. πα   κζ = Philop. πβ
κε,1 = Nicom. XXIII, 3.   21 = Nicom. XXIII, 4.
κϛ,1 = Nicom. XXIII, 5.   8 = Nicom. XXIII, 5.
κζ,1 = Nicom. XXIII, 6.

87 συμφθέγγεται M : συμφέγγεται A
89 ἀποπάλλεται scripsi (cf. n. ad loc.): ἄπατ ... M : ἄπαΐ A :
ἀφαιρῇς P² i. m.
95 δὶς scripsi : ἑξάκις AM
96 τρισσάκις scripsi : ἐννάκις AM
κβ. 1 τριῶν ὅρων AM : τριῶν ἢ πλειόνων ὅρων Nicom.
4 τὴν M : om. A
κδ. 4 τὸ M : om. A
8 διεζευγμένην M : διαζευγμένην A

κε. 1 παραλλήλους Nicom. : πρὸς ἀλλήλους AM
4 παραληφθείς (ut vid.) M : παραλειφθείς A
5 ἐκτεθέντες A : ἐκτιθέντες M
16 γὰρ M : om. A
19 ι M : om. A ‖ παραλείποιεν M : παραλίποιεν A
21 αὕτη AM et Nicom. SH : ἡ τοιαύτη Nicom.
κϛ. 1 ταύτης AM et Nicom. S : τῆσδε Nicom.
7 pr. δ A : om. M
8 pr. κἂν AM : ἂν Nicom.
10 τὸ A : τὸ μὲν M ‖ τῷ scripsi : τὸ AM
κζ.1 δὲ AM : om. Nicom.

κἀκεῖ ἡ ἰσότης μένει, οἷον α, β, γ· ἰδοὺ ὁ γ πρὸς ἑαυ-
5 τὸν λόγον ἔχει τὸν τοῦ γ, καὶ ὁ β τὸν τοῦ β, οὕτω
καὶ ἡ ὑπεροχὴ πανταχοῦ μονὰς ἴση τις οὖσα.

κη. **ἔτι τὸ γλαφυρώτατον καὶ τοὺς πολλοὺς λεληθός.** ἄλ-
λο παρακολούθημα ὅτι τὸ ὑπὸ τῶν ἄκρων ἔλαττόν
ἐστι τοῦ ἀπὸ τοῦ μέσου ἐκείνῳ ᾧ ἐστιν ἡ διαφορά,
οἷον α, β, γ· ἅπαξ γ γίνεται γ· δὶς δὲ β γίνεται δ·
5 ἰδοὺ τὸ ὑπὸ τῶν ἄκρων ἔλαττόν ἐστι τοῦ ἀπὸ τοῦ
μέσου, ἀλλὰ τοσούτῳ ἔλαττον, ὅσῳ τὸ ὑπὸ τῶν
ὑπεροχῶν ἐστιν· ἣν δὲ ἡ ὑπεροχὴ μονάς· ἅπαξ μία
γίνεται α· ἰδοὺ μονάδι τὸ ὑπὸ τῶν ἄκρων ἔλαττόν
ἐστι τοῦ ἀπὸ τοῦ μέσου. καὶ πάλιν ἔστω α, γ, ε·
10 πεντάκις μία ε· τρὶς δὲ γ θ· ἰδοὺ τὸ ὑπὸ τῶν ἄκρων
ἔλαττόν ἐστι τοῦ ἀπὸ τοῦ μέσου τετράδι. διὰ τί τε-
τράδι; ἐπειδὴ καὶ ἡ ὑπεροχὴ οὕτως ἐστί· τὰ γὰρ γ
τῆς μονάδος δυάδι ὑπερέχει καὶ τὰ ε τῶν γ δυάδι
ὑπερέχει· δὶς οὖν β γίνονται δ· ὅρα ὅτι καλῶς τετράδι
15 ἔλαττον τὸ ὑπὸ τῶν ἄκρων τοῦ ἀπὸ τοῦ μέσου.

κθ. **τέταρτον δέ, ὃ καὶ οἱ πρόσθεν ἐσημειώσαντο.** ἄλλο
παρακολούθημα. ἰστέον ὅτι οἱ λόγοι τῶν ἐλαττόνων
ὅρων μείζους εἰσὶ τῶν μειζόνων· οἷον τί λέγω; ἔστιν
α, β, γ· ἐνταῦθα, ὡς δέδεικται, τὸ ὑπὸ τῶν α γ ἔλατ-
5 τόν ἐστι τοῦ ἀπὸ τοῦ β· ὁ λόγος τοίνυν ἐκ τῶν α γ
μείζων ἐστὶ τοῦ ἀπὸ τοῦ β· τρὶς γὰρ μία γ, δὶς δὲ β δ·
ὅρα τοίνυν ὅτι ὁ μὲν γ τῆς μονάδος τριπλάσιος, ὁ δὲ
δ τῆς δυάδος διπλάσιος· μεῖζον δὲ τὸ τριπλάσιον
τοῦ διπλασίου. ὡσαύτως καὶ ἐπὶ πλειόνων, οἷον ἀπὸ
10 β, γ, δ· δὶς δὲ η, τρὶς δὲ γ θ· ἰδοὺ τὸ ὑπὸ τῶν ἄκρων
ἔλαττόν ἐστι τοῦ ἀπὸ τοῦ μέσου· ἀλλ' ὁ μὲν η τῆς δυάδος
τετραπλασίων, ὁ δὲ θ τῶν τριῶν τριπλασίων. καὶ
ἐπὶ πάντων εὑρήσεις τοῦτο. ἐπὶ μέντοι τῆς ἁρμονι-
κῆς ἐναντίως δειχθήσεται, οἱ γὰρ ἐν τοῖς μείζοσιν
15 ὅροις λόγοι μείζους ἔσονται, οἱ δὲ ἐν τοῖς ἐλάττοσιν
ἐλάττους· ἐν μέντοι τῇ γεωμετρικῇ οἵ τε ἐν τοῖς μείζο-
σιν ὅροις λόγοι καὶ οἱ ἐν τοῖς ἐλάττοσιν οἱ αὐτοί
εἰσιν· οἷόν ἐστιν α, β, δ· καὶ πάλιν ἔστω [α], β, δ, η·
ὥσπερ τοίνυν δὶς η ις, οὕτω καὶ τετράκις δ ις, ὥστε
20 ἐν μεταιχμίῳ ἐστὶν ἡ γεωμετρική, τὸ δὲ ἴσον ἐν μεσό-
τητι τυγχάνει. τοσαῦτα εἰρήσθω περὶ τῆς ἀριθμητι-
κῆς μεσότητος.

λ. **ἡ δὲ ἐπὶ ταύτῃ συνεχὴς γεωμετρικὴ μεσότης.** πληρώ-
σας τὸν περὶ τῆς ἀριθμητικῆς μεσότητος λόγον, νῦν
τὸν περὶ τῆς γεωμετρικῆς λέγει. καὶ ἤδη εἴρηται ὅτι
ἡ μὲν ἀριθμητικὴ κατὰ τὴν ὑπεροχὴν θεωρεῖται, ἡ δὲ
5 γεωμετρικὴ κατὰ τὴν ἀναλογίαν. καὶ τοῦτο, ὡς
ἔφαμεν, εἰκότως, ὅτι τὸ μὲν ἐλάχιστον τοῦ ἀριθμοῦ
ὥρισται, καὶ διὰ τοῦτο δύο ἀριθμῶν οὐκ ἔστιν ἀεὶ
μέσον λαβεῖν· τῶν γὰρ γ καὶ τῶν δ τίς μέσος; τῶν δὲ
μεγεθῶν ἀεὶ δυνατόν. | λέγει τοίνυν ὅτι **ἐκκείσθωσαν**
10 **οἱ ἀπὸ μονάδος κατὰ διπλάσιον λόγον ἀριθμοί** (ἢ οἱ διπλά-
σιοι), ἢ οἱ τετραπλάσιοι καὶ ἐπ' ἄπειρον. πάντως
τοίνυν ἡ αὐτὴ ἀναλογία εὑρεθήσεται, οἷον ἔστω η,
δ, β, α· ἰδοὺ ὡς ἔχει ὁ η πρὸς τὸν δ, οὕτως ὁ β πρὸς
τὴν α. καὶ ἐναλλὰξ δέ, τοῦτο εὑρήσεις καὶ ἀπὸ τοῦ
15 μέσου, οἷον ὡς ἔχει ὁ δ πρὸς τὸν η, οὕτως ἡ α πρὸς
τὸν β. καὶ ἐπὶ τῶν τριπλασίων δὲ καὶ τῶν ἄλλων
εὑρήσεις τοῦτο. | ἔχει δὲ ἴδιόν τι ἡ γεωμετρικὴ μεσό-
της, ὃ μηδεμία ἄλλη ἔχει, τὸ τὰς διαφορὰς τῶν λό-
γων, ὅ ἐστι τὰς ὑπεροχάς, τὸν αὐτὸν λόγον εἶναι·
20 οἷόν ἐστι λόγος ὁ αὐτὸς τῶν η πρὸς τὸν δ καὶ τῶν δ
πρὸς β· διπλάσιος γὰρ οὗτος. ὑπεροχὴ δὲ τοῦ μὲν η
πρὸς τὸν δ ὁ δ, τοῦ δὲ δ πρὸς τὸν β ὁ β· ὁ δ τοίνυν
πρὸς τὸν β διπλάσιον λόγον ἔχει. καὶ πάλιν ὁ θ καὶ
ὁ ς καὶ ὁ δ· ἰδοὺ ὁ ἡμιόλιος λόγος· καί ἐστιν ὑπεροχὴ
25 μὲν τοῦ θ πρὸς τὸν ς ὁ γ, τοῦ δὲ ς πρὸς τὸν δ ὁ β· ὁ
τοίνυν γ πρὸς τὸν β τὸν ἡμιόλιον λόγον ἔχει, ὥστε
καὶ αἱ ὑπεροχαὶ τὸν αὐτὸν λόγον φυλάττουσιν ὃν
ἔχουσιν ἐκεῖνοι οἱ ἀριθμοὶ ὧν εἰσιν αἱ ὑπεροχαί.

λα. **καὶ τὸ ἀνάπαλιν δέ.** ἀντὶ τοῦ κἂν ἀπὸ τοῦ ἐλάττο-
νος ἄρξῃ· ἔτι δὲ καὶ ἄλλο ἰδίωμά ἐστι τὸ τοὺς μείζονας
ὅρους τῶν ἐλαττόνων αὐτῷ τῷ ἐλάττονι διαφέρειν
ἐπὶ διπλασίων λόγων· οἷόν ἐστιν ὁ ις, ὁ η, ὁ δ· ὁ
5 τοίνυν ις τοῦ η ὑπερέχει αὐτῷ τῷ η καὶ ὁ η τοῦ δ
αὐτῷ τῷ δ, καὶ αὗται αἱ διαφοραὶ τὸν αὐτὸν λόγον
ἔχουσιν. ἐπὶ διπλασίων δέ ἐστι μόνων τοῦτο. ἐπὶ δὲ
τῶν τριπλασίων ὁ μείζων ἐστὶ δὶς τοῦ ἐλάττονος·
οἷόν ἐστιν ὁ ιη, ὁ ς, καὶ ὁ β· ὁ τοίνυν ιη ὑπερέχει τοῦ ς
δίς, ιβ γὰρ ὑπερέχει, ὁ δὲ ιβ γίνεται διπλασιασθέντος
10 τοῦ ς· καὶ πάλιν ὁ ς τοῦ β ὑπερέχει δ, ὁ δὲ δ γίνεται
διπλασιασθέντος τοῦ β. ἐπὶ δὲ τῶν τετραπλασίων
τρίς, καὶ ἐπὶ τῶν πενταπλασίων τετράκις, καὶ τοῦτο
ἐφεξῆς. οὐ μόνον δὲ ἐπὶ τῶν πολλαπλασίων φυλάττε-
ται ἡ ἀναλογία, ἀλλὰ καὶ ἐπὶ τῶν ἐπιμορίων καὶ τῶν
15

κη = Philop. πγ   κθ = Philop. πδ

κη,1 = Nicom. XXIII, 6.   κθ,1 = Nicom. XXIII, 6.

κη. 1 γλαφυρώτατον M et Nicom.: γλαφυρώτερον A
2 τὸ A: om. M
3 pr. τοῦ scripsi: τὸ AM
κθ. 1 πρόσθεν AM: πρόσθεν πάντες Nicom.
14 γὰρ scripsi: τρεῖς (fortasse ex γ) AM
16 γεωμετρικῇ scripsi: γεωμετρία AM
20 γεωμετρικῇ scripsi: γεωμετρία AM

λ = Philop. πε, πζ   λα = Philop. πη, πθ

λ,1 = Nicom. XXIV, 1.   9–10 = Nicom. XXIV, 2.

17 cf. Nicom. XXIV, 3.   λα,1 = Nicom. XXIV, 3.

λ. 14 εὑρήσεις καὶ A: εὑρήσεις ἀπὸ τοῦ καὶ M
λα. 1 καὶ τὸ ἀνάπαλιν δέ AM: καὶ τὰς ἀνάπαλιν Nicom.
7 μόνων M: μόνον A
12 τετραπλασίων M: τριπλασίων A
13 πενταπλασίων M: τετραπλασίων A

ἐπιμερῶν καὶ τῶν μικτῶν ἀντὶ τοῦ τῶν τε πολλαπλα-
σιεπιμερῶν καὶ τῶν πολλαπλασιεπιμορίων. | ἔστι δὲ
καὶ ἄλλο ἰδίωμα ἐπὶ τῆς γεωμετρικῆς μεσότητος, τὸ
ὑπὸ τῶν ἄκρων ἴσον εἶναι τῷ ἀπὸ τοῦ μέσου, ἐὰν
20 συνεχὴς ᾖ ἡ ἀναλογία. οἷον θ, ς, δ· ἔστι γὰρ ἐννάκις
δ λς, ἀλλὰ καὶ ἑξάκις ς λς. ἡ δὲ διεζευγμένη ὑπάρχει,
ἀρτιοταγεῖς δὲ ὦσιν οἱ ἀριθμοί, ἀντὶ τοῦ ἐν διπλα-
σίονι λόγῳ, τὸ ὑπὸ τῶν ἄκρων ἴσον ἐστὶ τῷ ἀπὸ
τῶν μέσων. οἷον ἔστω α, β, δ, η, ις, λβ, ξδ· τὸ ὑπὸ
25 τῶν ἄκρων, ὅ ἐστι τῆς τε μονάδος καὶ τῶν ξδ, ἴσον
ἐστὶ τῷ ὑπὸ τῶν πλησιαζόντων μέσων, οἷον τῶν τε
β καὶ τῶν λβ· ἅπαξ γὰρ ξδ γίνεται ξδ, ἀλλὰ καὶ δὶς
λβ γίνεται ξδ. καὶ πάλιν τὸ ὑπὸ τῶν β καὶ τῶν ξδ
ἴσον ἐστὶ τῷ ὑπὸ τῶν δ καὶ λβ· δὶς γὰρ ξδ ρκη, ἀλλὰ
30 καὶ τετράκις λβ ρκη. καὶ τοῦτο ἀεὶ εὑρήσεις οὐ μόνον
ἐπὶ τούτων, ἀλλὰ καὶ ἐπὶ τῶν ἄλλων, ὅ ἐστι καὶ ἐπὶ
τριπλασίων καὶ τετραπλασίων καὶ ἐπιμορίων καὶ
ἐπιμερῶν καὶ πολλαπλασιεπιμορίων καὶ πολλαπλα-
σιεπιμερῶν. καὶ ὅτι ἐν πάσαις ταύταις ταῖς σχέσεσιν
35 ἡ ἀναλογία σώζεται, παράδειγμα ἐκεῖνο ἱκανὸν ἔστω
τὸ διὰ τῶν τριῶν προσταγμάτων ἀποδεδειγμένον
ἤδη. ἐδείξαμεν γὰρ ὅτι ἡ ἰσότης προϋπάρχει τῆς ἀνι-
σότητος· ἔτι δέ, κἂν μεταξὺ μὲν τετραγώνων ἑτερο-
μήκη ἐκθώμεθα, ἡ αὐτὴ ἀναλογία φυλάττεται, εἰ δὲ
40 μεταξὺ ἑτερομηκῶν τετράγωνον, οὐκέτι ἡ αὐτὴ ἀνα-
λογία, ἀλλὰ ἡ αὐτὴ ὑπεροχή, τριῶν ἀεὶ ἀποτεμνο-
μένων, ὃ ἐὰν τῶν λαμβανομένων, ἀριθμῶν. καὶ ἐὰν τὰ
ὕστερον τετράγωνον πρῶτον ποιήσωμεν, εὑρήσο-
μεν τὰ εἴδη πάντα. οἷον ἔστω α, β, δ· ἰδοὺ τὸ διπλά-
45 σιον εἶδος, τελευταῖος δέ ἐστιν ὁ δ· λάβωμεν αὐτὸν
πρῶτον καὶ ποιήσωμεν δ, ς, θ· ἰδοὺ πάλιν ὁ μὲν ς
ἑτερομήκης ὢν μέσος ἐστίν, ὁ δὲ θ τετράγωνος τε-
λευταῖος, καὶ ἔστι τὸ ἡμιόλιον εἶδος. πάλιν λάβωμεν
τὸν θ πρῶτον καὶ ποιήσωμεν θ, ιβ, ις· ἰδοὺ τὸ ἐπίτρι-
50 τον· καὶ οὕτω κατὰ τάξιν προκόπτων πάντα ποιή-
σεις τὰ εἴδη. τούτων οὕτω τεθεωρημένων πᾶσα ἡ
λέξις σαφὴς τυγχάνει, μηδεμιᾶς δεομένη ἐξηγήσεως.

λβ. **εὐκαιρότατον δ' ἂν εἴη ἐνταῦθα γενομένους.** παρα-
δίδωσιν ἐνταῦθα θεώρημα τοιοῦτον· λέγει ὅτι μεταξὺ
δύο συνεχῶν τετραγώνων πάντως ἀνάλογος εἷς μέ-
σος μόνος εὑρίσκεται. οἷόν ἐστιν ὁ δ καὶ ὁ θ τετράγω-
5 νοι· μεταξὺ τούτων ὁ ς μόνος ἐστὶ μέσος ἀνάλογος,

καὶ οὗτος ὁ μέσος πάντως ἑτερομήκης ἐστί, καὶ ἐκ τῶν
πλευρῶν τῶν τετραγώνων γινόμενος· ἰδοὺ γὰρ ὁ ς
μεταξὺ ὢν τοῦ τε δ καὶ τοῦ θ, ἐκ τῶν αὐτῶν πλευρῶν
ἐστι· τοῦ μὲν γὰρ θ πλευρὰ ὁ γ, τοῦ δὲ δ ὁ β, τρὶς οὖν
β γίνεται ς. καὶ πάλιν μεταξὺ τοῦ θ καὶ τοῦ ις ἐστὶν 10
ὁ ιβ· ἀλλὰ τοῦ μὲν ις πλευρὰ ὁ δ, τοῦ δὲ θ ὁ γ, ποιή-
σον οὖν τετράκις γ, γίνονται ιβ. οὕτω μὲν οὖν, εἰ
ὦσι συνεχεῖς οἱ τετράγωνοι, εἰ δὲ πόρρω ἀλλήλων
εἰκὸς ὁ μεταξὺ καὶ τετράγωνός ἐστι καὶ ἑτερομήκης
κατ' ἄλλο καὶ ἄλλο. οἷον λαβὲ τὸν δ καὶ τὸν ξδ τε- 15
τραγώνους, πλευραὶ τοῦ μὲν δ ὁ β, τοῦ δὲ ξδ ὁ η,
⟨δὶς η⟩ γίνονται ις· ὁ ις οὗτος μέσος ἀνάλογός ἐστιν·
οὗτος δέ ἐστι τετράγωνος, ἀλλὰ καὶ ἑτερομήκης λέγε-
ται, ὡς ἂν ἐξ ἀνίσων πλευρῶν συντεθεὶς ἔκ τε τοῦ η
καὶ τοῦ β. τοσαῦτα μὲν περὶ τῶν τετραγώνων. | ἐπὶ 20
δὲ τῶν κύβων ἰστέον ὅτι μεταξὺ τῶν β κύβων τῶν
συνεχῶν πάντως δύο μέσοι ἀνάλογοι εὑρεθήσονται·
ἀλλ' ἐνταῦθα δεῖ τὸν μὲν ἕνα τετράγωνον τὸν ποιοῦν-
τα τὸν κύβον τὸν ἕνα πολλαπλασιάζεσθαι ἐπὶ β
πλευρὰς τοῦ ἑνὸς κύβου, καὶ ἐπὶ μίαν τοῦ ἄλλου κύ- 25
βου· τὸν δὲ ἕτερον πάλιν ὡσαύτως. οἷον τί λέγω;
ἐκ τοῦ δ γίνεται κύβος ὁ η, ἐκ τοῦ θ ὁ κζ. οὐκοῦν ἐκ
μὲν τοῦ η γίνεται μέσος ὁ ιβ· ποιῶ γὰρ δὶς β· ἰδοὺ
δύο πλευρὰς ἔλαβον τοῦ κύβου γίνεται δ· λαμβάνω
μίαν πλευρὰν τοῦ κζ τὴν τριάδα καὶ ποιῶ τρὶς δ, 30
γίνονται ιβ· ἰδοὺ ὁ ιβ μέσος ἀνάλογος. πάλιν ἔρχομαι
ἐπὶ τοῦ κζ. λαμβάνω αὐτοῦ δύο πλευρὰς καὶ ποιῶ
τρὶς γ, γίνονται θ· λαμβάνω μίαν τοῦ η κύβου πλευ-
ρὰν τὴν δυάδα καὶ ποιῶ δὶς θ, γίνονται ιη· ἔστιν ἄρα
καὶ ὁ ιη μέσος· ὥστε εὑρέθησαν μέσοι ἀνάλογοι ὁ ιβ 35
καὶ ὁ ιη καὶ ἔχουσι τὸν αὐτὸν λόγον. ἐκθοῦ κζ, ιη,
ιβ, η· καὶ βλέπε ὅτι ὁ ἡμιόλιος ἐπὶ πάντων φυλάττε-
ται λόγος· καὶ οἱ μὲν μέσοι διαστήματα δύο ἔχουσιν·
ἐν γὰρ διάστημα ἀπὸ τοῦ ιη ἐπὶ τὸν ιβ καὶ ἄλλο ἓν
ἀπὸ τούτου ἐπὶ τὸν η· πάντες δὲ ἅμα τρία διαστή- 40
ματα, ἓν μὲν τὸ ἀπὸ τοῦ κζ ἐπὶ τὸν ιη καὶ ἄλλο τὸ
ἀπὸ τοῦ ιη ἐπὶ τὸν ιβ ⟨καὶ ἄλλο τὸ ἀπὸ τοῦ ιβ ἐπὶ
τὸν η⟩· καὶ διὰ τοῦτο τὰ στερεὰ τριχῆ διαστατά
φαμεν εἶναι. ἰστέον δὲ καὶ ὅτι αἱ ὑπεροχαὶ τὸν αὐτὸν
λόγον φυλάττουσιν· οἷόν ἐστιν κζ, ιη, ιβ, η· ἰδοὺ ὁ 45
ἡμιόλιος λόγος, ἀλλὰ τοῦ μὲν ιη ὁ κζ ὑπερέχει τῷ θ,
τοῦ ιβ δὲ ὁ ιη ὑπερέχει τῷ ς, τοῦ δὲ η ὁ ιβ τῷ δ·
εἰσὶν οὖν θ, ς, δ· καὶ οὗτοι τοίνυν τὸν ἡμιόλιον ἔχουσι
λόγον. | καὶ ἁπλῶς ἰστέον καθόλου ὅτι ἐὰν τετράγω-
νος ἢ ἑαυτὸν πολλαπλασιάσῃ ἢ ἄλλον τετράγωνον, 50
πάντως τετράγωνον ἀριθμὸν ποιεῖ· ἐὰν δὲ τετράγω-

λβ = Philop. ϙ, ϙα, ϙβ, ϙγ

17 cf. Nicom. XXIV, 4.

λβ,1 = Nicom. XXIV, 6.

16–17 πολλαπλασιεπιμερῶν (Philop.)] πολλαπλασίων ἐπιμερῶν
AM
29 τῷ scripsi: τὸ AM
30 ἀεὶ M: ἂν A
46 pr. ς (Philop.)] καὶ AM
49 ποιήσωμεν M: ποιήσω A

20 cf. Nicom. XXIV, 9.

49 cf. Nicom. XXIV, 10.

λβ. 17 δὶς η (Philop.)] om. AM
21 β scripsi: ς AM
23–24 τὸν ποιοῦντα M: om. A
24 β scripsi: δευτέρας AM
42 ιη M: ιβ A
42–43 καὶ ... τὸν η (Philop.)] om. AM

νος ἑτερομήκη ἢ ἑτερομήκης τετράγωνον, οὐδέποτε
τετράγωνος γίνεται. ὡσαύτως κἂν κύβος κύβον πολ-
λαπλασιάσῃ, κύβον ποιεῖ· ἐὰν δὲ κύβος ἑτερομήκη
55 πολλαπλασιάσῃ, πάντως ἄρτιον ποιεῖ, κἂν ἄρτιος
περιττὸν ἢ περιττὸς ἄρτιον, καὶ τότε ἄρτιος γίνεται.
| ἰστέον τοίνυν ὅτι ταῦτα συμβάλλεται πρῶτον μὲν
εἰς τὸν Τίμαιον· λέγει γὰρ ἐκεῖ ὅτι μεταξὺ τῶν δύο
στοιχείων πυρὸς καὶ γῆς ἐστι δύο μέσα ὅ τε ἀὴρ καὶ
60 τὸ ὕδωρ· καὶ ζητεῖ διὰ τί δύο μέσα καὶ μὴ ἕν· καὶ
λέγει ὅτι ἐπειδὴ στερεά εἰσι ταῦτα τὰ στοιχεῖα, με-
ταξὺ δὲ δύο στερεῶν δύο μέσοι ἀνάλογοι γίνονται.
ἐν δὲ ταῖς Πολιτείαις ζητεῖ εἰ δύναται διαλυθῆναί ποτε
εὐνομουμένη πόλις· καὶ αὐτὸς μὲν οὐκ ἀποκρίνεται,
65 ποιεῖ δὲ τὰς Μούσας ἀποκρινομένας καὶ λεγούσας ὅτι
ὡς μὲν εὐνομουμένη οὐδὲν χαλεπὸν ὑπομένει, ἐπειδὴ
δὲ γέγονεν οὕτω δεῖ πάντως καὶ ἀπογενέσθαι· ἀπο-
γίνεται δὲ τοῦ γάμου καὶ τῆς παιδοποιίας οὐ κατὰ
καιρὸν ἀπολαμβανομένης, ἀλλ᾽ ἐπιλειπούσης. συμ-
70 βολικῶς οὖν λέγει διὰ πόσων περιόδων καὶ φορῶν
δεῖ τὰς παιδοποιίας παραλαμβάνειν, καὶ πόσους και-
ροὺς ἐν τῷ μέσῳ δεῖ παραλαμβάνειν· συμβάλλονται
οὖν κἀκεῖσε τὰ τοιαῦτα πάνυ. | πληρώσας τοίνυν τὸν
λόγον τὸν περὶ τῆς γεωμετρικῆς μεσότητος καὶ τὸν
75 περὶ τῆς ἀριθμητικῆς, μεταβαίνει ἐπὶ τὸν τῆς ἁρμονι-
κῆς καὶ λέγει ὅτι ἁρμονικὴ μεσότης ἐστὶ καθ᾽ ἣν μήτε
ἀναλογία ἡ αὐτὴ φυλάττεται ὥσπερ ἐπὶ τῆς γεω-
μετρικῆς, μήτε ἡ αὐτὴ ὑπεροχὴ ὡς ἐπὶ τῆς ἀριθμητι-
κῆς, ἀλλ᾽ ὅταν ὡς ὁ μέγιστος πρὸς τὸν ἐλάχιστον ἔχῃ,
80 οὕτω καὶ ἡ τοῦ μεγίστου πρὸς τὸν μέσον διαφορὰ
πρὸς τὴν διαφορὰν τοῦ μέσου πρὸς τὸν ἐλάττονα·
οἷον ἔστω ἁρμονικὴ μεσότης αὕτη· ϛ, δ, γ· ἰδοὺ γὰρ
οὐδὲ ὑπεροχὴ ἡ αὐτή ἐστιν οὐδὲ λόγος, ἀλλ᾽ ὡς
ἔχει ὁ μείζων πρὸς τὸν ἐλάττονα (πῶς δὲ ἔχει; διπλα-
85 σία) οὕτως ἡ διαφορὰ τοῦ μείζονος πρὸς τὸν μέσον
πρὸς τὴν διαφορὰν τοῦ μέσου πρὸς τὸν ἐλάττονα·
τίνι δὲ διαφέρει ὁ μείζων τοῦ μέσου; δυάδι· τίνι δὲ ὁ
μέσος τοῦ ἐλάττονος; μονάδι· καὶ ἡ δυὰς ἄρα τῆς
μονάδος διπλασία. πάλιν ἔστω ἁρμονικὴ μεσότης ϛ,
90 γ, β, κατὰ τὸν τριπλάσιον τῶν ἄκρων λόγον· ὁ γὰρ
ϛ τοῦ β τριπλάσιος· ὑπερέχει δὲ ὁ μὲν ϛ τοῦ γ τριάδι,
ὁ δὲ γ τοῦ β μονάδι· καὶ ὁ γ ἄρα τῆς μονάδος τριπλά-
σιος· πάλιν ὁ μὲν ϛ τοῦ δ τῷ αὐτοῦ τρίτῳ ὑπερέχει·
δυάδι γὰρ ὑπερέχει, τρίτον δὲ τῶν ϛ β· ὅ τε γ πάλιν
95 τοῦ δ λείπεται τῷ ἑαυτοῦ τρίτῳ, μονάδι γὰρ λείπεται,
τρίτον δὲ τῶν γ μονάς. | ἐπὶ μὲν γὰρ τοῦ προτέρου ὑπο-
δείγματος. τοῦ ἁρμονικοῦ τοῦ κατὰ τὸν διπλάσιον

λόγον ἐν τοῖς ἄκροις λαμβανομένου, ἐν γὰρ τούτῳ αἱ
διαφοραὶ καὶ αὐταὶ διπλάσιαι· ἐν δὲ τῷ β τῷ κατὰ τὸ
τριπλάσιον τῶν ἄκρων καὶ αἱ διαφοραὶ τριπλάσιαι. 100

λγ. ἰδίωμα δὲ ἔχει. ἐπὶ μὲν τῆς ἀριθμητικῆς οἱ ἐλάττο-
νες λόγοι ἐν τοῖς μείζοσιν ὅροις ἦσαν, οἱ δὲ μείζους
ἐν τοῖς ἐλάττοσιν. οἷον τί λέγω; ἀριθμητικὴ μεσότης
ἐστὶν ὁ η, ϛ, δ· μείζων τοίνυν ἐστὶν ὅρος ὁ η· οὗτος
τοίνυν τὸν ἐπίτριτον λόγον ἔχει· τὸν γὰρ ϛ ἔχει καὶ 5
τρίτον αὐτοῦ· ἐλάττων δέ ἐστιν ὁ ϛ· οὗτος τὸν ἡμιό-
λιον ἔχει· τὸν γὰρ δ ἔχει καὶ τὸ ἥμισυ αὐτοῦ· ὁ δὲ
ἡμιόλιος τοῦ ἐπιτρίτου μείζων. ἐνταῦθα μέντοι ἐν τοῖς
μείζοσίν ἐστιν ὁ μείζων, καὶ ἐν τοῖς ἐλάττοσιν ὁ
ἐλάττων. τοῦτο δὲ γέγονεν, ἵνα ὡς ἐν μεταιχμίῳ 10
φθάσῃ ἡ ἁρμονικὴ τῆς τε ἀριθμητικῆς καὶ τῆς γεω-
μετρικῆς, τῇ μὲν κατὰ τὴν ὑπεροχὴν κοινωνοῦσα, τῇ
δὲ κατὰ τὸν λόγον.

λδ. ἔτι ἐν μὲν τῇ ἀριθμητικῇ. ἄλλο ἰδίωμα ὅτι ἐν μὲν
τῇ ἀριθμητικῇ ὁ μέσος ὅρος ἑαυτοῦ μὲν μέρει τῷ αὐτῷ
μείζων τε καὶ ἐλάττων ἐστὶ τῶν ἑκατέρωθεν ἄκρων, αὐ-
τῶν δὲ ἐκείνων ἄλλῳ καὶ ἄλλῳ· οἷον τί λέγω; ἔστιν η,
ϛ, δ· ὁ ϛ τῷ αὐτῷ μείζων ἐστὶ καὶ ἐλάττων. τῇ γὰρ 5
αὐτῇ δυάδι καὶ ἐλάττων ἐστὶ τοῦ η καὶ μείζων τοῦ δ·
ἀλλ᾽ εἰ καὶ δυάδι καὶ μείζων ἐστὶ καὶ ἐλάττων, ἀλλὰ
ἄλλῳ καὶ ἄλλῳ ἐκείνων τῶν ἄκρων μέρει· ἡ γὰρ δυὰς
τοῦ μὲν η τέταρτον γίνεται, τοῦ δὲ δ ἥμισυ· ὥστε τοῦ
μὲν η ἐλάττων ἐστὶ ὁ ϛ τετάρτῳ μέρει, τοῦ δὲ δ μεί- 10
ζων ἡμίσει. ἐπὶ δὲ τῆς ἁρμονικῆς ὑπεναντίως ἔχει·
ἐνταῦθα γὰρ τὸ ἀνάπαλιν ὁ μέσος ἑαυτοῦ μὲν μέρει
ἄλλῳ καὶ ἄλλῳ ἐστὶ μείζων καὶ ἐλάττων, αὐτῶν δὲ
ἐκείνων τῷ αὐτῷ· οἷον ἔστω ἁρμονικὴ μεσότης ϛ, δ,
γ· ὁ δ τοίνυν ἄλλῳ καὶ ἄλλῳ μέρει τοῦ μέν ἐστιν ἐλάτ- 15
των, τοῦ δὲ μείζων· τοῦ μὲν γὰρ ϛ ἐλάττων ἐστὶ δυάδι,
τοῦ δὲ γ οὐκέτι τῇ αὐτῇ δυάδι ἀλλὰ μονάδι· αὐτῶν
δὲ τῶν ἄκρων τῷ αὐτῷ μέρει, ὥσπερ γὰρ αἱ δύο
αἴτισιν ὑπερέχει ὁ ϛ τοῦ δ, τρίτον ἐστὶ μέρος τοῦ ϛ,
οὕτω καὶ ἡ μονὰς ᾗτινι ὑπερέχει ὁ δ τοῦ γ, τρίτον 20
μέρος ἐστὶ τῆς τριάδος.

λε. ἔτι ἔχει ἴδιον συμβεβηκός. ἄλλο παρακολούθημα
τῆς ἁρμονικῆς, τὸ τοὺς ἄκρους συνθεῖναι καὶ τὴν σύν-
θεσιν πολλαπλασιάσαι ἐπὶ τὸν μέσον καὶ αὐτοὺς

---

57 cf. Nicom. XXIV, 11   73 cf. Nicom. XXV, 1.
96–97 = Nicom. XXV, 1.

60 ζητεῖ Α: ζητεῖ διὰ τί δύο μέσα ὁ τε ἀὴρ καὶ τὸ ὕδωρ· καὶ
ζητεῖ Μ
69 καιρὸν Μ: om. Α
77–78 γεωμετρικῆς scripsi: γεωμετρίας ΑΜ
92–93 τριπλάσιος (Philop.)] τριπλασίων ΑΜ
93 αὐτοῦ scripsi: αὐτῷ ΑΜ
95 ἑαυτοῦ Μ (ut vid.): ἑαυτῷ Α

λγ = Philop. ϟδ   λδ = Philop. ϟϛ
λε = Philop. ϟθ

λγ,1 = Nicom. XXV, 2.   λδ,1 = Nicom. XXV, 3.
λε,1 = Nicom. XXV, 4.

100 τριπλάσιαι scripsi: τριπλάσιοι ΑΜ
λγ. 8 ἐνταῦθα, cf. n. ad loc.
11 ἁρμονικὴ Μ: ἁρμονία Α
11–12 γεωμετρικῆς scripsi: γεωμετρία ΑΜ
λδ. 6 αὐτῇ Μ: αὐτοῦ Α
18 αἱ δύο Μ: ὁ β Α
λε. 1 inter ἔτι et ἔχει Nicom. hab. ἡ ἁρμονική

τοὺς ἄκρους ἐφ' ἑαυτούς, καὶ τούτου γινομένου διπλά-
5 σιος γίνεται· οἷόν ἐστιν ς, δ, γ· σύνθες ς καὶ γ, γίνον-
ται θ· ⟨...⟩ πολλαπλασίασον τοὺς μέσους, ἑξάκις γ,
γίνονται ιη· ὁ λς ἄρα τοῦ ιη διπλάσιός ἐστιν.

λς. **ἐκλήθη δὲ ἁρμονική.** εἰρήκαμεν τὴν ἁρμονικὴν τῶν
πρός τι εἶναι. λέγει τοίνυν διὰ τί ἁρμονικὴ κέκληται,
καί φησιν ὅτι ἡ μὲν ἀριθμητικὴ τὸ ποσόν, ὅ ἐστι τὴν
ὑπεροχήν, εἶχε κατὰ ἀναλογίαν, ἡ δὲ γεωμετρικὴ τὸ
5 ποιόν, ὅ ἐστι τοὺς ὅρους πρὸς ἀλλήλους, ἡ μέντοι
ἁρμονικὴ ἀμφότερα· οὔτε γὰρ ἐν ὅροις μόνον οὔτε ἐν
διαφοραῖς, ἀλλ' ἐκ μέρους μὲν ὅροις τῷ ὡς ἔχειν τοὺς
ἄκρους οὕτως ἔχειν τὰς διαφοράς, ἐκ μέρους δὲ διαφο-
ραῖς τῷ τὰς ὑπεροχὰς τὸ αὐτὸ μέρος εἶναι τῶν ἄκρων.
10 διὰ τοῦτο τοίνυν ἁρμονικὴ κέκληται ὡς ἔχουσα σχέ-
σιν ἀμφοτέραν. | **τὸ δὲ πρός τι ἐπέγνωμεν.** εἴρηται ὅτι
ἡ μὲν ἀριθμητικὴ περὶ τὸ ποσόν, ὅ ἐστι τὴν διαφοράν,
ἔχει τὴν ἀναλογίαν, ἡ δὲ γεωμετρικὴ περὶ τὸ ποιὸν
ἀντὶ τοῦ περὶ τοὺς ὅρους. ἡ μέντοι ἁρμονική, ὡς περὶ
15 ἑκάτερον ἔχουσα, διὰ τοῦτο τῶν πρός τι ὀνομάζεται.
λέγει τοίνυν ὅτι τὸ πρός τι, ὅ τί ποτέ ἐστιν ἐδιδάξαμεν
ἀνωτέρω, τὰ πάντα διαιροῦντες· διὰ τοῦτο οὖν,
φησίν, ἁρμονικὴ καλεῖται. ἄλλως τε καὶ ὅτι μάλιστα
ταύτῃ οἱ μουσικοὶ τῇ μεσότητι κέχρηνται. καὶ πρῶ-
20 τος μέν ἐστι λόγος ὁ διὰ τεσσάρων ὁ ἐν ἐπιτρίτῳ
θεωρούμενος, εἶτα ὁ διὰ ε ὁ ἐν ἡμιολίῳ, εἶτα ὁ διὰ
πασῶν ὁ διὰ τοῦ διπλασίου, μεθ' ὃν ὁ διὰ πασῶν
καὶ διὰ ε ὁ διὰ τοῦ διπλασίου καὶ τοῦ ἡμιολίου, καὶ
λοιπὸν ὁ δὶς διὰ πασῶν ὁ ἐκ τοῦ τετραπλασίου. πᾶ-
25 σαι τοίνυν αὗται αἱ διαφοραὶ ἐν τοῖς ὑποδείγμασι
τοῖς β τῆς ἁρμονικῆς μεσότητος τῷ τε κατὰ τὸ διπλά-
σιον καὶ τῷ κατὰ τὸ τριπλάσιον θεωροῦνται. ἴδωμεν
οὖν τοῦτο, εἰ δοκεῖ, πρότερον ἐπὶ τοῦ διπλασίου·
ἔστω ς, δ, γ· ἰδοὺ τὸ μὲν ἐπίτριτον, ὅ ἐστι τὸ διὰ δ,
30 ἐν τοῖς ἐλάττοσιν ὅροις· ὁ γὰρ δ τοῦ γ ἐπίτριτος· τὸ
δὲ ἡμιόλιον, ὅ ἐστι τὸ διὰ ε, ἐν τοῖς μείζοσιν· ὁ γὰρ ς
τοῦ δ ἡμιόλιος· τὸ δὲ διπλάσιον, ὅ ἐστι τὸ διὰ πασῶν,
ἐν τοῖς ἄκροις· ὁ γὰρ ς τοῦ γ διπλάσιος· τὸ δὲ διπλά-
σιον ἅμα καὶ ἡμιόλιον, ὅ ἐστι τὸ διὰ πασῶν ἅμα καὶ
35 διὰ ε· ὁ μὲν γὰρ ς τοῦ γ διπλάσιος, ὁ δὲ ς τοῦ δ ἡμιό-
λιος. τὸ δὲ δὶς διὰ πασῶν τὸ τετραπλάσιον οὕτω·
λαβὲ αὐτὸν τὸν μέσον· ἔστιν ὁ δ· καὶ λαβὲ τὴν ὑπερο-
χὴν τοῦ μέσου πρὸς τὸν ἐλάττονα, γίνεται μονάς· ὁ
δ ἄρα τῆς μονάδος τετραπλάσιός ἐστιν. ἐδείξαμεν
40 τοίνυν πάσας τὰς διαφορὰς ἐπὶ τούτου τοῦ ὑποδεί-
γματος. ἔλθωμεν ἐπὶ τὸ τριπλάσιον ς, γ, β· τὸ μὲν
ἐπίτριτον ἔστιν οὕτως· λαβὲ τῶν ἄκρων τὴν ὑπερο-
χήν, γίνεται δ· ὁ δ ἄρα τοῦ γ τοῦ μέσου ἐπίτριτός

ἐστι, τὸ δὲ ἡμιόλιόν ἐστιν ἐν τοῖς ἐλάττοσιν· ὁ γὰρ
γ τοῦ β ἡμιόλιος, τὸ δὲ διπλάσιόν ἐστιν ἐν τῷ μείζονι 45
καὶ τῷ μέσῳ. ὁ γὰρ ς τοῦ γ διπλάσιος· τὸ δὲ διπλά-
σιον ἅμα καὶ ἡμιόλιον ὅτι ὁ μὲν ς τοῦ γ διπλάσιος, ὁ
δὲ γ τοῦ β ἡμιόλιος· τὸ δὲ τετραπλάσιον κατὰ τὰς
διαφοράς· λαβὲ γὰρ τὴν διαφορὰν τῶν ς πρὸς τὰ β,
γίνεται δ, καὶ πάλιν τῶν γ, ὅ ἐστι τοῦ μέσου, πρὸς 50
τὰ δύο, γίνεται μονάς· ὁ ἄρα δ τῆς μονάδος τετρα-
πλάσιός ἐστιν.

λζ. **ἐν δὲ τῷ κατὰ τὸν διπλάσιον.** θέλει εἰπεῖν, πῶς ἐν
τῷ διπλασίονι ὑποδείγματι ὁ διὰ πασῶν καὶ διὰ ε
εὑρίσκεται, ὅ ἐστι τριπλάσιος, ὁ γινόμενος ἐκ τοῦ
διπλασίου καὶ τοῦ ἡμιολίου, καὶ λέγει ὅτι γίνονται ἢ
ἐξ αὐτοῦ τοῦ μείζονος καὶ τῆς διαφορᾶς αὐτοῦ πρὸς 5
τὸν μέσον ἢ ἐκ τῆς διαφορᾶς τῶν τε ἄκρων καὶ τῶν
ἐλαττόνων. ἐκ μὲν αὐτοῦ τοῦ μείζονος καὶ τῆς διαφο-
ρᾶς τῆς πρὸς τὸν μέσον οὕτω· λαβὲ αὐτὸν τὸν μείζο-
να, ὅ ἐστι τὸν ς, καὶ τὴν διαφορὰν αὐτοῦ τὴν πρὸς
τὸν μέσον, γίνεται ὁ β· ὁ ς ἄρα τοῦ β τριπλάσιος. ἐκ 10
δὲ τῆς διαφορᾶς τῶν ἄκρων καὶ τῶν ἐλαττόνων οὕ-
τως· ὁ ς τοῦ γ διαφέρει τριάδι, ὁ δ τοῦ γ μονάδι· ὁ γ
ἄρα τῆς μονάδος τριπλάσιος. τελευταῖον δὲ καὶ μέγι-
στόν ἐστι τὸ δὶς διὰ πασῶν· μετὰ γὰρ τοῦτο οὐκ
ἔστιν ἄλλο, ἐπεὶ οὐδὲ ἡ φωνὴ αὐταρκεῖ πρὸς τὸ μέλος, 15
ἐπεὶ ῥήγνυνται τὰ φωνητικὰ ὄργανα, οὐδὲ αἱ χορδαί,
ἐπεὶ καὶ αὗται ῥήγνυνται. ἔφαμεν δὲ πῶς γίνεται ἐπί
τε τοῦ διπλασίου ὑποδείγματος καὶ τοῦ τριπλασίου.

λη. **τινὲς δὲ αὐτὴν ἁρμονικὴν καλεῖσθαι νομίζουσι.** θέλει
εἰπεῖν ὅτι Φιλολάῳ ἀκολουθοῦντές τινες ὑπενόησαν
ἁρμονικὴν ταύτην τὴν μεσότητα καλεῖσθαι, ἐπειδὴ
παρέπεται πάσῃ γεωμετρικῇ ἁρμονίᾳ. γεωμετρικὴ
δὲ ἁρμονία ἐστίν, ὡς καὶ Ἀριστοτέλης λέγει ἐν τῇ 5
Περὶ Ψυχῆς πραγματείᾳ τοὺς κύβους· διὰ τί ὁ κύβος;
πλευρὰς μὲν ἔχει ιβ, γωνίας δὲ στερεὰς η, ἐπίπεδα δὲ
ς· ἐκθοῦ οὖν ιβ, η, ς, καὶ εὑρήσεις πάντα ἁρμόζοντα
ὅσα εἰρήκαμεν ἐπὶ τῆς ἁρμονικῆς· ἰδοὺ γὰρ ὁ μὲν ιβ
τοῦ η ἡμιόλιός ἐστιν, ὁ δὲ η τοῦ ς ἐπίτριτος, ὥσπερ 10
ἐπὶ τῆς ἁρμονικῆς ἦν. καὶ πάλιν ὥσπερ ἐκεῖ ὡς οἱ
ἄκροι πρὸς ἀλλήλους ἦσαν, οὕτω καὶ ἡ διαφορὰ τοῦ
μεγίστου πρὸς τὸν μέσον πρὸς τὴν διαφορὰν τοῦ
μέσου πρὸς ἐλάττονα, οὕτω κἀνταῦθα· ὡς γὰρ ὁ ιβ

λς = Philop. ρ, ρα, ρβ, ργ

λς,1 = Nicom. XXV, 5.　　11 = Nicom. XXVI, 1.

6 cf. n. ad loc.
λς. 4 et 13 γεωμετρική scripsi: γεωμετρία AM
14 et 18 ἁρμονική scripsi: ἁρμονία AM

λζ = Philop. ρδ　　　　λη = Philop. ρε

λζ,1 = Nicom. XXVI, 1.　　λη,1 = Nicom. XXVI, 2.

λζ. 1 τὸν Nicom.: τὸ AM
2 alt. διὰ A: δι M
8 τῆς M: τῶν A
10 τὸν scripsi: τὸ AM
13 τριπλάσιος scripsi: τριπλασίων AM
λη. 4 παρέπεται M: παρέπετε A
6 πραγματείᾳ M: πράγματος A ‖ τοὺς κύβους AM: ⟨⟨...⟩
τοὺς κύβους[?]⟩
9 τῆς ἁρμονικῆς M: τῇ ἁρμονικῇ A

15 πρὸς τὸν ς, οὕτως ἡ διαφορὰ τοῦ ιβ πρὸς τὸν η, ἀντὶ τοῦ ὡς ὁ δ, πρὸς τὴν διαφορὰν τοῦ μέσου πρὸς τὸν ἐλάττονα, ἀντὶ τοῦ πρὸς τὸν β. καὶ πάντα ἁπλῶς τὰ αὐτὰ σχήσει· καὶ τὸν ἐπίτριτον λόγον, ὅ ἐστι τὴν διὰ δ ἁρμονίαν, καὶ τὴν διὰ ε, ὅ ἐστι τὴν ἡμιόλιον,
20 καὶ τὴν διὰ πασῶν ἅμα καὶ ἐπίτριτον, καὶ τὴν δὶς διὰ πασῶν, αὐτὸς δὲ καὶ ταῦτα σαφῶς ἀπαριθμεῖται.

λθ. **ὥσπερ δὲ ἐν τῇ τοῦ μουσικοῦ κανόνος.** ἐπειδὴ εἶπε περὶ ἀριθμητικῆς μεσότητος καὶ γεωμετρικῆς καὶ ἁρμονικῆς, νῦν θέλει εἰπεῖν ὅτι δυνατὸν δύο ἄκρων ὅρων εἴτε ἀρτίων εἴτε περιττῶν λαμβανομένων μέσον ἀπο-
5 θέσθαι καὶ ποιῆσαι ἄλλοτε ἄλλως τὰς γ μεσότητας. ὥσπερ οὖν, φησίν, ἐπὶ τῆς χορδῆς ἐὰν λάβωμεν τὸν κόλλοπα καὶ τὸ βατράχιον, ὅ ἐστι ξυλάριον, καὶ ἀπο- λάβωμεν τὴν χορδήν, οὐ πᾶσα ἠχεῖ· ἀλλ' εἰ μὲν τὸ τρίτον ἀπολάβωμεν, γίνεται τὸ ἡμιόλιον, εἰ δὲ τὸ
10 τέταρτον ἐπίτριτον, εἰ δὲ τὸ ἥμισυ διπλάσιον, καὶ ἐπὶ τοῦ αὐλοῦ ὁμοίως τοῦ διαστήματος τῶν ὀπῶν λαμβανομένων· ὥσπερ οὖν ἐπὶ τούτων τῶν ὀργάνων ἐν τοῖς μέσοις διαστήμασιν ἀπήχησίς τις γίνεται, οὕτω καὶ ἐπὶ τῶν ἄκρων τούτων λαμβανομένων
15 μέσων γίνονται αἱ τρεῖς μεσότητες· οἶον ἔστωσαν ἄκροι ὅ τε μ καὶ ὁ ι. ἐὰν μὲν μέσον λάβῃς τὸν κε, γίνε- ται ἡ ἀριθμητικὴ μεσότης· αἱ ὑπεροχαὶ γὰρ αἱ αὐταί. εἰ δὲ τὸν κ ἡ γεωμετρική· ἡ αὐτὴ γὰρ ἀναλογία, δι- πλασία γάρ. εἰ δὲ τὸν ις, γίνεται ἡ ἁρμονική· ὡς γὰρ
20 ἔχει ὁ μ πρὸς τὸν ι, οὕτως ἡ ὑπεροχὴ τοῦ μείζονος πρὸς τὸν μέσον πρὸς τὴν ὑπεροχὴν τοῦ μέσου πρὸς τὸν ἐλάττονα. καὶ ἁπλῶς τὰ εἰρημένα πάντα ἰδιώ- ματα μιᾶς ἑκάστης τῶν γ μεσοτήτων πάντως εὑρή- σεις. καὶ πλείονος ἕνεκεν σαφηνείας πάλιν ἐκτίθεται
25 τὰ ἰδιώματα ἃ περιττὸν ἐξηγεῖσθαι σαφῆ γε τυγχά- νοντα.

μ. **ἔφοδος δέ, ὡς ἂν ἐντέχνως.** τὸ προκείμενόν ἐστιν εἰπεῖν αὐτῷ μέθοδον πῶς οἶόν τέ ἐστι δύο ὅρων λαμ- βανομένων τὰς γ ταύτας μεσότητας εὑρεῖν, ἵνα εἰδείη- μεν εἰ δυνατὸν γενέσθαι ἢ μή. ἐπὶ μὲν οὖν ἀριθμητι-
5 κῆς ποιεῖ οὕτω· συνθεὶς τὰ ἄκρα, τὸ ἥμισυ ὅρον μέσον τάξον, καὶ ἕξεις τὴν ἀριθμητικὴν μεσότητα· οἶον λαβὲ μ καὶ ι, σύνθες τούτους, γίνονται ν· τὸ ἥμισυ τούτων τί ἐστι; κε. ἐκθοῦ οὖν μ, κε, ι, καὶ ἔστιν αὕτη ἀριθμη-

τικὴ μεσότης. ἐὰν τοίνυν οἱ ἄκροι συντεθέντες δυνη- θῶσι δίχα τμηθῆναι, οἶσθα ὅτι ἔστι μεσότης· οἶον εἰ 10 λάβῃς μ καὶ ια (οὐ γὰρ δύναται ὁ ἐξ αὐτῶν συντεθεὶς διαιρεθῆναι). ἢ οὖν οὕτω ποίει ἢ τὴν τοῦ μείζονος ὑπεροχὴν πρὸς τὸν ἐλάττονα δίχα τέμνων καὶ προσ- θεὶς αὐτῷ τῷ ἐλάττονι, μέσον τάξεις. οἶον τί λέγω; ἔστιν ὁ μ καὶ ὁ ι· ὁ μ τοῦ ι, ὅ ἐστιν ὁ μείζων τοῦ ἐλάτ- 15 τονος, τίνι ὑπερέχει; τῷ λ. τέμε τοίνυν τοῦτο δίχα, γίνονται ιε· πρόσθες αὐτῷ τὸν ἐλάττονα, ὅ ἐστιν τὸν ι, γίνεται κε· γίνεται ἄρα μ, κε, ι, καὶ ἔστιν ἀριθμητικὴ μεσότης. | γεωμετρικὴ δὲ γίνεται οὕτω· τοῦ ὑπὸ τῶν ἄκρων προμήκους τὴν τετραγωνικὴν πλευρὰν εὑρών, 20 μέσον ποίησον ὅρον· οἶόν ἐστιν μ, ι· ποίησον τὸ ὑπὸ τῶν ἄκρων, ἀντὶ τοῦ τεσσαρακοντάκις ι, γίνεται υ· οὗτος ὁ τετρακόσια προμήκης ἐστίν, ἐπειδὴ ἐξ ἀνί- σων πλευρῶν γέγονε τοῦ τε μ καὶ τοῦ ι. ζήτησον εἰ ἔχει τετραγωνικὴν πλευρὰν κἀκείνη ἐστὶ μέση· ἔχει 25 τοίνυν ὁ υ πλευρὰν τὴν κ· εἰκοσάκις γὰρ κ, υ· ἐκθοῦ τοίνυν μ, κ, ι, καὶ ἔστι γεωμετρικὴ μεσότης. ὥστε, εἰ ὁ ὑπὸ τῶν ἄκρων μὴ ἔχοι τετραγωνικὴν πλευράν, γίνωσκε ὅτι οὐ γίνεται γεωμετρικὴ μεσότης· οἶον εἰ λάβῃς λ καὶ ι, οὐκ ἔστι γεωμετρικὴ μεσότης· ποιεῖς 30 γὰρ τριακοντάκις ι, γίνεται τ· οὗτος δὲ οὐ τετράγω- νός ἐστιν. ἢ οὖν οὕτως ἢ ὃν ἔχουσι λόγον οἱ ὅροι πρὸς ἀλλήλους· ἰδὼν τὸν δίχα τούτου τμητικὸν λό- γον, μέσον ποίησον· οἶον ἔστω μ καὶ ι· ποῖον ἔχουσι πρὸς ἀλλήλους λόγον; τὸν τετραπλάσιον, ὃν δίχα 35 τέμε, τὸν δ, γίνονται β· διπλάσιος ἄρα ἐν τετραπλα- σίοις ὁ μέσος ἐστί· ζητεῖς γὰρ τὸν διπλάσιον, μ γὰρ καὶ ι ὄντων, μέσος εὑρίσκεται ὁ κ. | ἁρμονικὴν δὲ μεσότητα ποιεῖς οὕτω· τῶν ἄκρων τὴν διαφορὰν ποίησον ἐπὶ τὸν ἐλάττονα, καὶ τὸν γενόμενον παρά- 40 βαλε πρὸς τὸν σύνθετον τὸν ἐκ τῶν ἄκρων, εἶτα τὸ πλάτος τῆς παραβολῆς πρόσθες τῷ ἐλάττονι, καὶ ἔσται ὁ γενόμενος ἁρμονικὴ μεσότης· οἶον τί λέγω; ἔστω μ καὶ ι· διαφέρουσι τοίνυν τῷ λ· τοῦτον τοίνυν πολλαπλασίασον ἐπὶ τὸν ἐλάττονα, γίνεται τ. σύν- 45 θες τοὺς ἄκρους, γίνονται ν· παράβαλε τὸν τ πρὸς τὸν συντεθέντα, γίνεται ς (πεντηκοντάκις γὰρ ς, τ)· πρόσθες τὰ ς τῷ ἐλάττονι, γίνονται ις· ἐκθοῦ οὖν μ, ις, ι, καὶ ἔστιν ἁρμονικὴ μεσότης. | τοσαῦτα μὲν περὶ τούτων τῶν μεσοτήτων εἰρήσθω, ἃς ἐπλατύναμεν διὰ 50 τὸ πολυθρυλήτους αὐτὰς εἶναι· ταύταις γὰρ κέ- χρηνται οἱ ἀπὸ Πυθαγόρου, καὶ γὰρ Πλάτων καὶ Ἀρι- στοτέλης ταύταις κέχρηται. ἄλλαι δέ εἰσιν ἑπτὰ ἀνα-

---

λθ = Philop. ρι

μ = Philop. ριζ, ριη, ριθ, ρκ, ρκβ, ρκγ, ρκδ, ρκε

λθ,ι = Nicom. XXVII, ι.

μ,ι = Nicom. XXVII, 7.

20 pr. τὴν M: τῶν A
λθ. 3 δυνατὸν M: om. A
μ. 5 ποίει A: ποιεῖ M || τὸ scripsi: τὸν AM
6 ἕξεις A: ἕξης M
7 τὸ M: καὶ τὸ A

---

19 cf. Nicom. XXVII, 7.   38 cf. Nicom. XXVII, 7.
49 cf. Nicom. XXVIII, ι.

11 λάβῃς M: λάβεις A || ια scripsi: ιδ AM
19 τοῦ M: τὸν A (ut vid.)
24 alt. τοῦ M: om. A
30 λάβῃς M: λάβεις A
31 οὐ scripsi: ὁ τ AM
36 β M: ὁ β A
50 cf. n. ad loc.
53 εἰσιν scripsi: ἐστιν M

λογίαι περὶ ὧν μέλλει λέγειν. δέκα γὰρ τὰς πάσας
55 μεσότητας ἀπαριθμεῖται, θέλων κἀν τούτῳ τὸν ι
ἀριθμὸν τέλειον ὡς πρὸς τὴν συμπλήρωσιν τῶν μο-
νάδων ἀποδεῖξαι. λέγει τοίνυν τὴν πρώτην μὲν καὶ
τετάρτην, πρώτην μὲν ἔξωθεν τῶν τριῶν τούτων
τῶν εἰρημένων λαμβανομένων, τετάρτην δὲ κατὰ τὸ
60 συνεχὲς ἡμῶν λαμβανόντων τοιαύτην τινὰ οὖσαν.
ἰστέον δὲ ὅτι καθ' ὑπεναντίωσίν εἰσιν αἱ λεγόμεναι
τῶν προφρασθεισῶν εἴ γε καὶ ἐξ αὐτῶν ἐκείνων ἀνα-
πλάττονται. ἡ μὲν οὖν τετάρτη μετὰ τὰς ἤδη εἰρη-
μένας ἀντιπέπονθε τῇ ἁρμονικῇ· ἐπὶ γὰρ τῆς ἁρμονι-
65 κῆς ὡς ὁ μέγιστος πρὸς τὸν ἐλάττονα, οὕτως ἡ δια-
φορὰ τῶν μειζόνων πρὸς τὴν διαφορὰν τῶν ἐλαττό-
νων ὑπῆρχεν. ἐκθώμεθα τοίνυν καὶ ἴδωμεν, οἷον ς, ε,
γ· ὁ τοίνυν μείζων πρὸς τὸν ἐλάττονα τὸν διπλάσιον
λόγον ἔχει, διαφέρει δὲ ὁ μὲν γ τοῦ ε δυάδι, ὁ δὲ ε τοῦ
70 ς μονάδι, ὁ β ἄρα τῆς μονάδος διπλάσιος. ἰδοὺ ἀπὸ
τῶν ἐλαττόνων τῆς διαφορᾶς ἠρξάμεθα ἐπὶ δὲ τῆς
ἁρμονικῆς ἀπὸ τῶν μειζόνων, διὰ τοῦτο οὖν ἀντιπέ-
πονθεν αὐτῇ. ἴδιον δὲ ἐπὶ ταύτης τῆς μεσότητος τὸ
διπλάσιον ἀποτελεῖσθαι τὸ ὑπὸ τοῦ ἄκρου καὶ μέσου,
75 τοῦ ὑπὸ τοῦ μέσου καὶ τοῦ ἐλάττονος· ἑξάκις γὰρ ε,
λ, πεντάκις δὲ τρεῖς, δεκαπέντε· τὰ δὲ λ τῶν ιε διπλά-
σια. | αἱ δὲ λοιπαὶ δύο μεσότητες ἥ τε ε καὶ ς πρὸς τὴν
γεωμετρικὴν μεσότητα ἀντιπεπονθότως ἔχουσι, δια-
φέρουσι δὲ ἀλλήλων οὕτως· ἡ μὲν ε ἐστὶν ὅταν ἐν τρι-
80 σὶν ὅροις ὡς ὁ μέσος πρὸς τὸν ἐλάχιστον, οὕτως καὶ ἡ
αὐτῶν τούτων διαφορὰ πρὸς τὴν τοῦ μεγίστου πρὸς
τὸν μέσον, οἷον ε, δ, β· ἔστι γὰρ ὡς ὁ μέσος, ὅ ἐστιν
ὁ δ, πρὸς τὸν ἐλάχιστον τὸν δύο, οὕτως ἡ τούτων
διαφορά, ὅ ἐστιν ⟨ὁ β⟩, πρὸς τὴν τοῦ μεγίστου πρὸς
85 τὸν μέσον, ὅ ἐστι τὴν μονάδα· ὡς γὰρ ὁ δ τοῦ β δι-
πλάσιος, οὕτω καὶ τὰ δύο τῆς μονάδος. ὑπεναντία
δέ ἐστιν αὕτη τῇ γεωμετρικῇ, ὅτι ἐπὶ μὲν τῆς γεω-
πετρικῆς ὡς ὁ μείζων πρὸς τὸν ἐλάττονα, οὕτω καὶ ἡ
τοῦ μείζονος ὑπεροχὴ πρὸς τὴν τοῦ ἐλάττονος, ἐπὶ
90 δὲ ταύτης ἀνάπαλιν ἡ τοῦ ἐλάττονος πρὸς τὴν τοῦ
μείζονος. ἴδιον δὲ καὶ ταύτης τὸ ὑπὸ τοῦ μεγίστου
καὶ τοῦ μέσου διπλάσιον εἶναι τοῦ ὑπὸ μεγίστου καὶ
ἐλαχίστου· ἔστι γὰρ ε, δ, β· τὸ οὖν ὑπὸ τῶν ε καὶ δ,
ὅ ἐστι τὰ εἴκοσι, διπλάσιόν ἐστι τοῦ ὑπὸ τοῦ ε καὶ
95 τοῦ β, ὅ ἐστι τοῦ ι. | ἡ δὲ ἕκτη γίνεται ὅταν ἐν τρισὶν
ὅροις ᾖ, ὡς ὁ μέγιστος πρὸς τὸν μέσον, οὕτως ἡ τοῦ
μέσου παρὰ τὸν ἐλάχιστον ὑπεροχὴ πρὸς τὴν τοῦ
μεγίστου παρὰ τὸν μέσον. ὡς γὰρ ὁ ς τοῦ δ ἡμιόλιος,
οὕτω καὶ ὁ γ τοῦ δύο ἡμιόλιος. ἔοικε δὲ καὶ αὕτη τῇ
100 γεωμετρικῇ ἐναντιότητι· ἐπιστρέφει γὰρ ἡ τῶν λό-
γων μεσότης ὡς ἐπὶ τῆς πέμπτης. | αὖται τοίνυν

εἰσὶν ἐξ ἀναλογίαι. αἱ μὲν πρῶται τρεῖς τοῖς ἀπὸ
Πυθαγόρου, Πλάτωνι καὶ Ἀριστοτέλει ἐγνωσμέναι,
αἱ δὲ λοιπαὶ τρεῖς, τοῖς ὑπομνηματογράφοις καὶ αἱ-
ρεσιάρχαις γνώριμοί εἰσι. 105

μα. **τέσσαρας δέ τινας ἑτέρας μετακινοῦντες.** περὶ τῶν
λοιπῶν δ λέγει μεσοτήτων ἐφ' ὧν μετατίθενται οἱ
ὅροι καὶ οὐκέτι ἡ αὐτὴ τάξις φυλάττεται. αὗται τοί-
νυν αἱ μεσότητες οὐ πάνυ ἐμφανίζονται ἐν τοῖς τῶν
παλαιοτέρων συγγράμμασι. | πρώτη τοίνυν ἐστὶ 5
μεσότης ὅταν ᾖ ὡς ὁ μέγιστος πρὸς τὸν ἐλάχιστον,
οὕτως ἡ αὐτῶν τούτων τῶν ἄκρων διαφορὰ πρὸς
τὴν τῶν ἐλαττόνων διαφοράν, οἷον θ, μ, ς· ἔστιν ὡς
ὁ θ πρὸς τὸν ς, οὕτως ἡ διαφορὰ τοῦ θ πρὸς τὸν ς,
ὅ ἐστιν ὁ γ, πρὸς τὴν διαφορὰν τοῦ η πρὸς τὸν ς, ὅ 10
ἐστι πρὸς τὸν β· ὡς γὰρ ὁ θ τοῦ ς ἡμιόλιος, οὕτως ὁ
γ τοῦ β. | δευτέρα δὲ μεσότης ὅταν ᾖ ὡς ὁ μέγιστος
πρὸς τὸν ἐλάχιστον, οὕτως ἡ τούτων διαφορὰ πρὸς
τὴν τῶν μειζόνων διαφοράν, οἷον θ, ζ, ς· ὡς γὰρ ὁ θ
πρὸς τὸν ς, οὕτως ἡ διαφορὰ τούτων, ὅ ἐστιν ὁ γ, 15
πρὸς τὴν διαφορὰν τοῦ θ πρὸς τὸν ζ, ὅ ἐστι πρὸς
τὸν β. | τρίτη δὲ μεσότης ὅταν ὃν ἔχῃ λόγον ὁ μέσος
πρὸς τὸν ἐλάχιστον τοῦτον καὶ ἡ τῶν ἄκρων ὑπεροχὴ
πρὸς τὴν τῶν ἐλαττόνων, οἷον ζ, ς, δ· ὡς γὰρ ὁ ς
πρὸς τὸν δ, οὕτως ἡ ὑπεροχὴ τῶν ζ δ, ὅ ἐστιν ὁ γ, 20
πρὸς τὴν ὑπεροχὴν τῶν ς δ, ὅ ἐστι τῶν β. | τετάρτη
δέ ἐστι μεσότης ὅταν ᾖ ὡς ὁ μέσος πρὸς τὸν ἐλάττονα,
οὕτως καὶ ἡ διαφορὰ τῶν ἄκρων πρὸς τὴν διαφορὰν
τῶν μειζόνων, οἷον η, ε, γ· ὃν γὰρ λόγον ἔχει ὁ ε πρὸς
τὸν γ, ὅ ἐστι τὸν ἐπιδιμερῆ, τοῦτον τὸν λόγον ἔχει 25
ἡ διαφορὰ τῶν ἄκρων, ὅ ἐστι ὁ ε, πρὸς τὴν διαφορὰν
τῶν μειζόνων, ὅ ἐστι πρὸς τὸν γ. | ἰστέον τοίνυν ὅτι
μετὰ τὸ πληρῶσαι καὶ ταύτας τὰς μεσότητας ὡς ἐν
κεφαλαίῳ πασῶν τὰ ὑποδείγματα ἐκτίθενται, καὶ
μετὰ τοῦτο διδάσκει περὶ ἑτέρας τινὸς μεσότητος 30
ἁρμονικῆς τελειότητος.

μβ. ⟨**τελειοτάτης⟩.** ἁρμονικὴν δὲ αὐτὴν καλεῖ, ἐπειδὴ
ἐκ τριῶν διαστάσεων γίνεται, τεσσάρων ὅρων γι-
νομένων ὥσπερ ἐν τετραχορδίᾳ καὶ οὐκέτι ἐπὶ τριῶν
ὅρων. | θέλουσι δὲ οἱ ἄκροι πάντως στερεοὶ εἶναι,

77 cf. Nicom. XXVIII, 4.   95 cf. Nicom. XXVIII, 5.

101 cf. Nicom. XXVIII, 6.

60 λαμβανόντων scripsi: λαμβανομένων M
76 τρεῖς P: τρὶς M
81 μεγίστου scripsi: μέσου M
84 ὁ β scripsi: om. M

μα = Philop. ρκς–ρλα

μβ = Philop. ρλγ–ρλε

μα,1 = Nicom. XXVIII, 6.

5 cf. Nicom. XXVIII, 7.   12 cf. Nicom. XXVIII, 8.

17 cf. Nicom. XXVIII, 9.   21 cf. Nicom. XXVIII, 10

27 cf. Nicom. XXVIII, 11.

μβ,1 = Nicom. XXIX, 1   4 cf. Nicom. XXIX, 2.

μα. 7 διαφορὰ scripsi: διὰ τὸν ὅρον M
μβ. 1 τελειοτάτης Nicom.: om. M (cf. n. ad loc.)

5 οἶον ἢ ἰσάκις ἴσοι ἰσάκις (ἀντὶ τοῦ ἢ κύβοι), ἢ δοκίδες ἢ σφηνίσκοι ἢ σκαληνοί. καὶ τοῦτο λέγω ὅτι πάντες οἱ αὐτοί εἰσιν. ἐνδέχεται γὰρ τὸν μὲν μείζονα κύβον εἶναι, τὸν δὲ ἐλάττονα σφηνίσκον ἢ τὸ ἀνάπαλιν, καὶ ἐπὶ τῶν ἄλλων ὁμοίως· στερεοὶ δὲ πάντες ὀφεί-
10 λουσιν εἶναι. καὶ λοιπὸν εὑρίσκεται ἡ γεωμετρικὴ ἀναλογία οὐ κατὰ τάξιν τῶν ὅρων λαμβανομένων, ὡς δείξομεν, ἀλλ' ὡς ὁ μέγιστος πρὸς τὸν γ ἀπ' αὐτοῦ, οὕτως ὁ β μετὰ τὸν μέγιστον πρὸς τὸν δ· τὸ γὰρ τοιοῦτον τὸ ὑπὸ τῶν ἄκρων ἴσον ποιεῖ τῷ ὑπὸ
15 τῶν μέσων· οἶον ἔστωσαν ἄκροι ὁ ιβ καὶ ὁ ς, μέσοι δὲ ὅ τε θ καὶ ὁ η· οὐκοῦν τὸ ὑπὸ τῶν ἄκρων ἴσον ἐστὶ τῷ ὑπὸ τῶν μέσων, ὡς γὰρ δωδεκάκις ς οβ, οὕτω καὶ ἐννάκις η οβ· καὶ πάλιν ἐὰν ὁ μέγιστος πρὸς τὸν ὑπ' αὐτὸν ἐν τοσαύτῃ δειχθῇ διαφορᾷ ἐν ὅσῃ καὶ
20 αὐτὸς οὗτος ὁ ὑπ' αὐτὸν πρὸς τὸν ἐλάχιστον, ἀριθμητικὴ ἡ τοιαύτη μεσότης γίνεται, καὶ ἡ τῶν ἄκρων σύνθεσις διπλασία τοῦ μέσου· ιβ γὰρ καὶ ς καὶ θ καὶ ιη· ὁ δὲ ιη διπλάσιος τοῦ θ τοῦ μέσου. ἐὰν δὲ ὁ γ ἀπὸ τοῦ μεγίστου τῷ αὐτῷ μέρει τῶν ἄκρων αὐτῶν
25 ὑπερέχηται, ἁρμονικὴ γίνεται, καὶ τὸ ὑπὸ τοῦ μέσου τε καὶ τῆς τῶν ἄκρων συνθέσεως, διπλάσιον τοῦ ὑπὸ τῶν ἄκρων· σύνθες γὰρ τοὺς ἄκρους, γίνονται ιη. ποίησον τὸν μέσον, ὅ ἐστι τὸν η, ἐπὶ τὸν ιη, γίνονται ρμδ· ποίησον τὸ ὑπὸ τῶν ἄκρων, γίνονται οβ. ἰστέον
30 τοίνυν ὅτι ὁ μὲν ς σκαληνός ἐστιν· ἄνισοι γὰρ αὐτοῦ αἱ πλευραί· ἀπὸ γὰρ τοῦ ἅπαξ β καὶ τρὶς γέγονεν· ἅπαξ γὰρ δύο γίνονται δύο, τρὶς δύο γίνονται ς. ὁ δὲ ιβ ἀπὸ τοῦ δὶς δύο γέγονε τρίς· δὶς γὰρ δύο γίνονται δ, τρὶς δ γίνονται ιβ. τῶν δὲ μέσων ὁ μὲν ἐλάττων
35 ὅ ἐστιν ὁ η, ἀπὸ [γὰρ] τοῦ ἅπαξ β, τετράκις γέγονεν· ἅπαξ γὰρ β γίνονται β, τετράκις β γίνονται η· ὁ δὲ μείζων, ὅ ἐστιν ὁ θ, ἀπὸ τοῦ ἅπαξ τρεῖς, τρὶς γέγονεν· ἅπαξ γὰρ τρεῖς γίνονται τρεῖς, τρὶς τρεῖς γίνονται θ.

στερεοί τε οὖν εἰσιν οἱ ἄκροι καὶ τρία ἔχουσι διαστή- 40
ματα, καὶ ὁμογενεῖς εἰσιν αὐτοῖς αἱ μεσότητες, ἀντὶ
τοῦ καὶ αὗται στερεαί. | ἔστιν οὖν γεωμετρικὴ μὲν
ἐμπλέγδην, ἀντὶ τοῦ ἀναπεπλεγμένη καὶ οὐ κατὰ
τάξιν αὕτη· ὡς ὁ ιβ πρὸς τὸν η, οὕτως ὁ θ πρὸς τὸν
ς· διεζευγμένη γὰρ ἐνταῦθα λαμβάνεται. ἔστι δὲ καὶ
ἐναλλὰξ ὡς ὁ ιβ πρὸς τὸν θ, οὕτως ὁ η πρὸς τὸν ς, 45
ἀριθμητικὴ δὲ γίνεται, ἐπειδὴ ὅσῳ ὁ ιβ τοῦ θ ὑπερέ-
χει, τοσούτῳ ὁ θ τοῦ ς. ἁρμονικὴ δὲ οὕτως· ᾧ μέρει
ὁ η τοῦ ς ὑπερέχει τούτῳ ὑπὸ τοῦ ιβ ὑπερέχεται, ἐν
αὐτῷ τῷ ιβ θεωρουμένῳ, ὥσπερ γὰρ ὁ η τοῦ ς ὑπερ-
έχει δυάδι, ἡ δὲ δυὰς τέταρτον μέρος ἐστὶ τοῦ η, 50
οὕτως ὁ ιβ τοῦ η τετράδι ὑπερέχει. ἀλλὰ μὴν ἔστιν
εὑρεῖν καὶ τῆς ἁρκονικῆς ἐν αὐτοῖς τὰ ὀνόματα· ὁ μὲν
γὰρ η πρὸς τὸν ς ἢ ὁ ιβ πρὸς τὸν θ τὸν διὰ τεσσάρων
λόγον ποιεῖ, ἐν ἐπιτρίτῳ γάρ εἰσιν, ὁ δὲ θ πρὸς τὸν
ς ἢ ὁ ιβ πρὸς τὸν η τὸν διὰ πέντε, ἐν ἡμιολίῳ γάρ 55
εἰσιν, ὁ δὲ ιβ πρὸς τὸν ς τὸν διὰ πασῶν, ἐν διπλασίῳ
γάρ· ἡ δὲ ὑπεροχὴ τοῦ ιβ πρὸς τὸν η, ὅ ἐστιν ὁ δ,
καὶ ἡ ὑπεροχὴ τοῦ θ πρὸς τὸν η, ὅ ἐστιν ἡ μονάς,
τὸν δὶς διὰ πασῶν ποιοῦσιν, ἐν τετραπλασίῳ γάρ.
ὁ δὲ θ πρὸς τὸν η τὸν τονιαῖον ποιεῖ, ἐν ἐπογδόῳ 60
γὰρ λόγῳ, ὁ δὲ ἐπόγδοος προστιθέμενος ταῖς χορ-
δαῖς, τόνος τις καὶ ἀπήχησις γίνεται· οὗτος γὰρ ὁ
λόγος κοινὸν μέτρον γίνεται πάντων τῶν ἐν τῇ μου-
σικῇ λόγων, ὡς γνωριμώτερον ὄν. δέδεικται τοίνυν
ὅτι διαφορά τις τῶν στοιχειωδεστάτων καὶ πρώτων 65
συμφωνιῶν ὑπάρχει. τοσαῦτα τοίνυν ἀρκείτω πρὸς
εἰσαγωγικὴν διδασκαλίαν.

---

38 τρὶς τρεῖς scripsi: τρεῖς τρὶς M

42 = Nicom. XXIX, 2.

50 τέταρτον... η M: ⟨τρίτον μέρος ἐστὶ τοῦ ς [?]⟩
64–66 cf. n. ad loc.

NOTES TO THE TEXT

Asclepius I. α

In line 5, the manuscripts of Asclepius are confused (see the critical apparatus *ad loc.*); the correct reading is not only guaranteed by the sense, but also by those manuscripts which, like the *Cod. Scor.* Y-I-12, contain recension IV preceded by I. α of the commentary of Asclepius (see Introduction, pp. 18–21). On the definition of φιλοσοφία as φιλία σοφίας see below this same note.

In lines 6 ff. Asclepius explains the name σοφία as coming from σαφία and quotes Aristotle in support of this etymology. Many critics, following Bywater, have taken Philoponus I. α, which is parallel to Asclepius I. α and in which the same interpretation of the name σοφία is given, as a fragment of Aristotle's *De Philosophia*. But actually both Philoponus and Asclepius when they later paraphrase again this passage of Aristotle's identify it as coming from *Metaphysics* α minor, i.e. *Metaphysics* 993 B 7–11. See below note to I, γ and especially Introduction, p. 14 and n. 70 with the references there given.

In line 21 πάντων δὲ οὐ κατεκράτησε, ἀλλ'οἱ μέν is the reading of *Cod. Scor.* Y-1-12. Notice the reading of the manuscripts of Asclepius: πάντων δὲ καὶ τὰ κρανία. This is but another proof that our three manuscripts go back ultimately to the same archetype. See Introduction, p. 21.

In line 22, Asclepius wrote τὰ δὲ πεδία κατακλύζονται. Notice Philoponus, I. α 20 τὰ δὲ πεδία καὶ οἱ ἐν τούτοις οἰκοῦντες κατακλύζονται.

In lines 15–17 it is said that there are five different meanings of σοφόν according to Aristocles in his work in ten books Περὶ Φιλοσοφίας. This Aristocles is Aristocles of Messene, the teacher of Alexander of Aphrodisias. (But *cf. contra* P. Moraux, "Aristoteles, der Lehrer Alexanders von Aphrodisias," *Archiv für Geschichte der Philosophie* 49 (1967): pp. 169–182.) Asclepius and Philoponus proceed to give these five meanings and attribute each meaning to a different period of the evolution of human civilization. Most critics attribute to Aristocles not only the five different meanings of the word σοφόν, but also the connection of each meaning with a different period of the history of civilization. Some of the notions mentioned in Asclepius I. α 15–49 and also the quotation of passages of ancient authors occur in other works of Ammonius or in works which ultimately go back to Ammonius, and they do occur in passages in which there is no mention of Aristocles at all. Thus for example, the cataclysm of the time of Deucalion (connected with humanity's loss of wisdom) and even the quotation of Homer, *Iliad* XX. 216–217 occur in Asclepius' commentary to the *Metaphysics*. *Cf.* Asclepius, *In Metaph.*, p. 10, 28–p. 11, 6 (Hayduck): πρόκειται αὐτῷ ἐντεῦθεν εἰπεῖν τὸν χρόνον, καθ' ὃν ἐφοίτησεν εἰς ἡμᾶς ἡ σοφία· οὐχ ὅτι φησὶν ἐν χρόνῳ ἐφοίτησεν, ἀλλ' ὡς πρὸς τὴν ἡμετέραν περίοδον· ἦν γὰρ καὶ πρῴην. γίνονται γὰρ κατακλυσμοὶ καὶ σεισμοὶ καὶ ἀφανίζονται τὰ πράγματα καὶ πάλιν εὑρίσκονται, ὡς φησι καὶ αὐτὸς Ἀριστοτέλης ἐν τοῖς Μετεώροις περὶ τοῦ μεγάλου σεισμοῦ τοῦ γενομένου ἐν τῇ Ἀχαίᾳ, καὶ ὅτι ἐπὶ τοῦ Δευκαλίωνος, φησί, ἐγένετο μέγας κατακλυσμὸς καὶ πολλοὶ ἡφανίσθησαν τόποι, καὶ πᾶσαι αἱ πεδιάδες ἀπώλοντο, καὶ μόνοι ἡδυνήθησαν περισωθῆναι οἱ ἐν ταῖς ἀκρωρείαις τῶν ὀρέων ὄντες, ὡς δηλοῖ καὶ ὁ ποιητὴς εἰρηκὼς "κτίσσε δὲ Δαρδανί-

ην, ἐπεὶ οὔπω Ἴλιος ἱρὴ ἐν πεδίῳ πεπόλιστο, πόλις μερόπων ἀνθρώπων ἀλλ' ἔθ' ὑπωρείας ἔναιον πολυπίδακος Ἴδης."

In the lines that follow Asclepius sets forth humanity's subsequent evolution in knowledge; the passage is more elaborate than the one in the commentary to Nicomachus, to be sure, but it is essentially the same. And the fact that in his commentary to the *Metaphysics* Asclepius refers to Aristotle's *Meteorologics* (although not all that he attributes to Aristotle is to be found there) casts doubt over the attribution to Aristocles of all that is contained in lines 15–49 of Asclepius I. α. Moreover, there are other passages in works which ultimately go back to Ammonius (some of which are quoted below) which are parallel to Asclepius I. α 17 ff. Since also before and after the passage under consideration there are doctrines and quotations that are typical of the school of Ammonius, it seems to me that possibly only the five different meanings of σοφόν belong to Aristocles in lines 15–49 (*cf.* also Asclepius I. ια 3–5 and note *ad loc.*), and that the connection of the five meanings of σοφόν with the different periods of the history of human civilization belongs to Ammonius, although he might have found the basis for his more elaborate developments in certain passages of Plato and Aristotle. At any rate one cannot be certain that Aristocles really connected so elaborately the five different meanings of σοφία with the evolution of humanity. But even if lines 15–49 were ultimately based on Aristocles this certainly is not a verbatim quotation (see below).

In lines 44–49, for the connection of Pythagoras with the fifth meaning of σοφία, that is, to designate the wisdom of eternal things, τὰ ἀεὶ καὶ ὡσαύτως ἔχοντα, and with the definition φιλοσοφία ἐστὶ φιλία σοφίας, and the connection of the different meanings of σοφία with the quotations of Homer, *Iliad* XV. 412 and XXIII. 712, compare Ammonius, *In Porphyrii Isagogen*, p. 9, 7–23 (Busse): ὁ μέντοι Πυθαγόρας φησί "φιλοσοφία ἐστὶ φιλία σοφίας" πρῶτος τῷ παρὰ τοῖς παλαιοτέροις ἐπιστὰς ἁμαρτήματι. ἐπειδὴ γὰρ ἐκεῖνοι σοφὸν ὠνόμαζον τὸν ἡντιναοῦν μετιόντα τέχνην, ὧν εἷς ἦν καὶ Ἀρχίλοχος λέγων "τρίαιναν ἐσθλὴν καὶ κυβερνήτης σοφός," καὶ ὁ ποιητὴς "ἐπεὶ σοφὸς ἤραρε τέκτων" καὶ "εὖ εἰδὼς σοφίης ὑποθημοσύνησιν Ἀθήνης," μεθίστησι τὴν προσηγορίαν ταύτην ἐπὶ τὸν θεὸν ὡς μόνον ἐκεῖνον καλεῖσθαι σοφόν, τὸν θεόν φημι, σοφίαν τε καὶ τὴν τῶν ὄντων ἀιδίων ἔχοντα γνῶσιν. ὁρῶν δὲ τοὺς μὲν ἐπὶ ῥητορικὴν τοὺς δὲ ἐπὶ γραμματικὴν τοὺς δὲ ἐπὶ τὴν τῶν φυσικῶν ζήτησιν τρέχοντας, ἄλλους δ' αὖ πάλιν ἐφ' ἕτερα, προσαγορεύει τοὺς τὴν τῶν φυσικῶν θεωρίαν ἀσκοῦντας φιλοσόφους οἱονεὶ φιλοῦντας τὸν σοφόν, ὅπερ ἡξίου καλεῖν τὸν θεόν, τὴν δὲ τούτων γνῶσιν φιλοσοφίαν ἀναλόγως τὴν φιλίαν τῆς σοφίας· σοφίαν γάρ, ὡς ἤδη εἴρηται, τὴν τοῦ θεοῦ γνῶσιν ὠνόμαζε. ταῦτα Πυθαγόρας. And see especially the variant given after p. 9, 17–18 (... σοφίαν τε καὶ τὴν τῶν ὄντων ἀιδίων ἔχοντα γνῶσιν) in *cod. Parisinus* 1973, f. 14 v. (*cf.* Supplementum Praefationis III in Ammonius, *In Porphyrii Isagogen*, ed. Busse, p. XLV): καὶ οὐ ταύτην ἁπλῶς ἀλλὰ σοφίαν λέγομεν τὸ σαφές, σαφὲς δὲ λέγομεν τὸ φανερόν, φανερὰ δὲ λέγομεν τὰ ἄυλα· περὶ γὰρ ταῦτα ἡ φιλοσοφία καταγίνεται. εἰ δὲ μὴ ὑποπίπτει ταῦτα ἡμῖν, οὐχὶ διὰ τὴν οἰκείαν σμικρότητα ἀλλὰ διὰ τὴν οἰκείαν ἀσθένειαν, ὥσπερ καὶ ταῖς νυκτερίσιν ὁ ἥλιος σκοτεῖν δοκεῖ διὰ τὴν ἀσθένειαν τῆς αἰσθήσεως. On Pythagoras and the use of the word *philosophia*, *cf.* Diogenes Laertius I. 12 and Aetius, *Plac.*, I 3.8 (= Diels, *Doxographi Graeci*, pp. 281–282). It is interesting to notice in the passage of Ammonius' commentary to Porphyry the particular quotation of Homer, *Iliad* XXIII. 712 as ἐπεὶ σοφὸς ἤραρε τέκτων. In the first place we must observe the occurrence of the word σοφός instead of κλυτός. Eustathius does not quote this variant (which, to judge from Allen's *editio maior*, does not occur in any manuscript of Homer) in his note to XXIII. 712, but in his note to XV. 412 εὖ εἰδῆ σοφίης ὑποθημοσύνησιν Ἀθήνης (this is the only occurrence of the word σοφίη in Homer; N.B. this passage is also quoted by Ammonius, Asclepius, and Philoponus) he has a note on the meaning of σοφία where he quotes σοφὸς ἤραρε τέκτων; *cf.* Eustathius, *Ad Il.*, 1023, 12–15: σοφίαν δὲ οὐ τὴν λογικὴν φησιν ἀλλ' ἁπλῶς τὴν τέχνην ἔθει ἀρχαίῳ, καὶ μάλιστα τὴν χειρωμακτικήν, ἣν οἶδέ τις ὑποθημοσύναις Ἀθήνης κατὰ τὸν ποιητήν, τῆς, ὡς πολλαχοῦ δηλοῦται, τοιαύταις τέχναις ἐπιστατούσης. οἱ γὰρ παλαιοὶ σοφοὺς ἐκάλουν ἅπαντας τοὺς τεχνίτας, ὡς τό, σοφὸς ἤραρε τέκτων. This variant of *Iliad* XXIII. 712 was also known to Clement of Alexandria; *cf. Strom.*, I. 4.1: Ὅμηρος δὲ καὶ τέκτονα σοφὸν καλεῖ. It is also interesting to notice in this quotation the word ἐπεί which occurs both in Ammonius and in Asclepius (*cf.* also Elias, *Proleg.*, p. 24, 3 and David, *Proleg.*, p. 46, 8), whereas Philoponus starts his quotation with σοφός.

Lines 50–51: The reference to Plotinus is *Enn.* I. 3.3. The passage is quoted by Philoponus I. κζ. *Cf.* also Asclepius, *In Metaph.*, p. 151, 4–6 (Hayduck): διὸ φησιν ὁ Πλωτῖνος "δοτέον τοῖς νέοις τὰ μαθήματα πρὸς συνεθισμὸν τῆς ἀσωμάτου φύσεως." Philoponus' quotation of the passage is close to Asclepius' (*cf.* Philop. I. κζ 2–3): παραδοτέον γὰρ τοῖς νέοις τὰ μαθήματα, Πλωτῖνός φησι, πρὸς συνεθισμὸν τῆς ἀσωμάτου φύσεως. Plotinus, *Enn.* I.3.3 has: τὰ μὲν δὴ μαθήματα δοτέον πρὸς συνεθισμὸν κατανοήσεως καὶ πίστεως ἀσωμάτου. The reference to Plato is probably to the *Republic*; see also below Asclepius' comments on *Epinomis* 991 E 1–992 B 3 quoted by Nicomachus in I.3.5.

Lines 51–53: Here the reference to Plato is *Timaeus* 52 B 2, λογισμῷ τινι νόθῳ. *Cf.* also Asclepius, *In Metaph.*, p. 131, 18–19 (Hayduck): διὸ καὶ ὁ Πλάτων νόθῳ λογισμῷ ληπτὴν αὐτὴν εἶναι ἔλεγεν and *ibid.*, p. 133, 3: καὶ ὡς ὁ Πλάτων φησί, νόθῳ λογισμῷ ληπτή.

Asclepius I. α and Philoponus I. α are parallel. Philoponus most probably did not have anything but the text of the notes from Ammonius' lectures for the quotation or paraphrase from Aristocles. This did not prevent him from expanding, as may be seen from a comparison of Philoponus' text with that of Asclepius. Notice his expansion of the quotation of *Iliad* XX. 216–217 to 215–218. As I have said above, it is possible that only the five different meanings of σοφία belong to Aristocles and not the connection of each of them with a different period of the evolution of humanity. But even if this connection also Ammonius got from Aristocles, in all likelihood lines 15–49 do not constitute a verbatim quotation and consequently no arguments based on the occurrence of a definite word should be used. And, if this text is to be included in a collection of the fragments of Aristocles, the version given by Asclepius is the one that should be accepted and not that of Philoponus. Heiland in his edition of Aristocles (*Aristoclis Messenii reliquiae*, Diss. Giessen, 1925) prints the whole text of Philoponus I. α and considers that this, although in part contaminated by some more recent material, contains the essence of a passage of Aristocles' *De Philosophia*. But after what we said above, it should be

obvious that, at best, only lines 15–49 contain material coming from Aristocles.

Asclepius I. β

The lemma given by Asclepius (ἢ δημιουργίας) is more appropriate than the one given by Philoponus (ἀλλ' ὅ γε Πυθαγόρας). In line 2, A and M read τά instead of γάρ; for a similar mistake, *cf.* I. α 51.

The line quoted from Homer is *Iliad* XXIII. 318, which is also quoted by Philoponus in a passage which reproduces almost verbatim what Asclepius has stated. The verse was probably quoted from memory; the correct quotation is μήτι δ' ἡνίοχος περιγίγνεται ἡνιόχοιο.

Asclepius I. γ

Here again the lemmata given by Asclepius and Philoponus are different. The passage starts with the demonstration of the Neoplatonic notion that the "forms" which are in this world are derivative from the true forms which are in the intelligible world; the heavenly bodies are intermediate between the two.

Lines 4–5: ἐπειδὴ τοῖς μὴ οὖσι παράκεινται. Both A and M omit μή; but it seems to me that the negative is needed. Asclepius is giving the reason why the things in our world are not κυρίως ὄντα, and since παράκεινται means "being closely connected with" (*cf.* Iamblichus, *De Communi Math. Scientia*, p. 88, 17–19 [Festa] καθόλου μὲν οὖν δεῖ προειδέναι ὡς παράκεινται τῇ μαθηματικῇ θεωρίᾳ ἥ τε θεολογικὴ ἐπιστήμη καὶ ἡ φυσικὴ κτλ.), it seems that we need μή, which I have supplied from Philoponus (I. γ, 3). *Cf.* also below, lines 12–13: οὐκ εἰσὶ τὰ ἐνταῦθα κυρίως ὄντα ἀλλά πῃ ὄντα, ἐπειδὴ τῷ μὴ ὄντι πλησιάζουσι.

In lines 35ff., the passage where Aristotle calls the objects of knowledge καθαρά and φωτιστικά is identified as *Metaphysics* α minor; Philoponus does the same thing (I. γ, 33–34). This is the same passage paraphrased by Asclepius and Philoponus in I. α and which many critics take as a fragment of Aristotle's *De Philosophia*. Against this see also Introduction, p. 14 and n. 70, and the note to Asclepius I. α.

In lines 45–53 Asclepius paraphrases *Phaedo* 65 A 9ff. The same paraphrase occurs in Philoponus I. γ, 40–45. The text of A, M, and P is confused here and I have corrected it according to the text of Philoponus; see the critical apparatus *ad loc*. This is but another proof that ultimately A and M go back to the same archetype (see Introduction, p. 21).

In lines 68–71 Asclepius quotes *Timaeus* 27 D 6–28 A 1. In explaining this passage Asclepius argues against those who interpret the *Timaeus* as asserting that the universe had a beginning in time because Plato calls the cosmos γενητός. Asclepius argues that Plato calls the cosmos γενητός because it always is in process. Philoponus, as we saw (*cf.* Introduction, pp. 10–12), has substituted this explanation with a more non-committal διὰ τὸ συνεχὲς τῆς μεταβολῆς and has suppressed the polemic against those who interpret the *Timaeus* as asserting a beginning in time for the universe. The defense reported by Asclepius was a favorite one since the time of Middle Platonism. *Cf.* Alcinous, *Epitomé* XIV. 3 (Louis): ὅταν δὲ εἴπῃ (*sc.* Πλάτων) γενητὸν εἶναι τὸν κόσμον, οὐχ οὕτως ἀκουστέον αὐτοῦ, ὡς ὄντος ποτὲ χρόνου ἐν ᾧ οὐκ ἦν κόσμος· ἀλλὰ διότι ἀεὶ ἐν γενέσει ἐστὶ καὶ ἐμφαίνει τῆς αὐτοῦ ὑποστάσεως ἀρχικώτερόν τι αἴτιον. *Cf.* also Taurus, *apud* Philoponus, *De Aeternitate Mundi*, pp. 145, 8–147, 13 (Rabe) and Proclus, *In Timaeum*, vol. I, pp. 290, 13–291, 12 (Diehl).

In line 75 I have emended αὐτῷ to αὐτόν The dative cannot be right because both (a) "it (sc. the quotation) does not mean for him...", and (b) "he does not mean γενητόν by it..." are impossible. τό cannot be the subject of βούλεται and, moreover, in (b) the article is in the predicate, and in that case it can only be understood as introducing a quotation and not as part of the quotation itself. This is precisely why I have emended the text: "there (sc. in the Timaeus) he does not mean (this) "it is generated," that is, that the cosmos came into being; for he says that it is always becoming, etc." The conjecture of Pᵃ (αὐτός) does not solve the problem.

In lines 78–79, ὅθεν καὶ ὄν (ἀντὶ τοῦ κυρίως ὄντος) οὐδέποτέ ἐστι refers to the cosmos. What Asclepius means is that, despite the fact that the universe has no beginning or end, it still is not true being; cf. Asclepius I. 1 7–11, where à propos of the same passage of the Timaeus he says: διὰ παντὸς γὰρ ῥεῖ καὶ τρέπεται, ὡς καὶ Πλάτων φησὶν ἐν Τιμαίῳ, ὅτι ἐκεῖνα μὲν γένεσιν οὐκ ἔχει, ἀλλ' ἀεὶ ὄντα εἰσί, τὰ δὲ τῇδε γίνονται, ὅ ἐστιν ἀλλοιοῦνται, καὶ οὐκ εἰσὶν οὐδέποτε κυρίως ὄντα. See also Asclepius I. 1 13–14.

Asclepius I. δ

Here again the lemmata of Philoponus and Asclepius are different. The reference to Aristotle is to the *Posterior Analytics* 71 B 15–16, 88 B 30ff., etc.

Lines 3–4, ἀεὶ διατελοῦντα ἐν τῷ κόσμῳ are a quotation of Nicomachus I. 2 (lines 11–12 [Hoche]) which Asclepius proceeds to explain. This corresponds to a different paragraph in Philoponus (= Philoponus I. ε).

Asclepius I. ε

Again, here, the lemmata of Asclepius and Philoponus are different.

Line 2: cf. Aristotle, *Categ.* 1 A 1–3: ὁμώνυμα λέγεται ὧν ὄνομα μόνον κοινόν, ὁ δὲ κατὰ τοὔνομα λόγος τῆς οὐσίας ἔτερος, οἷον ζῷον ὅ τε ἄνθρωπος καὶ τὸ γεγραμμένον.

Asclepius I. ς and ζ 1–10

For a comparison of these passages with the corresponding ones in the commentary of Philoponus, see Introduction, pp. 9–10. In both passages Philoponus gives the same lemmata as Asclepius, but those of Asclepius are fuller.

Asclepius I. ζ 10ff.

Here it is necessary to suppose that ταῦτα δὲ κτλ. are meant to be a commentary on ἀσώματα in Nicomachus (= θ–ι in Philoponus).

Asclepius I. ι

In line 7 Asclepius starts to comment on the words ἀλλ' ἀεὶ μεταρρεῖ (cf. crit. app. ad loc.); this is indicated by a different paragraph in the commentary of Philoponus.

In lines 8–13 Asclepius paraphrases *Timaeus* 27 D 6–28 A 4: τί τὸ ὄν ἀεί, γένεσιν δὲ οὐκ ἔχον, καὶ τί τὸ γιγνόμενον μὲν ἀεί, ὂν δὲ οὐδέποτε; τὸ μὲν δὴ νοήσει μετὰ λόγου περιληπτόν, ἀεὶ κατὰ ταὐτὰ ὄν, τὸ δ' αὖ δόξῃ μετ' αἰσθήσεως ἀλόγου δοξαστόν, γιγνόμενον καὶ ἀπολλύμενον, ὄντως δὲ οὐδέποτε ὄν. This passage of the *Timaeus* is quoted verbatim by Nicomachus in I.2.2.

Asclepius I. ια

In lines 1–7 Asclepius refers back to I. α where he pointed out what is the purpose of Nicomachus' *Introduction to Arithmetic*. The three things stated here, namely, (a) that philosophy is love of wisdom, (b) that there are five dif-

ferent meanings of σοφός, and (c) that true philosophy has as its object eternal being, were stated in I. α. The same reference backward we find in Philoponus.

In line 4 the manuscripts of Asclepius have Ἀριστοτέλης instead of Ἀριστοκλῆς but the emendation is obvious if we compare this passage with I. α. According to Hoche's edition of Philoponus the latter here has Ἀριστοκλῆς. That the two names were easily confused by scribes is shown by the fact that in I. α some manuscripts of Philoponus have Ἀριστοτέλης for Ἀριστοκλῆς.

For lines 17 and 26–27, εὐζωΐα, cf. Aristotle, *Nicom. Ethics* 1098 B 21. Notice also the example of the builder of the house and the connection with the Aristotelian final cause, etc. All this Asclepius gets from Nicomachus.

Lines 33ff: There is a scholion in M (f. 98v.): πλῆθος μὲν ἐπὶ τὸ πλέον, μέγεθος δὲ ἐπὶ τὸ ἔλαττον· τὸ γὰρ πλῆθος ἀπὸ μονάδος ἀρχόμενον καὶ ἐπὶ τὸ πλέον προχωρεῖ καὶ πέρας οὐκ ἐπιδέχεται· τὸ δὲ μέγεθος ἀπὸ ὄγκου ἀρχόμενον, εἶτα εἰς λεπτότερα κατατεμνόμενον τὴν ἀπειρίαν ἔχει καὶ τὸ ἀόριστον μέχρι σημείου, οὗ μέρος οὐδὲν τμηθῆναι μὴ δυνάμενον.

In line 49 ταῦτα refers to τὸ συνεχὲς καὶ τὸ διωρισμένον.

Lines 66ff.: The reference is to the *Republic*, Book VII, especially 519 C 8ff. Cf. Asclepius, *In Metaph.*, p. 20, 6–16 (Hayduck): ὥστε ἡ σοφία οὐ τῆς πράξεώς ἐστιν, ἀλλὰ τῆς θεωρίας. ὅμως μέντοι γε ὁ Πλάτων παρακελεύεται τοὺς φύλακας ἀνάγειν μέχρι τῆς πρώτης θεωρίας· εἶτα φησιν ὅτι καὶ πάλιν μετὰ τὸ ἀναγαγεῖν αὐτοὺς καταγάγωμεν ἐπὶ τὴν ὕλην καὶ τὴν φροντίδα τῶν ὑλικῶν πραγμάτων. καὶ φησιν "ἐποφείλουσι γὰρ τῇ θρεψαμένῃ τε καὶ παιδευσάσῃ αὐτοὺς καὶ τοιούτους ἀποτελεσάσῃ." ὥστε οὐ δεῖ λέγειν "διὰ τί γεωμετροῦμεν ἢ ἀστρονομοῦμεν; οὔτε γάρ ἐστι κέρδος ἐντεῦθεν." αὗται γὰρ αἱ ἐπιστῆμαι ζητοῦνται οὐ διὰ κέρδος, ἀλλὰ διὰ τὸ ἀγαθὸν τῆς ψυχῆς· κλίμαξ γάρ ἐστι καὶ δι' αὐτῶν, φησιν, ἀνερχόμεθα ἐπὶ τὴν πρωτίστην πασῶν ἐπιστημῶν, τὴν ὄντως σοφίαν, ἥτις οὐ δι' ἄλλο ἀλλὰ δι' αὑτήν ἐστιν ἀρετή.

In line 69, in favor of ἀνάγεσθαι are Philoponus, Asclepius, lines 64 and 67, and Asclepius, *In Metaph.* quoted above. Plato (*Republic* 519 C 9) has ἀφικέσθαι.

Lines 76–80: The quotation from Proclus does not occur in the commentary of Philoponus. I am unable to identify this quotation in the extant writings of Proclus. See Iamblichus, *Protrepticus*, p. 47, 12ff. (Pistelli).

In line 76 we should probably keep ὅ = "that which" = "as"; to read the article would be perhaps too harsh. At first it may appear that ὅ is the relative of ταῦτα in line 80; but in lines 80–81, ταῦτά ἐστιν ἃ βούλεται διὰ τούτων διδάξαι, does not refer to Proclus but to Nicomachus or to Ammonius (cf. Introduction, p. 17).

Asclepius I. ιγ–ιδ

Here the lemmata of Asclepius and Philoponus are different. The corresponding paragraphs in the commentary of Philoponus are in the reverse order; cf. Introduction, p. 13.

Asclepius I. ιγ

Line 2: οὐ γὰρ τῶν ὄντως νοητῶν. Cf. Philoponus I. ιη 1–2: οὐδὲ γὰρ περὶ τῶν κυρίως νοητῶν ὑπερκοσμίων ὁ λόγος νῦν, ἀλλὰ περὶ τῶν μαθηματικῶν.

In lines 2ff. Asclepius refers to the famous passage of the divided line, that is, *Republic* 509 D ff. Cf. Asclepius, *In Metaph.*, p. 142, 7–11 (Hayduck): καὶ ὁ Πλάτων πάλιν ἐν τῇ Πολιτείᾳ λαμβάνει μίαν εὐθεῖαν καὶ τέμνει αὐτὴν δίχα εἰς νοητὴν οὐσίαν καὶ αἰσθητήν, καὶ τὴν νοητὴν διαιρεῖ εἴς τε νοητὴν καὶ διανοητήν· καὶ πάλιν τὴν ἄλλην εἰς αἰσθητὴν καὶ εἰκαστήν.

In line 6 there is a reference to the λόγοι δημιουργικοί which is not reproduced by Philoponus.

Asclepius I. ιθ

What Asclepius says about Androcydes is based on Nicomachus I.3.3. Androcydes is mentioned by [Iamblichus], *Theologumena Arithmeticae*, p. 52, 9–10 (de Falco) as Ἀνδροκύδης τε ὁ Πυθαγορικὸς ὁ περὶ τῶν συμβόλων γράψας. Philoponus I. κα 18–24 who expands what Nicomachus reports about Androcydes probably did not have before him anything but the text of Nicomachus.

Asclepius I. κ-κγ

Here again what Asclepius and Philoponus report about Archytas is based on the quotation that Nicomachus has (Nicomachus, p. 6, 17–p. 7.4 [Hochel]) = Archytas B 1 (vol. I, p. 431, 36–p. 432, 9 [Diels-Kranz]).

Asclepius I. κα

In lines 2–3 the manuscripts of Asclepius read εἰ μὲν ἀδελά. The correction to εἴμεν ἀδελφεά is necessary and is guaranteed by the text of Nicomachus. This is one more example that A and M go back ultimately to the same archetype (*cf.* Introduction, p. 21).

Asclepius I. κβ-κγ

These paragraphs are in the reverse order. For an example of this in the commentary of Philoponus, *cf.* Introduction, p. 13 and above note to I. ιγ-ιδ. But, whereas in the case of Philoponus the same paragraphs in the correct order are given by Asclepius, in the present case Philoponus has no corresponding passage to Asclepius I. κγ.

Asclepius I. κδ-λ

Here Asclepius and Philoponus comment on *Epinomis* 991 E 1–992 B 3 which is quoted by Nicomachus probably from memory. That Asclepius and Philoponus based their comments on the quotation given by Nicomachus is shown by the fact that they both read εἴ τις εἰς ἓν βλέπων as does the text of Nicomachus according to Hoche. Apparently not all the manuscripts of Nicomachus have εἰ (*cf.* D'Ooge, Robbins, and Karpinski, *Nicomachus of Gerasa. Introduction to Arithmetic*, p. 185, n. 3), but even so it is clear that the text of Nicomachus which Asclepius and Philoponus had in front of them was the same, in this respect, as the one adopted by Hoche. In Philoponus I. κζ Plotinus is quoted; this quotation does not occur in the commentary of Asclepius; but the same passage of Plotinus' was referred to by Asclepius and Philoponus in I. α (*cf.* above n. to I. α).
κδ. 1: εἴρηται. *Cf.* Asclepius I. α, 49 ff.

Asclepius I. κη

In lines 1–3 Asclepius refers back to I. ια 29–30. Same reference backward in Philoponus, I. κη.

Asclepius I. κθ

In line 2 after οὐ δυνάμεθα either one must indicate a lacuna, for there is something like πρὸς φιλοσοφίαν ἰέναι (*cf.* Philoponus I. κθ, 2) missing, or one must suppose that ἐπὶ τὰ νοητὰ ὁδεῦσαι goes also with οὐ δυνάμεθα.

This paragraph of Asclepius is very close in language to Philoponus I. κθ and yet we can discern here signs of Philoponus' re-elaboration. This re-elaboration is not limited to his expansions of the text which contained the notes from Ammonius' course; in the quotation of Hesiod, *Opera et Dies* 291–292 (*cf.* Rzach's *editio maior ad loc.*), Philoponus has suppressed ἣν δ' ἐς ἄκρον ἵκηται.

In lines 11–15 Asclepius quotes an anecdote narrated by Ammonius. This anecdote is also present in the Philoponus

text, but Philoponus has changed it in order to underline his special relationship to Ammonius; *cf.* Philoponus I. κθ 8–11: ποτὲ γοῦν τις ἐμοὶ συνήθης ἀπόδειξιν γεωμετρικοῦ τινὸς θεωρήματος ὑπὸ τοῦ διδασκάλου παραλαβὼν καὶ τῇ κατασκευῇ λίαν ἐφηδόμενος, ἐπειδὴ πρὸς τῷ συμπεράσματι γέγονεν, ἀνιᾶσθαι ἔφη τοῦ λόγου πέρας εἰληφότος, ὥσπερ εἴ τις ὄψῳ λίαν ἡδοντι ἢ ποτῷ τινι, ἐπειδὰν δαπανηθείη λυπούμενος. See Introduction, p. 13 and Westerink, *R.E.G.* 77 (1964): pp. 534–535.

Asclepius I. λα

In line 6, after βαδίσαι, with which Philoponus finishes his commentary on κλίμαξί τισι, Asclepius continues with αὐτὰ καθ' αὑτά εἰσι θεῖα τὰ μαθήματα καὶ οὐ μετὰ τῶν ἐνύλων. In the manuscripts of Asclepius these words are indicated as a new lemma, but in the text of Nicomachus we find nothing like it. It is possible that we have here another instance of the fact that the commentary of Asclepius was left in large measure unrevised (*cf.* Introduction, pp. 12 ff.), but it is more likely that in the present case there has been a shift in order to comment on another part of Nicomachus' text and that a scribe mistook these words for a new quotation. At any rate with αὐτὰ καθ' αὑτά κτλ. Asclepius comments on Nicomachus I. 3.6 τῇ δὲ αὐλίᾳ κτλ.

In line 9 there is an obvious shift to Nicomachus I. 3.7 ὄμμα γὰρ τῆς ψυχῆς κτλ. Philoponus I. λα 5 quotes *Odyssey* IX. 36; this is not included in the commentary of Asclepius.

In lines 17–18 Asclepius quotes Homer, *Iliad* V. 127–128. The same lines are quoted by Philoponus (I. λβ 16–17) with some variations. The text given by Asclepius is on the whole better.

Philoponus I. λα paraphrases a passage of Plato's *Republic* which is also paraphrased by Nicomachus; there is nothing like this in Asclepius.

Asclepius I. λγ

Asclepius starts by referring back to the passages where it was pointed out that it is impossible to arrive at the goal of true philosophy unless one has acquired enough knowledge of the four mathematical sciences, i.e. arithmetic, geometry, music, and astronomy (*cf.* Asclepius I. α, ια, ιθ, κδ, κη, κθ). Same reference backward in Philoponus I. λγ.

In lines 5–8 Asclepius paraphrases Nicomachus' statement that the ideas are the thoughts in the mind of God (Nicomachus I. 4.2) and his special reference to arithmetic with the words ἡ ἀριθμητικὴ πολιτεύεται παρὰ τῷ δημιουργῷ, εἴ γε ἐκεῖ εἰσιν οἱ λόγοι τῶν εἰδῶν πάντων. Same description in Philoponus I. λδ, 1–2. Asclepius continues his explanation insisting, as he has done before, that what is in the mind of God is really the *LOGOI* of things or forms, not the things or forms themselves (*cf.* above Asclepius I. ιγ and n. *ad loc.*). In the reference to Homer Asclepius only mentions Athena and Hephaestos, whereas Philoponus adds a reference to Apollo.

In line 9 the manuscripts read μετρικός, whereas the correct reading must be μετρητικός (*cf.* Introduction, p. 21).

In line 42 ὁ γεωμέτρης is of course Euclid and the reference itself says that it is to Book V of the *Elements*. Same reference in Philoponus I. λδ, 25. After showing that arithmetic is the first of the four sciences to be studied because it is arithmetical number that the λόγοι τῶν εἰδῶν imitate in the mind of God, Asclepius goes on to show that also by its very nature arithmetic is to be studied before geometry, music, and astronomy. Philoponus I. λδ has the same content and the two texts are very close here; yet Philoponus has modified one thing here, another there, and the reader should compare carefully the two passages to become aware of the way in which Philoponus edited the notes from Ammonius' lectures on Nicomachus.

Asclepius I. λη

Here the manuscripts of Asclepius read καθάπερ οὐ τὸ μέγα in the lemma. In cases such as this I have emended, because the text of Nicomachus and the sense guarantee the true reading. The mistake might have been prompted by the fact that Asclepius had in mind οὐ μόνον...καθάπερ τὸ μέγα τοῦ μείζονος; he might have written οὐ...καθάπερ κτλ. and this was changed by a scribe to καθάπερ οὐ.

Asclepius I. μ

In the corresponding passage of Philoponus there is a reference to the Pythagoreans à propos of the "music of the spheres." There is no such reference in Asclepius.

Asclepius I. μα

In lines 1–5 Asclepius recalls that it has been said that only through the four mathematical sciences can we reach philosophy (cf. Asclepius I. α, ια, ιθ, κδ, κη, κθ, λγ, etc.) and also that it was shown that arithmetic is by nature prior to geometry, music, and astronomy (cf. Asclepius I. λγ and ff.). Now he says that we must study the model that is in the mind of God, that is number (cf. lines 5–8). This has also been said in the commentary to Nicomachus I. 4.2. The same references backward are to be found in Philoponus I. μβ 1–5. The rest is based on Nicomachus I. 6 which, in its turn, develops the cosmological ideas of the *Timaeus* in Neopythagorean fashion.

In lines 12ff. Asclepius, following Nicomachus, says that the "dianoetic" number is a composite, σύγκειται ἄρα ἐξ ὄντων καὶ ὁμογενῶν καὶ ἐναντίων. This definition and the one in lines 23–26 ἡ ἁρμονία ἐξ ἐναντίων σύγκειται, οἱ Πυθαγόρειοι δηλοῦσι· φασὶ γὰρ ὅτι ἁρμονία ἐστὶ πολυμιγέων καὶ δίχα φρονεόντων ἕνωσις (this latter definition is taken verbatim from Nicomachus II. 19.1) probably go back to the fragments attributed to Philolaus; cf. especially fragments 2, 4, and 10 (the last is precisely Nicomachus II. 19.1) = vol. I, pp. 407, 408–411 (Diels-Kranz).

Asclepius I. μδ

In lines 3–5 Asclepius reports the opinion of Amelius, the student of Plotinus, according to whom even the λόγοι τῶν κακῶν are in the mind of God; this text is also reported by Philoponus I. με 2–3, but there is a misprint in Hoche's edition which has ἀμέλει in line 2 instead of 'Αμέλιος (the misprint is noticed by Hoche himself at the bottom of p. 52 of the first book). This misprint is probably the reason why the commentary of Philoponus on Nicomachus was not quoted by Zoumpos as the source of fr. XXXVIII of Amelius. Cf. *Amelii Neoplatonici Fragmenta*. Collegit A. N. Zoumpos, Pars Prior. (Athenis, 1956). Zoumpos gives as his source for this fragment A. Mai's *Spicil. Rom.* II, 20, which contains a selection of texts taken from Philoponus' commentary.

Asclepius I. με

The manuscripts of Asclepius give as lemma καὶ αὐτὸν ἐπιστημονικόν. I have added τόν, which is also the reading of some manuscripts of Nicomachus (Cμ). I have corrected the text according to the text of Nicomachus, because there appears to be a mistake by a scribe.

Asclepius I. μθ

Asclepius here paraphrases the definitions of number given by Nicomachus. The definition of number as a collection of units most probably originated with the early Pythagoreans in the fifth century B.C. (cf. Cherniss, *Aristotle's Criticism of Presocratic Philosophy* [Baltimore, 1935], pp. 387–389). The second definition or "fluxion" theory is later. On the definitions of number see Heath, *The Thirteen Books of Euclid's Elements* 2: p. 280; see also Iamblichus, *In Nicomachi Arith. Introd.*, pp. 10, 8– 11,26 (Pistelli), who expands the number of definitions given by Nicomachus. Cf. Heath, *A History of Greek Mathematics* 1: pp. 69–70.

Asclepius I. νδ

1–3: Both Asclepius and Philoponus misunderstand Nicomachus (pp. 13, 20–14, 4 [Hoche]) by relating παρεμφαίνων to δυάδος instead of to ἄρτιος, since any even number can be divided into two even or two odd numbers.

Asclepius I. νς

We can see that in this paragraph Asclepius is more explicit than Philoponus in his explanation, but this does not make his text clearer; Philoponus in the corresponding paragraph has suppressed Asclepius' unnecessary repetitions of examples.

Asclepius I. νζ

For Nicomachus' definition of number in I. 8.1 and the special rôle that he assigns to the monad or unit because of this definition, cf. D'Ooge, Robbins, and Karpinski, *Nicomachus of Gerasa. Introduction to Arithmetic*, p. 48 and note 1.

Asclepius I. νη

In line 1, εἰρήκαμεν refers to μα, especially lines 35–37.

Asclepius here merely paraphrases Nicomachus' tripartite division of even numbers. He also follows Nicomachus in the tripartite division of odd numbers (which Nicomachus develops in I. 11ff.). Euclid in Book VII of the *Elements* has a quadripartite classification (even-times even, even-times odd, odd-times even, and odd-times odd) which applies to all numbers, whereas Nicomachus' classification of the even and of the odd (which he divides into three parts to balance the tripartite classification of the even) is not very significant. Cf. Heath, *A History of Greek Mathematics* 1: pp. 70ff. See also Heath's notes on Euclid Book VII, Definitions 11–14 and D'Ooge, Robbins, and Karpinski, *Nicomachus of Gerasa. Introduction to Arithmetic*, p. 192, n. 2 and p. 201, n. 1. It is to be noticed that in the corresponding passage Philoponus gives only the classification of the even number, not that of the odd number; see below note to I. πγ.

Asclepius I. νθ

In line 3 there is a shift to comment on παρακολουθεῖ δὲ αὐτῷ (= Nicomachus I.8.6) and this corresponds to Philoponus I. ξς.

This passage of Asclepius has a somewhat confused way of stating what Philoponus develops with much more clarity in I. ξς. The interpretation of δύναμις as the quotient of a number when the latter is divided, which both Asclepius and Philoponus give as the meaning of the word in Nicomachus, is probably mistaken. δύναμις here should be translated as "value"; cf. D'Ooge, Robbins, and Karpinski, *Nicomachus of Gerasa. Introduction to Arithmetic*, p. 193, n. 3 and the references there given.

Asclepius I. ξα

In this passage, and in the corresponding passage in the commentary of Philoponus (= Philoponus I. ξη), Euclid is criticized for his definition of the "even-times even." This refers to Euclid, *Elements* Book VII, Definition 8: ἀρτιάκις ἄρτιος ἀριθμός ἐστιν ὁ ὑπὸ ἀρτίου ἀριθμοῦ μετρούμενος κατὰ ἄρτιον ἀριθμόν. Of course this criticism does not have any validity, for it depends on the acceptance of the tripartite division of the even number that Nicomachus has given. Euclid's classification is different and is better than the classification given by Nicomachus; *cf.* above note to I. νη and the references there given. Criticism of Euclid and the corresponding praise of Nicomachus is not an exclusive feature of the commentaries of Asclepius and Philoponus, for it is also a characteristic of the commentary of Iamblichus. Iamblichus himself criticizes the same definition of Euclid in similar terms; *cf.* Iamblichus, *In Nicom. Arith. Introd.*, pp. 20, 7–21, 4 (Pistelli). This is one more proof that the Neoplatonists (perhaps with the exception of Proclus) preferred Nicomachus' speculations on number to the more scientific treatment given by Euclid.

Asclepius I. ξβ

Asclepius here insists in his notion that δύναμις means quotient. *Cf.* above note to I. νθ.

Asclepius I. ξϛ

This passage of Asclepius really fails to explain fully what Nicomachus states in I. 8.10 ff. The corresponding passage in the commentary of Philoponus is more precise. See also D'Ooge, Robbins, and Karpinski, *Nicomachus of Gerasa. Introduction to Arithmetic*, p. 194, note 2 and p. 195, notes 1 and 2. Asclepius I. ξϛ–οα and the corresponding passages of Philoponus are quite different from one another. The Philoponus text is a better commentary on Nicomachus.

Asclepius I. ξη

In line 4, καὶ μίαν κτλ. is a commentary on the series that has an even number of terms.

Asclepius I. οα

In line 1, ἐλέγομεν, refers to ξϛ, 2 ff.

Asclepius I. οβ

Here the parallelism between the text of Asclepius and that of Philoponus starts again.

Asclepius I. οϛ

Asclepius' note to γνώμονες is not as full as that of Philoponus. *Cf.* also D'Ooge, Robbins, and Karpinski, *Nicomachus of Gerasa. Introduction to Arithmetic*, p. 197, n. 3.

In line 3 Asclepius starts to comment on Nicomachus I. 9.6 = Philoponus I. πζ.

Asclepius I. πα

In this instance Asclepius gives fewer examples than Philoponus. Both texts are merely a paraphrase of what Nicomachus says in I. 10.

In line 17, εἰρήκαμεν refers to οη, 8 ff.

In line 53, after ποιεῖ there is a marginal note by M² that I cannot decipher. It seems to be an addition to the text.

Asclepius I. πβ

This seems to have as parallel in the commentary of Philoponus, ϙε, 62 ff.

Asclepius I. πγ

Asclepius here comments on Nicomachus' tripartite division of the odd number. One must notice, however, that Asclepius already gave the tripartite division of the odd number in I. νη, when he commented on Nicomachus' classification of the even number. In the corresponding passage of Philoponus the latter refers forward to his comments on Nicomachus I. 11.1 (see above note to I. νη). On Nicomachus' classification of odd and even number, see above note to I. νη with the references there given.

Neither Asclepius nor Philoponus notice that according to Nicomachus' definition of prime number also 2, which is even, would be prime. But for Nicomachus prime number is a subdivision of odd number, not of number in general. *Cf.* Heath, *The Thirteen Books of Euclid's Elements* 2: pp. 284–285 (on Euclid's definition of prime number [Euclid, Book VII, Definition 11]).

Asclepius I. πε

This does not have a parallel passage in the commentary of Philoponus.

Asclepius I. πϛ

For the method that Eratosthenes called the "sieve" and for its insufficiency, *cf.* Heath, *A History of Greek Mathematics*, 1: p. 100.

Asclepius I. ϙα

In line 5, οὗτος (*sc.* ὁ πέντε) γὰρ δεύτερος means that five is the second in the series of odd numbers.

Asclepius I. ϙγ–ϙδ

These two paragraphs have no equivalent in the commentary of Philoponus. The lemmata given by Asclepius differ from the text of Nicomachus.

Asclepius I. ρα

Lines 7–10 refer to πϛ.

Asclepius I. ρβ

In line 6 οἱ ἅπαξ refers to the fact that in the diagram of p. 41 the square numbers had only one number over them; *cf.* Philoponus (ρζ 4–5): οἱ ὑφ' ἑνὸς ἐφ' ἑαυτὸν πολλαπλασιασθέντος.

Asclepius I. ρε

This is a simple paraphrase of Nicomachus I. 13.10–13. For this method of determining common factors, see Euclid, *Elements* Book VII. 1 and Book X. 2.

Asclepius I. ρϛ

For the ethical distinctions made in lines 27 ff., which are based on what Nicomachus says in I. 14.2, see Aristotle, *Eth. Nic.* 1106 B 24 ff.

Line 36: For Bias, *cf. Frag. d. Vorsokr.* 1: p. 65 (Diels-Kranz).

In line 46, with ἐπεὶ τοίνυν κτλ., Asclepius starts a commentary on Nicomachus I. 16.4 (= Philoponus I. ριε).

Asclepius I. ρθ-ρι

Here the manuscripts of Asclepius are confused. The last sentence in ρθ, οἱ δὲ ἄλλοι πάντες τέλειοι κατ' ἐνέργειαν, is indicated in A, M, and P as a new lemma. But this obviously belongs to ρθ, whereas what follows is the commentary to Nicomachus I. 17.1 προτετεχνολογημένου κτλ., which the best manuscript of Asclepius gives as προτεχνολογησαμένου. So, having made the necessary emendation, I have taken this and the following words as the new lemma.

Asclepius I. ρι

In line 2, εἰρήκαμεν refers to ια, 53 ff.
Strictly the study of relative number should, according to Nicomachus' statement in I. 3.1, belong to music.

Asclepius I. ρια

This passage which paraphrases Nicomachus' classification of relative number is somewhat imprecise.

In line 31, οὐ γὰρ μέρος should be understood as οὐ γὰρ ἓν μέρος μόνον. Cf. Philoponus I, ρκγ, 27.

In lines 45–48 the text of Asclepius is again confused and I have emended it in order to make it intelligible.

In lines 54–57 Asclepius mentions the (Pythagorean) notion that equality is the mother of inequality.

Asclepius I. ριδ

In line 3 the commentary shifts to comment on Nicomachus I. 18.1 (= Philoponus I. ρκθ).

Asclepius I. ρκ

In line 1, εἰρήκαμεν refers to ριη, 17–19.

Asclepius I. ρκδ

Asclepius and Philoponus paraphrase Nicomachus' definition of πυθμήν and give examples of it. πυθμήν is the lowest ratio in a series of equal ratios. πυθμένες is already used in this sense by Plato, *Republic* 546 B–C. See D'Ooge, Robbins, and Karpinski, *Nicomachus of Gerasa. Introduction to Arithmetic*, p. 216, note 1. For a different use of πυθμήν cf. Heath, *A History of Greek Mathematics* 1: pp. 115–117.

Asclepius I. ρκε

In lines 1–2, εἰρήκαμεν refers to ρια, 9 ff.

In line 2, σχέσεις refers to the divisions of relative number; this is stated by Philoponus I. ρλθ 1–2.

In line 5, after ἢ ἐπιμερές I have completed the sentence with ἢ πολλαπλασιεπιμόριον ἢ πολλαπλασιεπιμερές; this is probably an omission of a scribe, since in the previous line it was said that there are five divisions of the μεῖζον.

In line 8, οὐ θέσει καὶ νόμῳ, ἀλλὰ φύσει is taken from Nicomachus I. 19.14 οὕτω φύσει θείᾳ καὶ οὐ νόμῳ ἡμετέρῳ. This distinction was common in the Sophistic of the fifth century B.C.

In line 56 Asclepius jumps from the ἐπιμόριος to the πολλαπλασιεπιμόριος, omitting the ἐπιμερής.

After line 90 the manuscripts of Asclepius reproduce the diagram that Nicomachus has in p. 51.

Asclepius I. ρκθ

In line 22 notice the ναί which is suppressed by Philoponus in a sentence that otherwise is a verbatim reproduction of that of Asclepius. Cf. Westerink, *R.E.G.* **77** (1964): p. 531.

Asclepius I. ρλδ

In line 2, εἰρήκαμεν refers to ρκδ, 1–3.

Asclepius I. ρλη

In lines 8–9 I have excised τὸ δὲ τρίτον τοῦ τετάρτου μεῖζον; this phrase makes no sense here and is, in all probability, a scribal mistake: a scribe misunderstood δ^ου for "second" as τετάρτου.

Asclepius I. ρμα

Here Asclepius fails to explain the lemma of Nicomachus; Philoponus I. ρξγ gives the correct explanation. It is possible that Asclepius meant to explain only αἱ εἰδικαί; but even in this case rather than πολλαπλασιεπιδίτριτος and πολλαπλασιεπιτέταρτος he should have written διπλασιεπιδίτριτος and τριπλασιεπιτέταρτος.

Asclepius I. ρμδ

I have included the words τὸ διπλάσιον γὰρ μένει in ρμγ where they obviously belong. These words are given by the manuscripts of Asclepius as the lemma of a new paragraph. This paragraph of Asclepius corresponds to Philoponus I. ρξς but Philoponus gives as the lemma ὁσάκις μὲν γάρ (= Nicomachus p. 60, 16–17 [Hoche]). There are several possibilities: either the manuscripts, or Asclepius himself, are wrong when they indicate a new paragraph here and τὸ διπλάσιον γὰρ μένει κτλ. is simply part of the previous paragraph, or only the words indicated as a lemma are part of the previous paragraph and the lemma of the new paragraph is lacking, or the manuscripts of Asclepius are correct and τὸ διπλάσιον γὰρ μένει is lacking in the text of Nicomachus in p. 60 after lines 4–5. The most probable alternative seems to me to be that the mistake is due to a scribe and that the lemma is παρὰ τὴν ποσότητα παρονομασθήσεται; the scribe simply committed a mistake when he punctuated to indicate the lemma.

Asclepius I. ρν

According to the manuscripts of Asclepius the lemma includes ἐπεὶ ὡς εἴρηται εὑρεθήσεται τὸ αὐτό (line 2). But this must be a scribal mistake.

In line 2, ὡς εἴρηται refers to ρλε–ρλς.

Asclepius I. ρνβ

This passage should be compared with Philoponus I. ροη–ροθ. The passage of Asclepius is really parallel to ροθ. In the other paragraph, ροη, Philoponus has intercalated a philosophical digression.

Asclepius here paraphrases the principle of the "three rules" as enunciated by Nicomachus I. 23.7. If we have three equal terms, another three in different ratios can be derived from them, and, conversely, any proportion of three terms may be reduced to the original equality. The purpose of Nicomachus is to show that equality is the mother of any form of inequality (cf. also Asclepius I. ρια 54–57 and I. ρκε 12 ff. and II. α; the latter is his comment to Nicomachus II. 1.1). This principle was certainly known to Adrastus in the second century A.D. (cf. Theon, *Expositio Rerum Mathematicarum Ad Legendum Platonem Utilium*, pp. 107, 24–108, 8 [Hiller]). It is very likely that already Eratosthenes in the third century B.C. knew this principle of the three rules; cf. D'Ooge, Robbins, and Karpinski, *Nicomachus of Gerasa. Introduction to Arithmetic*, p. 225, n. 1 and the references there given. In the present passage Nicomachus gives the process of deriving from three equal numbers three unequal ones in different ratios; in II. 1–2 he gives the reverse process.

Asclepius II. α

In line 1, εἴρηται refers to I. ια, 53 ff., I. ρια, 1 ff., I. ρκε, 1 ff. Here Asclepius describes the process of reducing three numbers which are in a given ratio to their original equality. See above note to I. ρνβ.

Asclepius II. δ

In the lemma the MSS of Asclepius give εἰς and then τὴν ἰσότητα κτλ., omitting the rest but preserving the sense. The passage in Nicomachus reads (Nicomachus is speaking of the process of reducing three numbers with a given ratio to the basic equality) . . . μέχρις ἂν εἰς ἰσότητα ἀναχθῶσιν· ἐξ οὗ πᾶσα ἀνάγκη δηλονότι ἀποφαίνεσθαι, τὴν ἰσότητα τοῦ πρός τι ποσοῦ στοιχεῖον πάντως εἶναι (Nic. p. 75, 11–14 [Hoche]). Therefore I postulate a lacuna after εἰς.

Asclepius II. ε

In lines 4–5 ἐν τῇ ψυχογονίᾳ Πλάτωνος refers to *Timaeus* 35 A ff.

Lines 7–8 are corrupt and I cannot suggest an emendation.

In line 19 Asclepius starts his comment on Nicomachus II. 3.1 and after λέγει γοῦν there is a verbatim quotation of Nicomachus; *cf.* Asclepius, lines 20–22.

In line 20 ἡγήσεται means, with reference to the table in II. 3.4, "it will head a column." *Cf.* D'Ooge, Robbins, and Karpinski, *Nicomachus of Gerasa. Introduction to Arithmetic*, p. 231, n. 4.

In line 48 Asclepius starts his comment on Nicomachus II. 3.2, but there is no lemma, though ἀπὸ δὲ τῶν τριπλασίων οἱ ἐπίτριτοι πάντες (Nicomachus, p. 76, 13–14 [Hoche]) is probably meant.

In line 64, ἐν τῇ ψυχογονίᾳ refers to *Timaeus* 35 A ff.

In line 70 the commentary shifts to comment on Nicomachus II. 4.3. Asclepius starts with a quotation from Nicomachus, p. 79, lines 14–16 (Hoche), from which he omits only οἱ ἀνωτάτω.

Asclepius II. ς

In line 21 the commentary shifts to Nicomachus, II. 5.5.

In line 32 Euclid is mentioned (same reference in Philoponus, II. κ 6). *Cf.* Euclid, *Elem.* VI, def. 5.

Asclepius, II. ζ

The three alphas that the manuscripts have after ὑποτέτακται (lines 4–5) are meant to be an example of παράλληλος ἔκθεσις.

Asclepius, II. θ

For the role of the six categories of relative position and motion in Neopythagoreanism, see D'Ooge, Robbins, and Karpinski, *Nicomachus of Gerasa. Introduction to Arithmetic*, p. 238, n. 4 and the references there given.

Asclepius II. ια

In line 14, after εὑρίσκω ὅτι ὁ δ obviously a scribe has omitted συντίθημι τὸν δ καὶ τὸν ς, γίνονται ι· ὁ ι ἄρα τρίγωνος. πάλιν ζητῶ τοῦ δ τίς ὑπερέχει μονάδι, εὑρίσκω ὅτι ὁ ε; (*cf.* critical apparatus for the reading of A in lines 13–14). The mistake was caused by homoioteleuton.

In lines 37–38, ἔστι δὲ καὶ ἄλλη μέθοδος τετραγώνων, ἥτις ὀνομάζεται δίαυλος, εἴρηται δὲ καὶ ἐν ταῖς Φυσικαῖς, refer to a course on Aristotle's *Physics* given by Ammonius; see Philoponus, *In Phys.*, p. 393, 15–27 (Vitelli) which is based on Ammonius' lectures; *cf.* Introduction, p. 14 f.

Asclepius II. ιβ

In line 26, εἰρήκαμεν refers to II. ς, 72 ff.

After line 50 the manuscripts of Asclepius reproduce the diagram that Nicomachus has in p. 97, except that one more line with the ὀκτάγωνοι is added. The principle that Nicomachus ennunciates in II. 11.4 and which Asclepius (lines 1–25) and Philoponus (II, μα) paraphrase was ennunciated in the second century B.C. by Hypsicles; *cf. Diophanti Alexandrini Opera Omnia*, 1: pp. 470, 27–472, 4 (Tannery): καὶ ἀπεδείχθη τὸ παρὰ Ὑψικλεῖ ἐν ὅρῳ λεγόμενον ὅτι ἐὰν ὦσιν ἀριθμοὶ ἀπὸ μονάδος ἐν ἴσῃ ὑπεροχῇ ὁποσοιοῦν, μονάδος μενούσης τῆς ὑπεροχῆς, ὁ σύμπας ἐστὶν ⟨τρίγωνος, δυάδος δέ⟩, τετράγωνος, τριάδος δέ, πεντάγωνος· λέγεται δὲ τὸ πλῆθος τῶν γωνιῶν κατὰ τὸν δυάδι μείζονα τῆς ὑπεροχῆς, πλευραὶ δὲ αὐτῶν τὸ πλῆθος τῶν ἐκτεθέντων σὺν τῇ μονάδι. See also, *op. cit.*, p. 472, 20 ff.

Asclepius II. ιγ

After line 32 Asclepius is confused about the pyramidal numbers that follow 10; the next is 20, not 15, etc. Asclepius has confused the bases with the pyramidal numbers.

Asclepius II. ιδ

In line 3, ὡς εἴρηται refers to II. ιγ, 13 ff.

Nicomachus (p. 104, 2–4 [Hoche]) says that we may encounter the names of the truncated pyramidal numbers ἐν συγγράμμασι μάλιστα τοῖς θεωρηματικοῖς. Now both Asclepius (lines 8–12) and Philoponus (II, ν, 4) take this to be a reference to a sort of *Theologumena* such as the one that Nicomachus himself wrote. This interpretation of the reference is approved by Tannery, *Mémoires scientifiques* 2: pp. 188–189. But Nicomachus may simply be referring to theoretical writings on Arithmetics; at any rate there is no reason to think that in the *Theologumena* Nicomachus treated of the numbers that are truncated pyramids.

Asclepius II. ις–ιη

The anecdote about the duplication of the cube is not included in the commentary of Philoponus. For the anecdote *cf.* Theon Smyr. (from Eratosthenes' *Platonicus*), p. 2, 3–12 (Hiller); Eratosthenes, *ap.* Eutocius, *In Archim.* (3: pp. 88, 23–90, 11 [Heiberg] *cf.* Hiller, *Eratosthenis Carminum Reliquiae*, pp. 122–137); Plutarch, *De E ap. Delph.* 386 E; *De genio Socr.* 579 A–D; Philoponus, *In Anal. Post.*, p. 102, 12–20 (Wallies), *Anonymous Prolegomena*, 5. 15–24 (p. 11 [Westerink]). See Heath, *A History of Greek Mathematics* 1: pp. 244–270. The manuscripts of Asclepius have a scholion which I have transcribed in the Introduction, note 30.

In ιη after λήγουσιν in line 52 A has omitted some words, but because the manuscript is damaged I cannot read the first two lines of the page (*cf.* Introduction, p. 21).

Asclepius II. κα

In lines 7–8 the reference is to *Timaeus* 35 A ff.

Lines 87–91: the text is corrupt in line 89, but the emendation (ἀποπάλλεται) is guaranteed by a parallel passage of Asclepius where the same experiment is described; Asclepius, *In Metaph.*, p. 92, 20–25: ὁμοίως καὶ ἐπὶ τῆς διὰ πασῶν ἁρμονίας, ἥτις ἐστὶ καὶ κατακορεστάτη· ἔστι δ' ὁ τοιοῦτος λόγος διπλάσιος. διὸ ἐάν τις πλαγίαν θείη τὴν κιθάραν, ἐμβάλοι δὲ κάρφος εἰς τὴν νευρὰν τὴν ἀποτελοῦσαν τὸν διπλάσιον λόγον, κρούσῃ δὲ πρὸς ἣν ἡ σχέσις, ἀποπάλλεται τὸ κάρφος· τοσαύτη ἐστὶν ἡ συμπάθεια, καίτοι ἄλλων καρφῶν, εἴπερ εἶεν, μὴ κινουμένων. *Cf.* also Aristides Quintilianus, *De Musica* II, xviii (p. 90, 2–6 [Winnington-Ingram]): εἰ γάρ τις δύο χορδῶν ὁμοφώνων ἐς μὲν τὴν ἑτέραν σμικρὰν ἐνθείη καὶ κούφην καλάμην, θατέραν δὲ πόρρω τεταμένην πλήξειεν, ὄψεται τὴν καλαμηφόρον ἐναργέστατα συγκινουμένην· δεινὴ γὰρ ὡς ἔοικεν ἡ θεία τέχνη καὶ διὰ τῶν ἀψύχων δρᾶσαί τι καὶ ἐνεργῆσαι.

Asclepius II. κβ

In line 2, εἰρήκαμεν refers to II. κα.

Asclepius II. λ

In line 3, εἴρηται refers to II. κα, 11 ff.

Asclepius II. λβ

In lines 58 ff. the reference is to *Timaeus* 31 B 4 ff.

In line 63 the reference is to Plato, *Republic* 545 D ff. Nicomachus himself refers to this passage of the *Republic* (*cf.* Nicomachus II, 24.11 [p. 131, 7 ff., Hoche]). Philoponus refers to the passage of the *Timaeus*, but not to that of the *Republic*; he adds, however, a reference to Homer's Golden Chain and an allegorical interpretation of it.

Asclepius II. λγ

Since what is said in lines 8–10 is at variance with what was said about the arithmetical proportion at the beginning of the paragraph, we must assume that ἐνταῦθα in line 8 refers to the harmonic proportion; ἐνταῦθα, *sc. ἐν τῇ ἁρμονικῇ ἀναλογίᾳ.*

Asclepius II. λε

Here again in line 6 we have a lacuna, for the multiplication of 4 by 9 is lacking.

Asclepius II. λϛ

In line 1, εἰρήκαμεν refers to II. λβ, 73 ff.

In line 11, εἴρηται refers to II. κα, 11 ff., λβ, 78–79 and ff., etc.

In line 16, ἐδιδάξαμεν refers to I. ια, 53 ff., I. ρια, 4 ff., I, ρκε, 1 ff., II. α, 1 ff.

Asclepius II. λη

In lines 5–6 there is a mistaken reference to Aristotle's *On The Soul.* This reference, which is not to be found in the commentary of Philoponus, is another proof that the commentary of Asclepius was left unrevised (*cf.* Introduction, p. 12f.). It should be noticed that in Nicomachus, p. 135, line 12 (Hoche), the subject of φασί is those who agree with, or follow, Philolaus, and this same opinion held by Philolaus' followers is attributed by Asclepius to Aristotle. This mistaken reference can perhaps be explained. In the school of Ammonius a passage of Aristotle's *De Anima* (410 A 1–6) where Empedocles is quoted was taken to represent the Pythagorean notion that the cube, a harmonic proportion, was the structure of the earth, etc. *Cf.*, e.g., Philoponus, *In De Anima*, p. 176, 28 ff., a lengthy passage from which I quote only pp. 176, 32–177, 8: ἴσμεν ὅτι εἰς τὴν γένεσιν τῶν ὄντων τοὺς ἁρμονικοὺς οἱ Πυθαγόρειοι παρελάμβανον ἀριθμούς. εἰς τὴν γένεσιν οὖν τῶν ὀστῶν παραλαμβάνει τὸν ὀκτώ, διότι πρῶτος κύβος ὁ η, τὸ δὲ κυβικὸν σχῆμα ἀπονέμουσι τῇ γῇ, ...ὁ δὲ κύβος σύγκειται ἐξ ἁρμονικῶν ἀριθμῶν· ἔχει γὰρ πλευρὰς μὲν δώδεκα, γωνίας δὲ ὀκτώ, ἐπίπεδα δὲ ἕξ· ἔχουσιν οὖν τὰ μὲν δώδεκα πρὸς τὸν ὀκτὼ τὸν ἡμιόλιον λόγον, πρὸς δὲ τὰ ἕξ τὸν διπλάσιον, ὁ δὲ ὀκτὼ πρὸς τὸν ἕξ τὸν ἐπίτριτον. οὗτοι δὲ οἱ ἀριθμοὶ ποιοῦσιν ἁρμονικοὺς λόγους· κτλ. See also Simplicius, *In De Anima*, p. 68, 5–8: 'ἔπιπρος' δέ, τουτέστιν ἐναρμόνιος, εἴρηται ἡ γῆ ὡς κύβος κατὰ τὴν Πυθαγόρειον παράδοσιν· τὸν γὰρ κύβον διὰ τὸ δώδεκα μὲν ἔχειν πλευρὰς ὀκτὼ δὲ γωνίας ἕξ δὲ ἐπίπεδα τὴν ἁρμονικὴν ποιοῦντα ἀναλογίαν ἁρμονίαν ἐκάλουν. Ammonius, then, while lecturing made this reference to Aristotle's *De Anima*, a text into which he read the notion that the cube was a harmonic proportion; Asclepius did not remove or change this mistaken reference probably because he did not revise this part of the commentary; Philoponus omitted the reference altogether.

In line 8, εἰρήκαμεν refers to II. κα, 67 ff.

Asclepius II. μ

In line 50 περὶ τούτων τῶν μεσο... A ends. *Cf.* p. 21 and n. 106.

In lines 73–77 Asclepius repeats Nicomachus' statement in II. 28.3 that it is a characteristic of the subcontrary proportion that the product of the greater and the mean terms is twice the product of the mean and the smaller. This is a false inference of Nicomachus', for it happens to be true only of the particular example of subcontrary that he gives, namely, 3, 5, 6. *Cf.* Heath, *A History of Greek Mathematics* 1: p. 98. For the correct enunciation of the characteristic of this proportion (i.e., the product of the greater by the middle equals the product of the middle by the less multiplied by the ratio), *cf.* D'Ooge, Robbins, and Karpinski, *Nicomachus of Gerasa. Introduction to Arithmetic*, p. 282, n. 2.

Asclepius II. μβ

1: In M, ἁρμονικῆς τελειότητος, the final words of the previous paragraph, are indicated as a new lemma; but, since they seem to belong to the previous sentence, I have supplied τελειοτάτης (Nicom., p. 144, 20 [Hoche]) as the lemma of the new paragraph. For ἁρμονικήν *cf.* also Nicom. II 26, 2.

64–66: Both Asclepius and Philoponus misunderstood Nicom., p. 146, 22–23 (Hoche); for the correct explanation see the addition to, or the gloss on, πρῶτων in the margin of Nicom. C: ἤτοι τῶν διὰ δ ἤ διὰ ε. *Cf.* also Boethius, *De Institutione Arithmetica* II, 54 (Friedlein): *unde notum est, quod inter diatessaron et diapente consonantiarum tonus differentia est, sicut inter sesquitertiam et sesquialteram proportionem sola est epogdous differentia.*

(a) *Index of Names*

(b) *Passages of Ancient Authors Cited or Referred to*

(c) *Greek Manuscripts Cited*

INDEX TO THE TEXT

A. *Proper Names and Passages Cited or Referred to by Asclepius*

Ἀθηνᾶ, I.α.34; I.λα.16; I.λγ.16.

Ἀμέλιος, I.μδ.3.

Ἀμμώνιος, I.ς.4; I.ιζ.2 (ὁ θεῖος διδάσκαλος); I.κθ.11.

Ἀνδροκύδης, I.ιθ.1.

Ἀπόλλων, II.ιζ.9; and in line 14 = ὁ Δήλιος.

Ἀριστοκλῆς, I.α.16; I.ια.4.

Ἀριστοτέλης, I.α.9 (cf. Metaph. 993 B 7–11; see note on I.α); I.γ.30 (cf. Metaph. 1043 A 35, 1050 B 2, etc.); I.γ. 36–39 (Metaph. 993 B 7–11); I.δ.1–2 (cf. Anal. Post. 71 B 15–16, 80 B 3off., etc.); I.λα.4; II. λη.5 (false reference to the De Anima, cf. note ad loc.); II.μ.52–53; 103.

Ἀρχύτας, I.κ.1.

Ἀφροδίτη, I.λγ.80.

Βίας, I.ρς.36.

Δευκαλίων, I.α.20.

Δήλιοι, II.ιζ.9.

Εὐκλείδης, I.λγ.42 (ὁ γεωμέτρης, cf. Elements, book V); I.ξα.5 and 12 (Elements, book VII, def. 8); II.ς.32 (Elements, book VI, def. 5).

Ἡσίοδος, I.κθ.6 (Opera et Dies, 291–292).

Ἥφαιστος, I.λγ.16.

Λυγκεύς, I.ια.77.

Μοῦσαι, II.λβ.65.

Νικόμαχος, I.α.4–5; I.ια.7; 15; I.κδ.4; I.λγ.5; 59; I.ρνβ.30–31; II.ς.30; II.ιβ.63.

Ὅμηρος, (referred to as ὁ ποιητής, ἡ ποίησις, etc.) I.α.26–28 (Iliad, 20, 216–217); I.α.33–35 (Iliad, 15,412 and 23, 712); I.β.4–6 (Iliad, 23, 318); I.λα.17–18 (Iliad, 5, 127–128); I.λγ. 16 (mistaken reference to Iliad, 5, 61–62 ?); I.λγ.16–17 (Iliad, 18, 400).

Πλάτων, I.α.51; I.α.53 (Timaeus 52 B2); I.γ.46–53 (Phaedo 65 A 9ff.); I.γ.69 (Timaeus 27 D–28A); I.ι.8 (Timaeus 27 D 6–28 A 4); I.ια.66 (Republic 519 C 8ff.); I.ιγ.3 (Republic 509 D ff); I.κδ.7 (in κδ-λ Asclepius comments on Epinomis 991 E1–992 B 3, which is cited by Nicomachus); I.λγ.9 (ὁ Πλάτων τὰ εἴδη ἀριθμοὺς προσαγορεύει: this is not a citation, but an interpretation that goes back to Aristotle); II.ε.5 (Timaeus 35 A ff.); II.ε.8 (Timaeus); II.ιζ.13; II.κα.7 (Timaeus 35 A ff.); II.λβ.58 (Timaeus 31 B 4ff.); II.λβ.63 (Republic 545 D ff.); II.μ.52; II.μ.103.

Πλωτῖνος, I.α.51.

Πρόκλος, I.ια.76.

Πυθαγόρας, I.α.44; 46; I.μα.40.

Πυθαγόρειοι, I.μα.24; II.ιη.17; II.μ.52; II.μ.103.

Σωκράτης, I.γ.7.

Τίμαιος, II.κα.7 (a reference to Timaeus 35 A ff.).

Φιλόλαος, II.λη.2.

B. *Mathematical and Philosophical Terms*

(This is a list of the most significant mathematical and philosophical terms; it is not an exhaustive index, for I limit myself to list one or only a few occurrences of each word. Except in a few cases, I give only the masculine form of adjectives.)

ἀγαθόν, I. δ. 6; I. ια. 16, 17, 18, 19.

ἄγγελος, I. ια. 40.

ἄγνοια, I. α. 11; I. λα. 11.

ἀδιαίρετος, I. νζ. 22.

ἀΐδιος, I. γ. 73 (τὰ ἀΐδια, I. α. 42; I. γ. 2).

αἴσθησις, I. ι. 13.

αἰσθητόν, I. ιγ. 4; I. ιγ. 7.

αἰτία, II. ιη. 18.

ἀκαθαρσία, I. ια. 79.

ἀκολασία, I. ρς. 31.

ἄκρατος, I. νε. 3.

ἄκρος, I. οα. 12.

ἀλήθεια, I. λβ. 2.

ἀληθεῖν, I. α. 30.

ἀλλεπάλληλον, I. ιδ. 1–2.

ἀλλοιόω, I. γ. 9; I. ιζ. 5; 6; 8; I. ι. 10.

ἀλλοίωσις, I. ιζ. 4.

ἀλλοιωτική, I. ιζ. 3.

ἀλλοιωτόν, I. γ. 5–6.

ἄλογον, II. κα. 41.

ἀμερής, II. ιθ. 18.

ἀμετάβλητος, I. γ. 3; 6; 8; 21; I. θ. 2.

ἀμέτοχος, II. νδ. 4.

ἀναγκαστικῶς, I. νζ. 1.

ἀνάγκη, I. μα. 36 (γραμμικαῖς ἀνάγκαις).

ἀναγράφω, II. κα. 53.

ἀνάγω, I. ξ. 2.

ἀναδέχομαι, I. ν. 12–13.

ἀναιρέω, I. λγ. 26; 27; 28.

ἀναλλοίωτος, I. ἰ. 7.

ἀναλογέω, I. μα. 7.

ἀναλογία, I. οα. 9; I. ρλ. 13–14.

ἀνάλογος, I. οα. 14; I. ρλ. 21; I. ρκς. 2.

ἀνάλυσις, II. α. 8.

ἀναλύω, I. πγ. 25; II. α. 7.

ἀναποδισμός, I. λγ. 77–78.

ἀναστροφή, I. ρνδ. 2.

ἀνατολή, I. γ. 59; 60; I. λγ. 78; I. μ. 5.

ἀνδρεία, I. ρς. 29.

ἀνείδεος, I. γ. 19.

ἄνεσις, I. λγ. 65.

ἄνθρωπος, I. γ. 7.

ἄνισον, I. νβ. 3; I. νγ. 3.

ἀνισότης, I. ρια. 56.

ἀνίστημι, II. ιε. 5.

ἀνομογενής, I. οη. 31.

ἀνομοειδής, I. νγ. 20; I. νε. 2.

ἀνταποκρίνομαι, I. ξθ. 1.

ἀντεστραμμένος, I. ρνγ. 2.

ἀντιπαρωνυμέομαι, I. ξη. 2; II. ε. 23.

ἀντιπεπονθότως, I. να. 3; I. οβ. 41–42.

ἀντιπερίστασις, I. ξς. 16–17.

ἀντιστρέφω, I. ρνδ. 5.

ἀντιστρόφως, I. ρνε. 13.

ἀπαριθμέω, II. λη. 21.

ἄπειρον, I. ια. 44; 49.

ἀπήχησις, II. μβ. 62.

ἁπλότης, I. ρς. 32.

ἀπόδειξις, I. κθ. 14–15.

ἀπομιμέομαι, II. ιγ. 16.

ἀποτέλεσμα, I. λς. 1–2.

ἀπόφασις, I. νβ. 1–2.

ἀρετή, I. ρς. 27.

ἀριθμητική, I. α. 61.

ἀριθμός, I. ια. 45.

ἁρμόζω, II. ς. 72–73.

ἁρμονία, I. κε. 2; I. μ. 3.

ἁρμονική, II. κα. 68.

ἄρτιος, I. μα. 27; 29–31 (τὸ ἀρτιάκις ἄρτιον, τὸ ἀρτιοπέριττον, τὸ περισσάρτιον).

ἀρτιώνυμος, I. νθ. 6.

ἀρτίως, I. ριε. 1.

ἀρχέτυπος, I. λε. 6.

ἀρχή, I. μα. 37; I. νγ. 9.

ἀρχική, I. ς. 73.

ἀρχοειδής, I. νγ. 7.

86

www.ingramcontent.com/pod-product-compliance
Lightning Source LLC
Chambersburg PA
CBHW081335190326
41458CB00018B/6007